大数据工程技术人员 初级

大数据处理与应用

人力资源社会保障部专业技术人员管理司　组织编写

中国人事出版社

图书在版编目(CIP)数据

大数据工程技术人员．初级：大数据处理与应用/人力资源社会保障部专业技术人员管理司组织编写．--北京：中国人事出版社，2021

全国专业技术人员新职业培训教程

ISBN 978－7－5129－1685－2

Ⅰ．①大…　Ⅱ．①人…　Ⅲ．①数据处理-职业培训-教材　Ⅳ．①TP274

中国版本图书馆 CIP 数据核字（2021）第 219993 号

中国人事出版社出版发行

（北京市惠新东街 1 号　邮政编码：100029）

*

三河市潮河印业有限公司印刷装订　　新华书店经销

787 毫米×1092 毫米　16 开本　25 印张　378 千字

2021 年 11 月第 1 版　　2021 年 11 月第 1 次印刷

定价：79.00 元

读者服务部电话：（010）64929211/84209101/64921644

营销中心电话：（010）64962347

出版社网址：http://www.class.com.cn

本书编委会

指导委员会

主　　任： 朱小燕

副 主 任： 朱　敏　谭建龙

委　　员： 陈　钟　王春丽　穆　勇　李　克　李　颋　刘　峰

编审委员会

总 编 审： 谭志彬　张正球

副总编审： 黄文健　龚玉涵　王欣欣

主　　编： 李春彪

编写人员： 张瑞东　李益才　梁宗保　周华平　吴焕祥

主审人员： 张　恺　伏玉琛

出版说明

当今世界正经历百年未有之大变局，我国正处于实现中华民族伟大复兴关键时期。在全球经济低迷，我国加快形成以国内大循环为主体、国内国际双循环相互促进的新发展格局背景下，数字经济发挥着提振经济的重要作用。党的十九届五中全会提出，要发展战略性新兴产业，推动互联网、大数据、人工智能等同各产业深度融合，推动先进制造业集群发展，构建一批各具特色、优势互补、结构合理的战略性新兴产业增长引擎。“十四五”期间，数字经济将继续快速发展、全面发力，成为我国推动高质量发展的核心动力。

近年来，人工智能、物联网、大数据、云计算、数字化管理、智能制造、工业互联网、虚拟现实、区块链、集成电路等数字技术领域新职业不断涌现，这些新职业从业人员通过不断学习与探索，将推动科技创新、释放巨大能量，推动人们生产生活方式智能化、智慧化、数字化，推动传统产业转型升级，为经济高质量发展注入强劲活力。我国在技术、消费与应用领域具备数字经济创新领先优势，但还存在数字技术人才供给缺口较大、关键核心技术领域自主创新能力不足、数字经济与实体经济融合的深度和广度不够等问题。发展数字经济，推进数字产业化和产业数字化，推动数字经济和实体经济深度融合，急需培育壮大数字技术工程师队伍。

人力资源社会保障部会同有关行业主管部门将陆续制定颁布数字技术领域国家职业技术技能标准，坚持以职业活动为导向、以专业能力为核心，遵循人才成长规律，对从业人员的理论知识和专业能力提出综合性引导性培养标准，为加快培育数字技术人才提供基本依据。根据《人力资源社会保障部办公厅关于加强新职业培训工作的通知》（人社厅发〔2021〕28 号）要求，为提高新职业培训的针对性、有效性，进一步发挥新职业培训促进更好就业的作用，人力资源社会保障部专业技术人员管理司组织相关领域的专家学者编写了全国专业技术人员新职业培训教程，供相关领域开展新职业培训使用。

本系列教程依据相应国家职业技术技能标准和培训大纲编写，划分初级、中级、高级三个等级，有的职业划分若干职业方向。教程紧贴数字技术人员职业活动特点，定位于全国平均先进水平，且是相关数字技术人员经过继续教育或岗位实践能够达到的水平，突出该职业领域的核心理论知识、主流技术及未来发展要求，为教学活动和培训考核提供规范和引导，将帮助广大有意或正在从事数字技术职业人员改善知识结构、掌握数字技术、提升创新能力。

希望本系列教程的出版，能够在加强数字技术人才队伍建设、推动数字经济快速发展中发挥支持作用。

目　录

第一章 网络数据处理

随着互联网技术的快速发展及大数据技术应用的普及，网站积累的数据也越来越多，如何从海量数据中发掘有价值的信息一直是大数据从业者所关注的问题。大数据技术通过对网站数据进行有针对性的采集、提取和分析，以获取更多有价值的信息，充分实现了网络数据价值和利益的最大化，为商业决策提供了有效的手段。

- **职业功能：** 网络数据处理的基本流程。
- **工作内容：** 项目使用基于 Python 的 Scrapy 网络爬虫框架采集网站数据，使用 MapReduce 对采集的数据进行预处理，使用 Hive 数据仓库进行数据分析，使用 Presto 对数据进行即席查询分析，使用 Azkaban 实现任务的调度。
- **专业能力要求：** 能根据数据采集需求，采集网络、业务系统、日志数据到数据仓库中；能根据采集需求，对采集脚本进行定时、依赖配置调度；能根据业务需求对遗漏数据、噪声数据、不一致数据等进行清洗；能根据业务指标计算需求编写批量数据计算作业；能根据数据平台构建联机事物分析系统并进行即席查询。
- **相关知识要求：** 掌握使用网络爬虫采集数据并入库的方法；掌握 MapReduce 执行原理；掌握编写 MapReduce 程序对数据进行清洗的方法；掌握 Hive SQL 进行数据分析的方法；掌握 Presto 即席查询工具的使用方法；掌握 Azkaban 任务调度的使用方法。

第一节 网络数据处理系统需求

一、基本需求

网络数据处理系统的首要工作是网站数据的采集，数据采集的方式之一是通过网络爬虫（Web Crawler，自动提取网页数据的程序）采集特定的网站的内容，并将采集的原始数据存储到关系型数据库或者非关系型数据库中。为了进一步对海量数据进行分析，一般将数据库的数据抽取、清洗和转换后加载到数据仓库中，通过即席查询工具对数据进行定制化分析。

本系统设计的主要功能有：编写网络爬虫采集数据并存储到关系型数据库中，然后将关系型数据库中的数据加载到数据仓库，最后使用即席查询工具对数据进行分析。

二、网络爬虫和 robots 协议

网络爬虫是一个自动提取网页的程序，它为搜索引擎从万维网上下载网页，是搜索引擎的重要组成部分。传统爬虫从一个或若干初始网页的 URL（Uniform Resource Locator，统一资源定位器）开始，获得初始网页上的 URL，在抓取网页的过程中，不断从当前页面上抽取新的 URL 放入队列，直到满足特定的停止条件为止。在对某个页面数据进行采集的时候，一般不对整个网页内容进行采集，而是采集页面上有分析价值的数据。

在开发网络爬虫项目的时候，需要提前了解网站的数据是否允许网络爬虫爬取。

商业网站的数据可能涉及用户的隐私，或者数据本身具备较高的商业价值，为了保护网站数据不被没有授权的网络爬虫爬取，网站会发布 robots 协议来声明网络爬虫的权限，作为网络爬虫程序的开发者也要遵守 robots 协议。

robots 协议是一个名称为 robots. txt 的文件，一般网站会将这个文件部署在网站的根目录下，robots. txt 文件规定了网络爬虫对网站数据的爬取权限，例如，访问京东网站的 robots 协议的链接会显示如图 1-1 所示的内容，京东网站对网络爬虫爬取的路径和网络爬虫的类型都做了相应的约束。当然，如果网站没有提供 robots 协议，也就是访问 robots. txt 文件链接的时候返回了 404 状态码，就说明这个网站对所有的搜索引擎都是友好的，可以爬取网站上的任意内容。

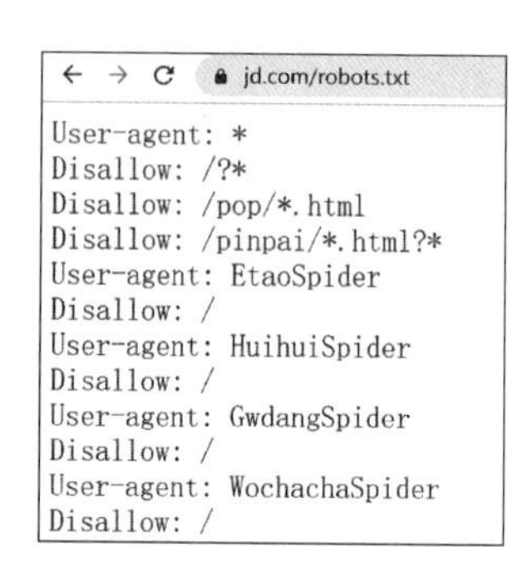

图 1-1　京东网站的 robots 协议内容

三、选择网站

在本项目中选取“Quotes to Scrape”网站作为数据采集的目标，网络爬虫采集的网站的地址为：http://quotes. toscrape. com，首页内容如图 1-2 所示。这个网站记录了很多名人名言信息供用户浏览查看，但是网站缺少更多的统计信息，因为用户关心的问题可能是：“哪个名人发表的名言更多?”“有多少名言包含单词‘love’?”等。本系统就是基于这样的需求而设计，即计算与名人名言相关的统计信息。

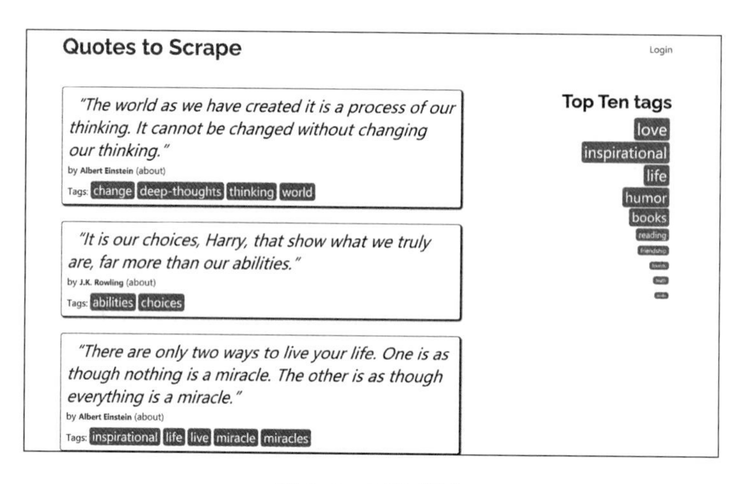

图 1-2　网站首页

决定使用网络爬虫采集网站数据之前，需要查看一下 robots 协议的内容。访问 robots. txt 后，浏览器接收到的响应是 404 状态码，如图 1-3 所示，说明该网站对网络爬虫是友好的，允许爬虫爬取所需要的数据。本项目采用基于 Python 的 Scrapy 爬虫框架实现网络数据的采集，Scrapy 是用 Python 编写的专业的网络爬虫框架，主要用于网站页面的数据采集或者从页面中提取结构化的数据。

不安全 | quotes.toscrape.com/robots.txt

Not Found

The requested URL was not found on the server. If you entered the URL manually please check your spelling and try again.

图 1-3　网站 404 页面

四、数据处理流程

网络爬虫采集的数据存储到关系型数据库中以后，会被进一步加载到数据仓库中进行分析。在加载到数据仓库之前，首先对数据进行预处理，然后基于数据指标的分析可以使用即席查询工具进行交互式查询。

（一）数据预处理

数据预处理主要包括数据抽取（Extraction）、转换（Transformation）和加载（Loading）的过程，也就是通常所说的 ETL（Extraction Transformation Loading）过程。“抽取”指的是按照一定的抽取规则将数据从业务系统中读取出来，业务系统一般使用关系型数据库存储数据。“转换”指按照预先设计的规则对抽取的数据进行转换，将各种异构的数据格式转换为统一的格式。“加载”指将转换后的数据导入到数据仓库中。

在名人名言的数据中，有的数据没有标签（Tags），可以通过预处理的方式填充默认值，以方便对数据进行后续的分析。本系统采用 MapReduce（MapReduce 是由谷歌公司研究提出的一种面向大规模数据处理的并行计算模型和方法）程序对数据中的缺失数据进行处理，读者通过设计并开发 MapReduce 程序可以加深对 Hadoop 底层原理的理解。

Hadoop MapReduce 是一个简易的软件框架，基于它开发出来的应用程序能够运行在由数千个商用机器组成的大型集群上，并以一种可靠、高容错的方式并行处理万亿字节（TB）级别的数据集。

一个 MapReduce 作业通常把输入的数据集切分为若干独立的数据块，由 Map 任务以并行的方式进行处理。Hadoop 会对 Map 的输出结果先进行排序，然后把结果输入给 Reduce 任务。通常作业的输入和输出都会被存储在文件系统中，整个框架负责任务的调度和监控，并且重新执行已经失败的任务。通常，MapReduce 框架和分布式文件系统是运行在一组相同的节点上的，也就是说，计算节点和存储节点通常在一起。这种配置允许框架在那些已经存好数据的节点上高效地调度任务，使整个集群的网络带宽被高效地利用。

（二）数据仓库

数据仓库就是面向主题的、集成的、相对稳定的、随时间不断变化（不同时间）的数据集合，用以支持经营管理中的决策制定过程，与传统数据库面向应用不同，数据仓库是面向数据主题而非面向应用的。

本系统的数据仓库使用 Hive 实现。Hive 是基于 Hadoop 的一个数据仓库工具，用来进行数据提取、转化、加载，这是一种可以存储、查询和分析 Hadoop 中的大规模数据的机制。Hive 数据仓库工具能将结构化的数据文件映射为一张数据库表，并提供 SQL 查询功能，能将 SQL 语句转变成 MapReduce 任务来执行。相对于 MapReduce 程序，开发人员可以编写类似 SQL 的语句 HQL（Hive SQL）对数据进行分析，Hive 的查询引擎会将 HQL 语句转换为 MapReduce 程序，这种实现方式极大减轻了开发人员的工作量，提高了工作效率。

（三）即席查询

在进行数据仓库的数据分析时，用户会有很多定制化的需求，用户希望灵活的输入条件进行查询，系统能够即时根据用户输入的条件生成数据报表，这个需求可以使用即席查询工具来实现。即席查询工具能够快速根据用户自定义的 SQL 语句对数据仓库系统进行查询。

在本系统中，选择 Presto 作为即席查询的工具。Presto 是 Facebook 开发的数据查

询引擎，它能够处理PB级的海量数据，同时Presto基于内存进行运算，减少了没有必要的硬盘I/O（input/output，在计算机领域通常是指数据的读取和写入）操作，相比使用Hive SQL查询，Presto运行效率会更高。

第二节　网络数据处理系统设计

一、数据处理流程设计

本系统的数据处理流程如图1-4所示。在分析并确定了准备采集的网站数据以后，使用Scrapy网络爬虫对网站上指定的数据进行爬取，将爬取的数据存储到MySQL数据库中后，使用Sqoop数据迁移工具将MySQL中的数据迁移到HDFS。Sqoop是Apache旗下的开源的大数据迁移工具，主要实现HDFS与关系型数据库之间的数据传输。数据迁移到HDFS中以后，我们需要设计并开发MapReduce程序对HDFS中的数据进行预处理，然后再加载到Hive中。Hive中的数据可以使用Hive SQL进行处理，也可以使用Presto进行即席查询。如果需要对处理后的数据进行可视化展示，还可以

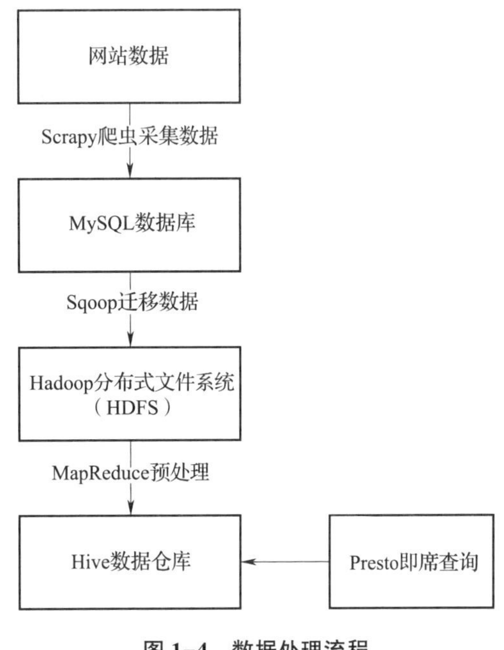

图1-4　数据处理流程

使用 Sqoop 将处理后的结果从 Hive 导出到 MySQL 中。

二、数据采集设计

（一）网络爬虫设计流程

数据采集是指开发网络爬虫程序以爬取网站数据，设计网络爬虫的功能一般考虑以下几个方面。

1. 根据业务需求确定准备爬取的目标网站

确定对哪种类型的网站的数据进行爬取，爬取的主要内容是什么。例如，如果需要分析电商网站的商品分类情况，可以对大型电商网站的商品目录页及目录下的商品信息进行采集。

2. 确定初始的 URL 链接

在确定爬取和分析的目标以后，需要确定初始 URL。初始 URL 是网络爬虫采集的第一个页面，如果对某个网站的所有数据进行爬取，可以将网站的首页作为初始的 URL 链接。

3. 分析与初始 URL 关联的页面链接

网络爬虫从初始页面开始爬取 URL 关联的网页链接，并不是所有的网页链接都是爬取的目标，例如，网站上的广告链接对数据处理价值不大，一般不是爬取的目标。所以只需要确定对数据处理有价值的目标链接就可以了。

4. 选择采集的内容

网络爬虫爬取内容的选择是通过分析数据在网页中的位置特征来实现的，一般使用 XPath 或 CSS 选择器来定位元素。

5. 启动网络爬虫程序

根据业务需求编写网络爬虫程序，开发完成并通过测试后，就可以将网络爬虫部署到正式的生产环境中。一切就绪后，就可以启动爬虫工作了。

（二）Scrapy 框架简介

Scrapy 框架的主要组件包括 Scrapy Engine（Scrapy 引擎）、Scheduler（调度器）、

Downloader（下载器）和 Spiders（爬虫）等，接下来介绍 Scrapy 各组件是如何协同工作的。Scrapy 组件之间协同工作原理如图 1-5 所示。

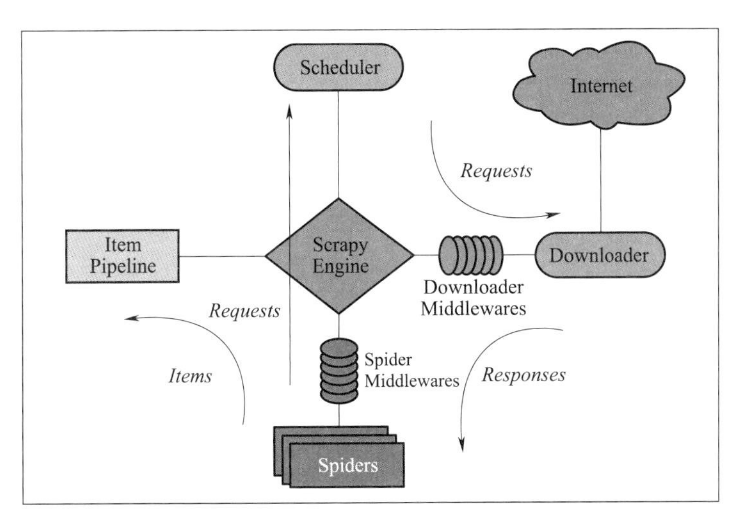

图 1-5　Scrapy 组件图

1. Scrapy 引擎（Scrapy Engine）

Scrapy 引擎可以理解为网络爬虫的“大脑”或者“调度指挥中心”。它负责控制网络的数据流在系统 Spider（爬虫）、Item Pipeline（事件管道）、Downloader（下载器）、Scheduler（调度器）组件的信号和数据的传递过程，并在相应动作发生时触发事件。

2. 调度器（Scheduler）

调度器从 Scrapy 引擎接收 Request 请求，并将这些请求进行整理，如去掉重复的 Request 请求，然后加入队列里面。当 Scrapy 引擎需要处理 Request 请求的时候，调度器将 Request 请求发送给 Scrapy 引擎处理。

3. 下载器（Downloader）

下载器负责下载 Scrapy 引擎发送的所有 Request 请求，并将请求的 Responses（响应）结果发送给 Scrapy 引擎，Scrapy 随后将响应结果提供给爬虫。

4. 爬虫（Spiders）

Spiders 的主要功能是处理从 Scrapy 引擎发送过来的响应结果，从响应结果中提取出 Item 字段需要的数据或将额外跟进的 URL 提交给 Scrapy 引擎进行后续的处理。

5. 事件管道（Item Pipeline）

事件管道负责处理被 Spider 提取出来的 Item（事件）。处理过程为数据清理、验证及持久化等。网络爬虫将解析后的数据存入 Item 中，数据经过项目管道特定的处理程序后最终存储到文件系统或者数据库中。

6. 下载器中间件（Downloader Middlewares）

下载器中间件是在引擎及下载器之间的特定钩子（specific hook）程序，拦截并处理下载器传递给引擎的响应，开发人员可以通过自定义的程序来扩展功能。

7. 爬虫中间件（Spider Middlewares）

爬虫中间件是在 Scrapy 引擎及 Spider 爬虫之间的特定钩子程序，通过实现自定义程序来扩展功能。

（三）采集页面分析

对采集数据的页面进行分析，主要确认网络爬虫的初始 URL 链接、采集的数据内容及关联的链接。

1. 初始 URL 链接

初始 URL 是网络爬虫访问网站的第一个 URL，本系统从网站的首页开始爬取数据，所以初始 URL 就是网站的首页。

2. 采集的数据内容

通过对页面的内容进行分析，网站的内容主要由三个部分组成：名人名言、作者和标签，如图 1-6 所示。页面中的各个元素说明见表 1-1，页面中可能没有标签，也可能有多个标签。

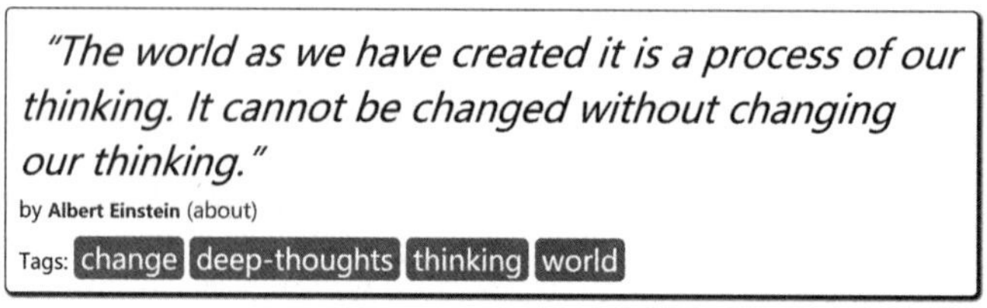

“The world as we have created it is a process of our thinking. It cannot be changed without changing our thinking.”
by **Albert Einstein** (about)
Tags: change deep-thoughts thinking world

图 1-6　网站数据内容

表 1-1　网页内容说明

网页内容	说明
“The world as we have created it is a process of our thinking. It cannot be changed without changing our thinking.”	名人名言
Albert Einstein	作者
change、deep-thoughts、thinking、world	标签列表

3. 关联的 URL

查看初始页面所有的 URL 链接，将对本系统数据采集有数据价值的链接记录下来，例如，页面的翻页按钮会跳转到一个新的数据页面，如果网络爬虫可以通过访问这些 URL 继续爬取到新页面的数据，那么这些链接就是有数据价值的链接。

点击首页作者名称旁边的“about”链接。点击后页面会跳转到一个新的页面，如图 1-7 所示。该页面显示了作者的详细信息，包括作者的姓名、生日、出生地及简介，一般来说属于有数据价值的页面，可以将它记录下来。

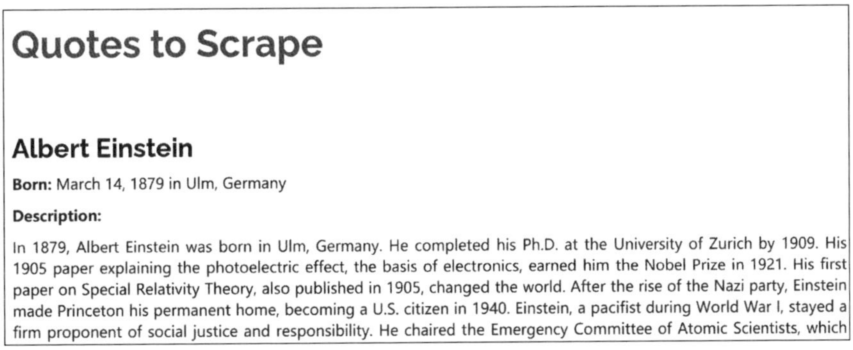

图 1-7　作者介绍页面

如图 1-8 所示，点击初始页面右下角的“Next→”按钮，会跳转到一个新的页面，如图 1-9 所示。该页面的内容和初始页面的内容类型是一样的，属于同一类数据

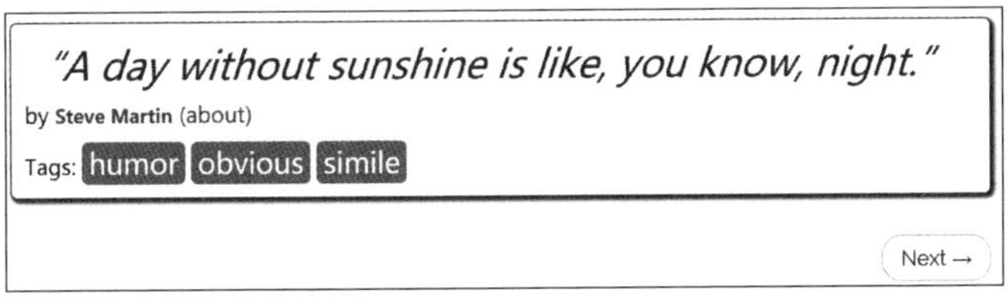

图 1-8　首页右下角

的分页显示，这个链接同样是有数据价值的。通过分析总结出所有数据价值的 URL（见表 1-2）。

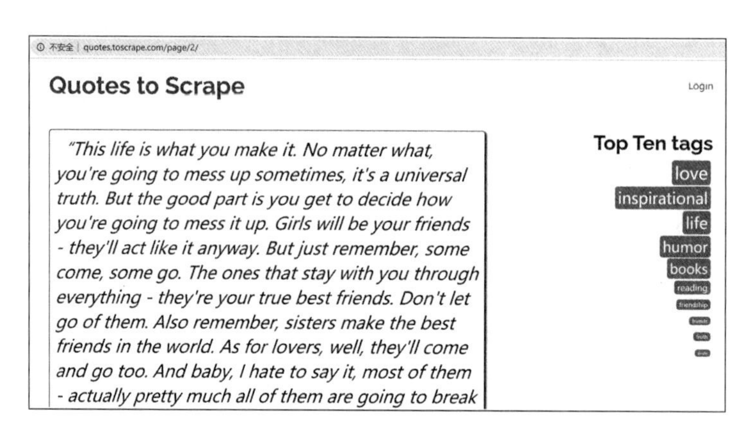

图 1-9　网站第二页

表 1-2　　网页链接说明

网页链接	说明
http://quotes. toscrape. com/	初始链接
http://quotes. toscrape. com/author/Albert-Einstein/	作者 Albert-Einstein 的简介
http://quotes. toscrape. com/page/2/	第二页显示的内容
http://quotes. toscrape. com/tag/love/	标签包含 love 的名人名言

4. 数据库设计

Scrapy 爬虫采集的数据要存储到数据库中才能进行进一步的分析，数据库可以选择关系型数据库，如常用的 MySQL 数据库，也可以选择 NoSQL 类型的数据库，如 MongoDB。本系统使用 MySQL 关系型数据库，quote（名人名言）数据表设计见表 1-3。

表 1-3　　quote 数据表设计

字段	类型	说明
id	int	主键，唯一标识
text	varchar	名人名言
author	varchar	作者
tags	varchar	标签，多个标签使用/进行分隔

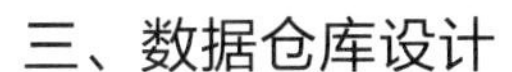

三、数据仓库设计

为降低数据的耦合性，简化数据处理过程，一般数据仓库通过分层的方式进行设计，每层的处理逻辑变得更加简单且易于处理。数据仓库的设计可分为 4 层，分别为 ODS 层、DWD 层、DWS 层和 ADS 层，如图 1-10 所示。

ADS层（ads_quote）
数据KPI分析
DWS层（dws_quote）
数据轻度汇总
DWD层（dwd_quote）
数据清洗、转换
ODS层（ods_quote）

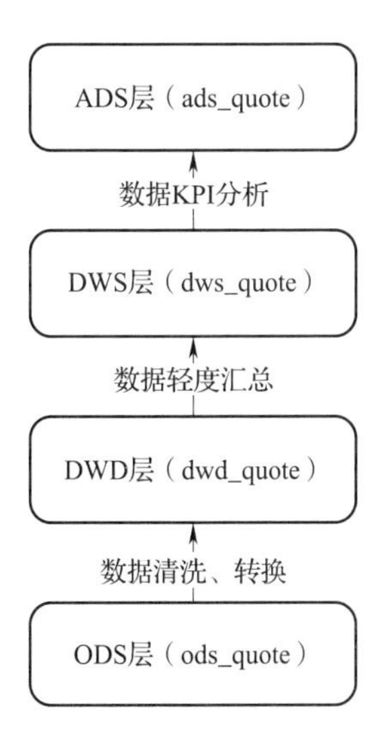

图 1-10　数据仓库分层设计

ODS（Operational Data Store）层：操作存储数据层，作为数据的接入层，存储原始数据。ODS 层的表名前缀为“ods_”。

DWD（Data Warehouse Detail）层：数据仓库明细层，对 ODS 层载入的数据进行数据清洗、转换等操作。DWD 层的前缀为“dwd_”。

DWS（Data Warehouse Service）层：数据仓库服务层，对 DWD 层载入的数据进行轻度汇总操作，形成“宽表”。DWS 层的前缀为“dws_”。

ADS（Application Data Store）层：数据仓库应用层，对 DWS 层载入的数据根据业务需求进行 KPI（Key Performance Indicator，关键绩效指标）分析，形成数据报表。ADS 层的前缀为“ads_”。

根据以上说明，数据表总体设计如图 1-11 所示。

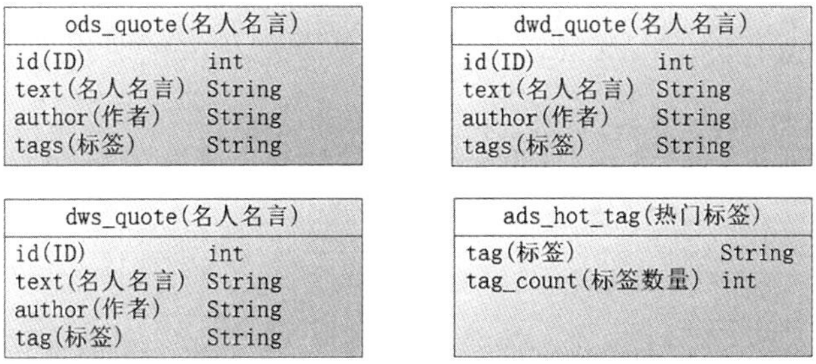

ods_quote(名人名言)
id(ID) int
text(名人名言) String
author(作者) String
tags(标签) String
dwd_quote(名人名言)
id(ID) int
text(名人名言) String
author(作者) String
tags(标签) String
dws_quote(名人名言)
id(ID) int
text(名人名言) String
author(作者) String
tag(标签) String
ads_hot_tag(热门标签)
tag(标签) String
tag_count(标签数量) int

图 1-11　数据表总体设计

（一）ODS 层设计

名人名言表（ods_quote）：ODS 层的名人名言表的字段主要包括名人名言、作者和标签，多个标签使用/进行分隔（见表 1-4）。

表 1-4　　ods_quote 表设计

字段	类型	说明
id	int	主键，唯一标识
text	String	名人名言
author	String	作者
tags	String	标签，多个标签使用/进行分隔

（二）DWD 层设计

名人名言表（dwd_quote）：DWD 层的名人名言表的字段和 ODS 层是一样的，DWD 层加载的数据是 ODS 层过滤以后的数据，字段见表 1-5。

表 1-5　　dwd_quote 表设计

字段	类型	说明
id	int	主键，唯一标识
text	String	名人名言
author	String	作者
tags	String	标签，多个标签使用/进行分隔

（三）DWS 层设计

名人名言表（dws_quote）：DWS 层的名人名言表的字段有名人名言、作者和标签（见表 1-6）。与 DWD 层的标签不同的是，DWS 层的标签字段存储的是单个标签。

表 1-6　　dws_quote 表设计

字段	类型	说明
text	String	名人名言
author	String	作者
tag	String	标签

（四）ADS 层设计

热门标签表（ads_hot_tag）：ADS 层热门标签表的字段有标签和标签的数量，统计

热门标签的数量见表 1-7。

表 1-7　　ads_hot_tag 表设计

字段	类型	说明
tag	String	标签
tag_count	int	标签的数量

四、即席查询设计

即席查询根据用户的定制化需求对数据仓库进行即时的查询，本系统将实现用户关注的以下几个问题：

- 名人名言的总数量。
- 发表名人名言最多的前 3 位作者都是谁？
- 最热门的 10 个标签是什么？
- 标签中包含 love 的名言有哪些？
- 根据作者名称查询名人发表的名言。

第三节　数据采集

一、开发环境

数据采集功能采用基于 Python 的 Scrapy 爬虫框架实现，需要安装 Python 和 Scrapy。Scrapy 网络爬虫将爬取的数据存储到 MySQL 数据库中，故而需要安装 MySQL 数据库。

二、选择元素

元素选择器可以通过 XPath 和 CSS 样式选择器来选择元素。XPath 是在 XML 文档中查找信息的语言，主要用于在 XML 文档中查找元素和属性。当然，HTML 文档也是 XML 文档，也可以使用 XPath 来查找元素和属性。

XPath 操作符及说明见表 1-8。

表 1-8　XPath 操作符及说明

操作符	说明
nodename	选取此节点的所有子节点
/	从根节点选取，使用绝对路径，路径必须完全匹配
//	从整个文档中选取，使用相对路径
.	从当前节点开始选取
…	从当前节点父节点开始选取
@	选取属性
*	匹配任何元素节点
@ *	匹配任何属性节点
node( )	匹配任何类型的节点

元素选择器除可以使用 XPath 选择器之外，还可以使用 CSS 样式选择器，这两种方式都可以实现选择特定元素的目的，选择哪种方式都可以。

CSS 样式选择器见表 1-9。

表 1-9　CSS 样式选择器

选择器	说明	示例
类选择器	元素 class 的属性	. tag：选取 class 为 tag 的元素
ID 选择器	元素的 id 属性	id ="author"：选取 id 为 author 的元素
元素选择器	元素的名称	a：表示选择所有的 a 元素
属性选择器	选择具有某个属性的元素	* [title]：表示选择所有包含 title 属性的元素
后代选择器	选择包含元素后代的元素	li a：表示选取所有 li 下所有的 a 元素
子元素选择器	选择作为某元素子元素的元素	h1>span：表示选择父元素为 h1 的所有 span 元素
相邻兄弟选择器	选择紧接在另一元素后的元素，且二者有相同父元素	h1+p：表示选择紧接在 h1 元素之后的所有 p 元素

页面元素的选择可以借助浏览器自带的“开发者工具”来实现，以 Chrome 浏览器为例，在浏览器中打开主功能菜单，选择“更多工具”，在二级菜单中选择“开发者工具（D）”就可以开启“开发者工具”，如图 1-12 所示。

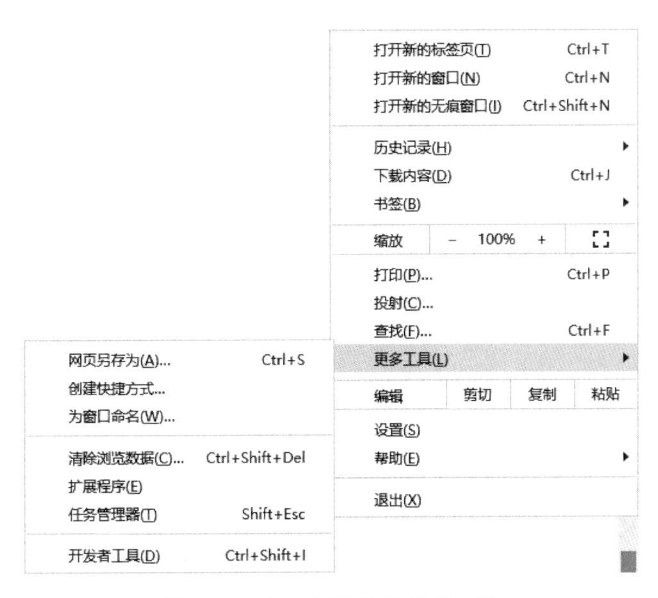

图 1-12　开启浏览器开发者工具

可以通过开发者工具的“Elements”选项卡查看元素位置，如果希望采集页面中的标签数据，可以在首页中使用鼠标选择“Tags”中的“change”标签，“Elements”会显示出在 HTML 页面中这个元素的位置，如图 1-13 所示。

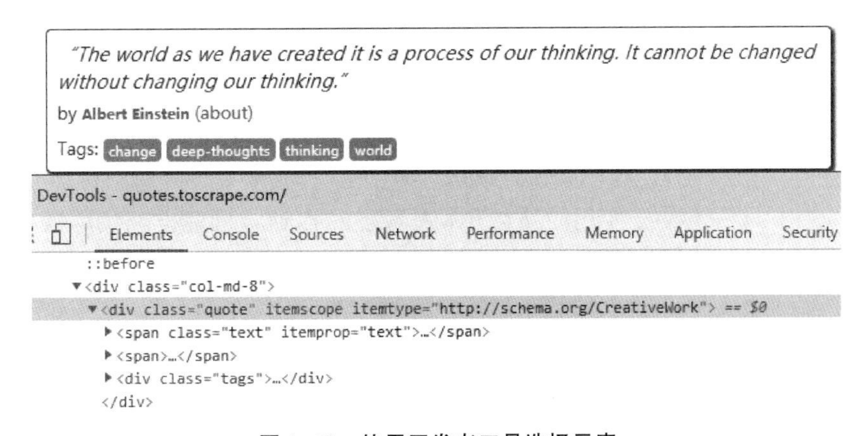

图 1-13　使用开发者工具选择元素

可以通过 HTML 元素的 class 提取“change”标签，即提取 class 为“tag”的元素中的文本信息，通过这种方式将所有需爬取的数据的位置特征都记录下来。

```
<a class="tag" href="/tag/change/page/1/">change</a>
```

浏览器的开发者工具一般都提供了复制 XPath 的功能，在待选择的元素上单击鼠标右键打开主菜单，点击“Copy”功能打开二级菜单，在二级菜单中选择“Copy XPath”功能，可以复制该元素的 XPath，如图 1-14 所示，然后粘贴到程序中就可以直接使用了。

本系统采用 XPath 选择器定位元素，通过分析，将准备采集的数据内容的 XPath 进行汇总（见表 1-10）。

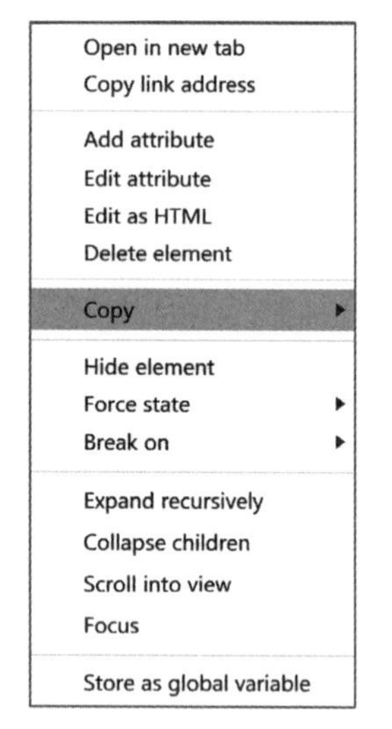

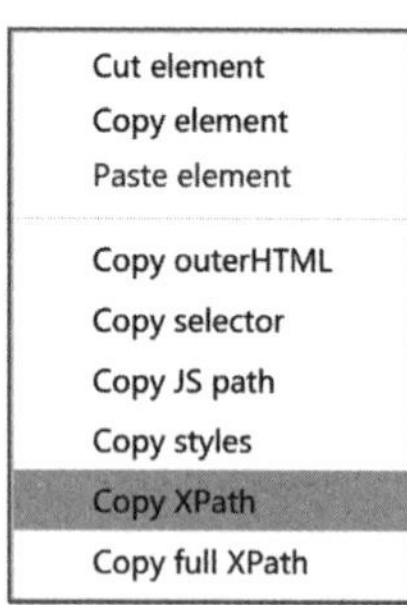

图 1-14　选择 XPath

表 1-10　XPath 表达式

内容	XPath 表达式
名人名言外部块	//div[@class="quote"]
名人名言的文本	./span/text()
作者	.//small/text()
标签列表	.//a[@class="tag"]/text()
下一页	//li[@class="next"]/a/@href

三、爬虫开发

Scrapy 提供了一套易于使用的项目开发框架，可以通过创建框架代码极大减少开发工程师的工作量，同时也有利于程序的标准化。下面通过 Scrapy 爬虫框架来实现网络爬虫程序。

（一）Scrapy 常用命令

1. startproject

创建新的爬虫项目，参数 project_name 和 project_dir 分别表示项目的名称和项目存

储的目录。

```
scrapy startproject <project_name> [project_dir]
```

2. genspider

在当前文件夹或者当前项目创建一个新的爬虫文件，参数 name 表示创建的爬虫文件名，domain 表示要爬取的网址，“-t”表示是否使用模板，可以使用“scrapy genspider -l”的方式查看所有的命令类型，或者使用“scrapy genspider -d”查看模板名称。

```
scrapy genspider [-t template] <name> <domain>
```

3. runspider

运行爬虫文件，参数 spider_file. py 表示要运行的爬虫文件。

```
scrapy runspider <spider_file.py>
```

4. 获取 URL

获取指定的 URL，显示出获取的过程。

```
scrapy fetch <url>
```

5. 浏览网址

在浏览器中打开指定的 URL，显示网址内容。

```
scrapy view <url>
```

6. 运行爬虫

运行爬虫项目。

```
scrapy crawl <spider>
```

7. 显示爬虫列表

列出当前项目下的所有爬虫文件。

```
scrapy list
```

（二）创建项目框架

运行 scrapy startproject 命令创建新的爬虫项目框架，项目名称为 quotes。

```
scrapy startproject quotes
```

为方便项目开发，可以借助 Python 的集成开发工具 PyCharm 进行开发，打开 PyCharm，如图 1-15 所示。点击“Open”选择项目目录，如图 1-16 所示。

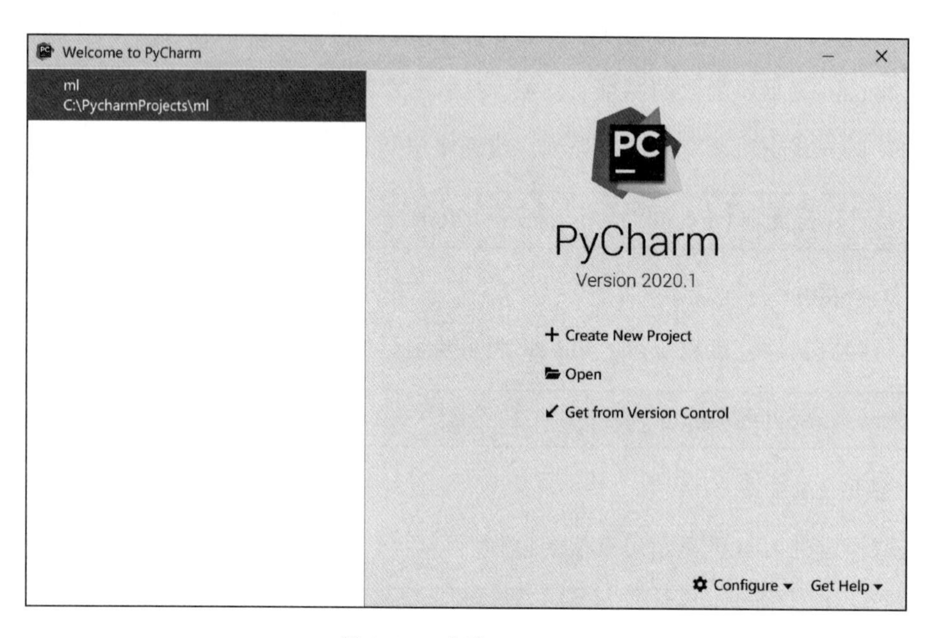

图 1-15 启动 PyCharm

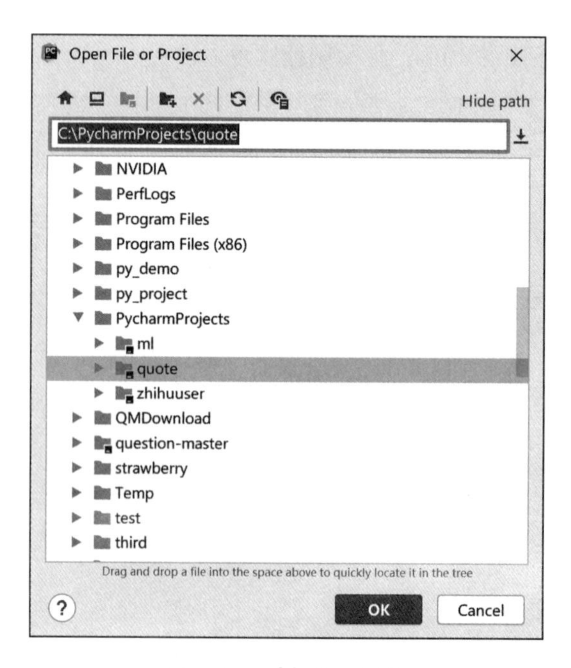

图 1-16 选择项目目录

点击“OK”按钮确认选择爬虫项目的目录，这样爬虫框架的代码就加载到 PyCharm 中，Scrapy 生成的框架代码结构如图 1-17 所示。

框架生成的源代码包括 items. py、pipelines. py、settings. py、spiders 目录。

（1）items. py：定义结构化数据字段，用来保存爬取到的数据，也就是准备爬取的网页元素的特征。例如，爬取新闻网站上的新闻，items. py 可以定义新闻标题、新闻内容、作者及发布时间等字段。

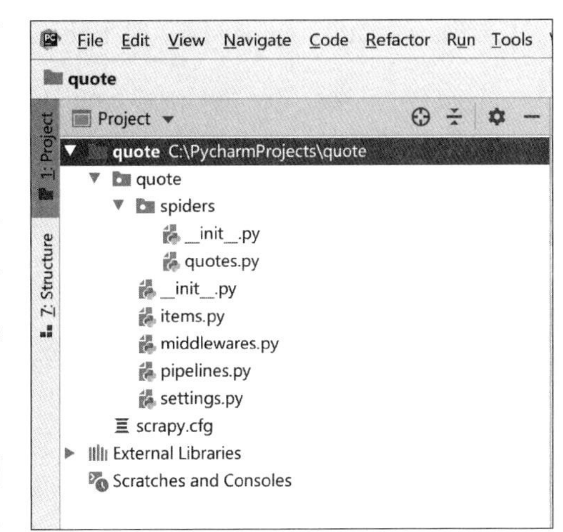

图 1-17　Scrapy 框架代码

（2）pipelines. py：定义如何对抓取到的内容进行再处理，常见的处理方式有将网络爬虫爬取的数据保存为一个文件，或者写入关系型数据库或者 NoSQL 类型数据库，如 MongoDB。

（3）settings. py：它是 Scrapy 的设置文件，通过修改配置文件可以对网络爬虫程序进行灵活的配置，以使用不同的应用场景。

（4）spiders 目录：实现网络爬虫的核心处理逻辑。

（三）创建数据库

启动 MySQL 服务后，登录到 MySQL 数据库客户端，依次执行下面的 SQL 语句创建数据表。

1. 登录 MySQL 客户端

```
[root@ master ~]# mysql -uroot -p
Enter password:
```

```
Welcome to the MySQL monitor. Commands end with ; or \g.
Your MySQL connection id is 2
Server Version: 5.6.24 MySQL Community Server (GPL)
```

```
Copyright (c) 2000, 2015, Oracle and/or its affiliates. All rights reserved.
Oracle is a registered trademark of Oracle Corporation and/or its
affiliates. Other names may be trademarks of their respective owners.
Type 'help'  or '\h'  for help. Type '\C'  to clear the current input statement.
mysql>
```

2. 创建名为“quotes”的数据库

```
mysql> CREATE DATABASE quotes;
```

3. 切换至刚创建的数据库中

```
mysql> USE quotes;
```

4. 创建“quote”数据表

创建数据表并根据数据格式，创建相应的数据字段，并设置“id”字段的自增长（AUTO_INCREMENT）。

```
mysql> CREATE TABLE 'quote' (
  ->   'id' INT(11) NOT NULL AUTO_INCREMENT
  ->   'text' VARCHAR(1024) NULL DEFAULT '0' COLLATE 'utf8_general_ci',
  ->   'author' VARCHAR(32) NULL DEFAULT '0' COLLATE 'utf8_general_ci',
  ->   'tags' VARCHAR(128) NULL DEFAULT '0' COLLATE 'utf8_general_ci',
  ->   PRIMARY KEY ('id') USING BTREE
  ->)
  ->COMMENT='名人名言'
  ->COLLATE= 'utf8_general_ci';
```

5. 验证表设计

使用 desc 命令查看 quote 数据表的字段。

```
mysql> DESC quotes.quote;
```

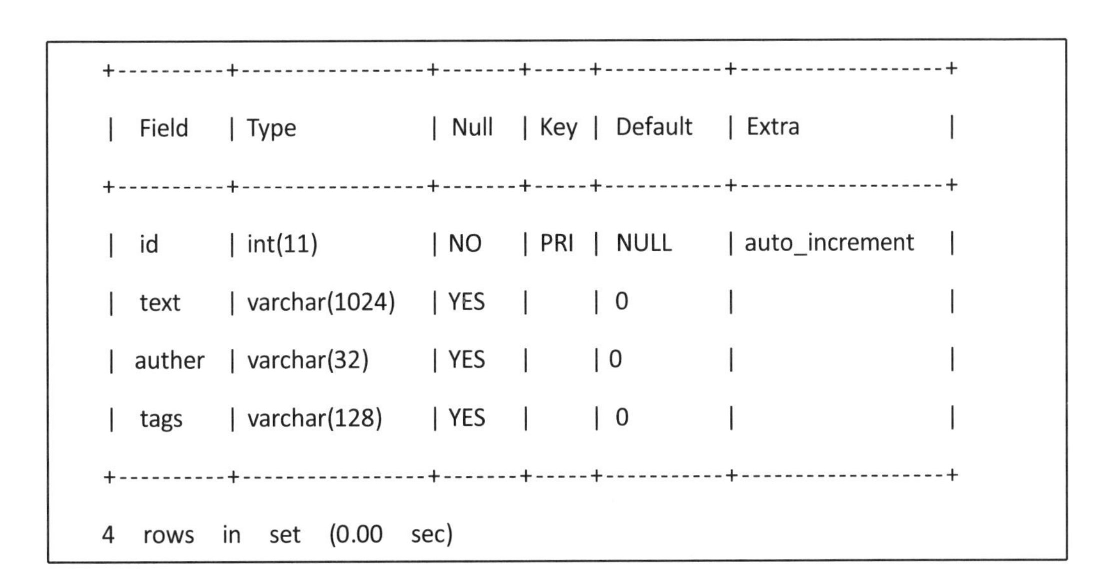

Field	Type	Null	Key	Default	Extra
id	int(11)	NO	PRI	NULL	auto_increment
text	varchar(1024)	YES		0	
auther	varchar(32)	YES		0	
tags	varchar(128)	YES		0	

4 rows in set (0.00 sec)

（四）框架代码分析

执行 Scrapy 框架的“scrapy startproject quotes”命令创建了 quotes 的基本程序代码，实现了基础的爬虫功能。在实际应用时，需要编写符合业务需求的程序才可以实现具体的功能，下面对完整的程序进行分析。

1. QuoteItem 类

QuoteItem 定义了网页主要的数据：名人名言的文本、作者和标签。示例如下。

```
import scrapy
class QuoteItem(scrapy.Item):
  #在此处定义项目的字段,如下所示：
  # name = scrapy.Field()
  #文本
  text = scrapy.Field()
  #作者
  author = scrapy.Field()
  #标签
  tags = scrapy.Field()
  pass
```

2. QuoteSpider 类

该类实现了 Scrapy 爬虫的核心处理流程。

Spider 使用初始的 URL 作为第一个 Request 请求，即程序中 start_urls 定义的 URL，同时设置回调函数 parse。当这个 Request 请求下载网络数据完成以后，会生成 Response 响应结果，Response 响应结果作为参数传给回调函数 parse。

对回调函数内分析返回的页面内容使用 XPath 选择器获取页面元素，将分析后的数据构造成 QuoteItem 对象。QuoteItem 对象数据最终会持久化到数据库中。

当前 URL 处理完成后，继续请求关联的 URL 爬取数据，程序中的关联 URL 是指下一个页面的链接。下一个页面的数据下载完成后调到回调函数进行处理，程序中定义的回调函数还是 parse，因为页面数据格式相同，可以采用相同回调函数进行递归操作。

```
import scrapy
from quote.items import QuoteItem

"""
Quotes 爬虫
"""
class QuotesSpider(scrapy.Spider):
    #爬虫的名称
    name = 'quotes'
    #爬虫的域名
    allowed_domains = ['quotes.toscrape.com']
    #启动的 URL
    start_urls = ['http://quotes.toscrape.com/']

    def parse(self, response):
        # 遍历每个块提取信息
```

```
    for each in response.xpath('//div[@ class = "quote"]'):
        item = QuoteItem()
        # 名人名言文本
        item['text'] = each.xpath('./span/text()').extract()[0]
        # 作者
        item['author'] = each.xpath('.//small/text()').extract()[0]
        tagList = each.xpath('.//a[@ class = "tag"]/text()').extract()
        # 标签
        item['tags'] = '/'.join(tagList)
        yield item
    # 下一页的页码
    next = response.xpath('//li[@ class = "next"]/a/@ href').extract()[0]
    # 下一页的 URL
    url = response.urljoin(next)
    # 请求下一页,回调函数为 parse
    yield scrapy.Request(url = url, callback = self.parse)
    pass
```

3. QuotePipeline 类

本类主要由初始化方法、处理方法和关闭方法组成，初始化方法配置了连接到MySQL数据库的基本信息，如下所示。

```
# 初始化
def __init__(self):
#连接到 MySQL 数据库
self.connect = pymysql.connect(
  # 主机名
  host = 'localhost',
```

```
        # 用户名
        user = 'root',
        # 密码
        password = '123456',
        # 数据库
        database = 'quotes',
        # 数据库编码
        charset = 'utf8',
    )
    self.cursor = self.connect.cursor()
```

process_item 方法处理网络爬虫下载下来的每一条数据，数据的值存储在 item 中，根据 item 构造 SQL 语句，然后插入到数据库中，如下所示。

```
    # 处理每一条数据
    def process_item(self, item, spider):
        item = dict(item)
        # 数据表名
        table = 'quote'
        # 字段的名称
        keys = ','.join(item.keys())
        # 字段的值
        values = ','.join(['% s'] * len(item))
        # 构造 SQL 语句
        sql = 'INSERT INTO {table}({keys}) VALUES({values})'.format(table = table, keys = keys,
values = values)
        try:
            # 执行 SQL 语句
```

```
        if self.cursor.execute(sql, tuple(item.values())):
            self.connect.commit()
    except:
        print("Failed!")
        self.connect.rollback()
    return item
```

close_spider 方法关闭爬虫功能，关闭 MySQL 数据库游标（cursor）和数据库连接。

```
# 关闭爬虫
def close_spider(self, spider):
    # 关闭 cursor
    self.cursor.close()
    # 关闭连接
    self.connect.close()
```

（五）Scrapy 配置

setting. py 文件描述了 Scrapy 运行需要的参数设置，常用的配置有：

- BOT_NAME：项目名称。
- SPIDER_MODULES：爬虫应用路径。
- USER_AGENT：客户端 User-Agent 请求头。
- ROBOTSTXT_OBEY：是否遵守 robots 协议。
- COOKIES_ENABLED：是否支持 cookie。
- DEFAULT_REQUEST_HEADERS：发送 HTTP 请求默认使用的请求头。
- ITEM_PIPELINES：Item 管道配置。

配置示例如下：

```
#项目名称
BOT_NAME = 'quote'
```

```
#爬虫应用路径
SPIDER_MODULES = ['quote.spiders']
NEWSPIDER_MODULE = 'quote.spiders'

#客户端 User-Agent 请求头
#USER_AGENT = 'quote (+http://www.yourdomain.com)'

#是否遵循爬虫协议
ROBOTSTXT_OBEY = False

#是否支持 cookie，cookiejar 进行操作 cookie，默认开启
#COOKIES_ENABLED = False

#发送 HTTP 请求默认使用的请求头
DEFAULT_REQUEST_HEADERS = {
    'user-agent': 'Mozilla/5.0 (Windows NT 10.0; Win64; x64) AppleWebKit/537.36 (KHT-
ML, like Gecko) Chrome/68.0.3440.106 Safari/537.36',
    'Accept': 'text/html,application/xhtml+xml,application/xml;q = 0.9,*/*;q = 0.8',
   # 'Accept-Language': 'en',
}
#配置 Item 管道
ITEM_PIPELINES = {
    'quote.pipelines.QuotePipeline': 300,
}
```

（六）启动网络爬虫

切换到爬虫项目所在的目录，运行 scrapy crawl quotes 命令启动网络爬虫，网络爬虫开始工作并将爬取的数据存储到 MySQL 数据库中。

```
[root@ master quote]# scrapy crawl quotes
2021-05-28 15:36:01 [scrapy.utils.log] INFO: Scrapy 2.5.0 started (bot: quote)
2021-65-28 15:36:01 [scrapy.utils.log] INFO: Versions: lxml 4.6.3.0,libxm12 2.9.10,css-
select 1.1.0,parsel 1.6.0, w3lib 1.22.0,Twisted 21.2.0,Python 3.7.0 (default,May 28 2021,
15:08:26) -[GCC 4.8.5 20150623 (Red Hat 4.8.5-39)],pyOpenSSL 20.0.1 (OpenSSL 1.1.1k 25
Mar 2021), cryptography 3.4.7,Platform Linux-3.10.0-693.el7.x86_64-x86_64-with-centos-
7.4.1708-Core
2021-05-28 15:36:01 [scrapy.utils.log] DEBUG; Using reactor; twisted, internet.epollre-
actor.EP
ollReactor
2021-05.28 15:36:01 [scrapy. crawler] INFO: overridden settings:
{'BOT_NAME': 'quote',
'NEWSPIDER_MODULE': 'quote. spiders',
'SPIDER_MODULES': ['quote.spiders']}
2021-05-28 15:36:01 [scrapy.extensions.telnet] INFO: Telnet Password:
e878084b6e74a363
2021-05-28 15:36:02 [scrapy.middleware] INFO: Enabled extensions:
[ 'scrapy.extensions.corestats.coreStats',
'scrapy.extensions.telnet.TelnetConsole',
'scrapy.extensions.memusage.MemoryUsage',
'scrapy.extensions.logstats.LogStats']
2021-05-28 15:36:02 [scrapy.middleware] INFO: Enabled downloader middlewares;
```

（七）验证数据采集结果

登录到 MySQL 数据库，运行 SQL 查询语句查看数据库中的前五条数据，如果数据正常显示，说明网络爬虫已经正常采集数据并将数据存储到了 MySQL 数据库中。

```
mysql> SELECT * FROM quotes.quote LIMIT 5;
```

```
+--------+-----------------------------------------------------------------
-------------------------------------------------+----------------+--------------+
|  id    | text
                                                 |  auther        |  tags        |
+--------+--------------------------------------------------------------------------
-------------------------------------------------+----------------+--------------+
|  1     |"The World as we have created it is a process of our thinking. It cannot
be changed without changing our thinking."       |  Albert        |  change/deep |
|  2     |"It is our choices, Harry, that show what we truly are, far more than our
abilities                                        |  J.K.Rowing    |  abilities   |
|  3     |"There are only two ways to live your life.One is as though nothing is a
miracle.The other is as though everything        |  Albert        |  inspirational |
|  4     |"The persion,be it gentleman or lady,who has not pleasure in a good novel,
must be intolerably stupid."                     |  Jane Austen   |  aliteracy   |
|  5     |"Imperfection is beauty, madness is genius and it's better to be absolutely
ridiculous than absolutely boring."              |  Marilyn       |  be-yourself |
+--------+--------------------------------------------------------------------------
-------------------------------------------------+----------------+--------------+
5 rows in set (0.00 sec)
```

四、数据加载及预处理

网络爬虫采集数据并将数据存储到 MySQL 中以后，为了进行数据处理，使用 Sqoop 将数据加载到 HDFS 上，并用 MapReduce 程序对 HDFS 的数据进行预处理。

（一）加载数据

加载数据的过程一般通过编写 Shell 脚本实现。Shell 是 Unix/Linux 操作系统的用户接口，程序从用户接口得到输入信息，Shell 将用户程序及其输入翻译成操作系统内

核（kernel）能够识别的指令。操作系统内核执行完后将返回的输出通过 Shell 再呈现给用户。Shell 脚本是为 Shell 编写的解释执行的脚本语言，在 Shell 程序中可以直接调用 Linux 系统命令。

Shell 脚本的第一行内容在脚本的首行左侧，表示脚本将要调用的 Shell 解释器："#!/bin/bash"。"#!" 符号能够被内核识别成是一个脚本的开始，这一行必须位于脚本的首行，/bin/bash 是 bash 程序的绝对路径，在这里表示后续的内容将通过 bash 程序解释执行，注释符号#放在需注释内容的前面。

编写 Shell 脚本并保存为 quotes_sqoop_import. sh，实现将 MySQL 中数据加载到 HDFS 上。import_data 方法执行 sqoop import 命令，将数据库数据导入到 HDFS 指定的路径中。该方法有两个参数，该方法中的参数（$1）指定数据库的表。

```
#!/bin/bash
#数据库名称
db_name=quotes
#导入数据
import_data() {
/home/newland/soft/sqoop/bin/sqoop import \
--connect jdbc:mysql://localhost:3306/ $db_name \
--username root \
--password 123456 \
--target-dir /origin_data/ $db_name/db/ $1 \
--fields-terminated-by "\t" \
--query " $2"' and #CONDITIONS;'
}
#导入 quote 表
import_quote(){
 import_data "quote" "select
id, text, author,tags from quote where 1=1"
```

```
}
case  $1 in
 "quote")
   import_quote
;;
 "all")
 import_quote
;;
esac
```

运行以下命令，执行数据导入操作，将 quote 表的数据导入 HDFS 指定的目录。

```
[root@master ~]# ./quotes_sqoop_import.sh all
```

导入完成后，执行命令浏览 HDFS 指定目录的文件，在目录下会生成相应的数据文件，其中 part-m-00000 就是导入后的数据文件。

```
[root@master ~]# hdfs dfs -ls /origin_data/quotes/db/quote
Found 2 items
-rw-r--r--   3 hadoop supergroup          0   2021-04-15   12:13
/origin_data/quote/db/quote/_SUCCESS
-rw-r--r--   3 hadoop supergroup      15394   2021-04-15   12:13
/origin_data/quote/db/quote/part-m-00000
```

验证文件内容。文件内容比较多，使用 HDFS 命令查看头部和尾部的前 5 条数据。如果数据正常显示，说明数据从 MySQL 导入到 HDFS 的流程正确。

```
[root@master ~]# hdfs dfs -cat /origin_data/quotes/db/quote/part-m-00000 | head -5
1    "The world as we have created it is a proess of our thinking.It cannot be changed
without changing our thinking."      Albert Einstein change/deep-thoughts/thinking/world
```

```
2    "It is our choices,harry,that show what we truly are,far more than our abilities."
J.K. Rowling    abilities/choices
3    "There are only twe ways to live your life.One is as though nothing is a miracle.
The other is as though everything is a miracle."    Albert Einstein inspirational/life/live/
miracle/miracles
4    "The person,be it gentleman or lady ,who has not pleasure in a good novel,must
be intolerably stupid."    Jane Austen
5    "Imperfection is beauty.madness is genius and it's better to be absolutely ridicu-
lous than absolutely boring."    Marilyn Monroe
cat: Unable to write to output stream.
[root@master ~]# hdfs dfs -cat /origin_data/quotes/db/quote/part-m-00000 | tail -5
95    "you never really understand a person until you consider things from his point of
view... Until you climb inside of his skin and walk around in it."    Harper Lee
96    "you have to write the book that wants to be written.And if the book will be too
difficult for grown-ups,then you write it for children."    Madeleine L'Engle
97    "Never tell the truth to people who are not worthy of it."    Mark Twain
98    "A person's a person,no matter how small."    Dr.Seuss
99    "...a mind needs books as a sword needs a whetstone, if it is to keep its edge."
George R.R. Martinbooks/mind
```

（二）数据预处理

网络爬虫采集的名人名言数据中的标签数据有部分缺失数据，也就是说，部分名人名言信息没有标签，为方便后续处理，需要通过预处理的方式填充默认值。预处理的流程主要为：编写 MapReduce 程序读取 HDFS 上的名人名言数据，对标签数据进行处理，编译并打包 MapReduce 程序部署到 Hadoop 集群，执行 MapReduce 程序并验证数据预处理的结果。

1. 创建 quotes 项目模块

在 IntelliJ IDEA 集成开发环境中，在主菜单中点击“New”，打开二级菜单，点击“Project...”，如图 1-18 所示，创建 Maven 项目。

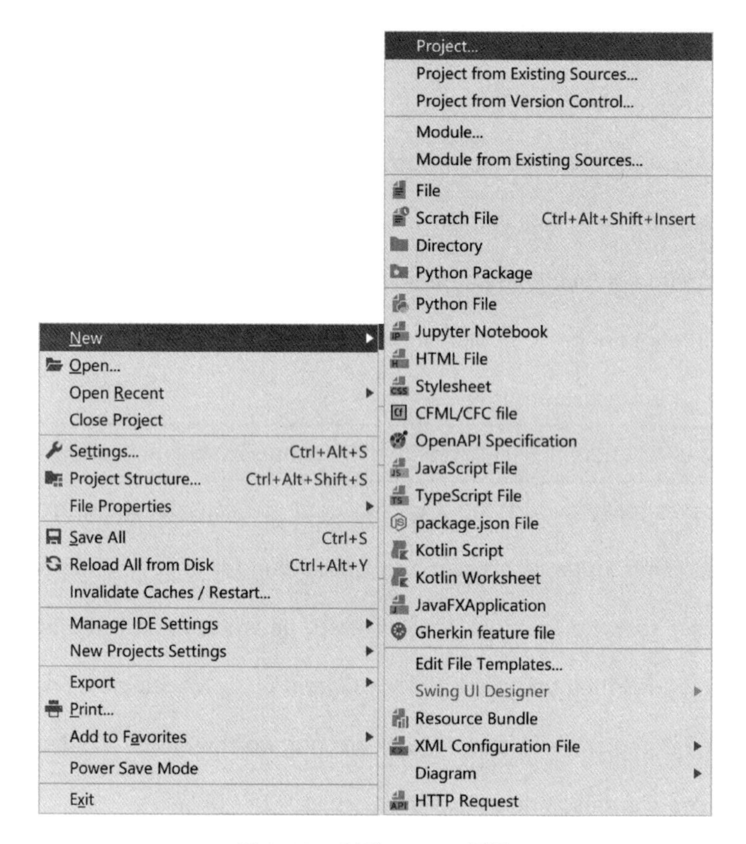

图 1-18　创建 Maven 项目

选择项目的类型为“Maven”，如图 1-19 所示，点击“Next”按钮进行下一步的配置。

如图 1-20 所示，在“New Project”窗口中输入 Name（项目名称）：bigdata，Location（项目路径）选择项目本地的存储地址。点击“Finish”按钮完成项目创建。

在项目上单击右键，点击“New”打开二级菜单，选择“Module...”创建功能模块，如图 1-21 所示。

在“New Module”窗口中选择模块的类型为“Maven”，点击“Next”按钮进行下一步配置，配置方式和创建项目的方式一致。

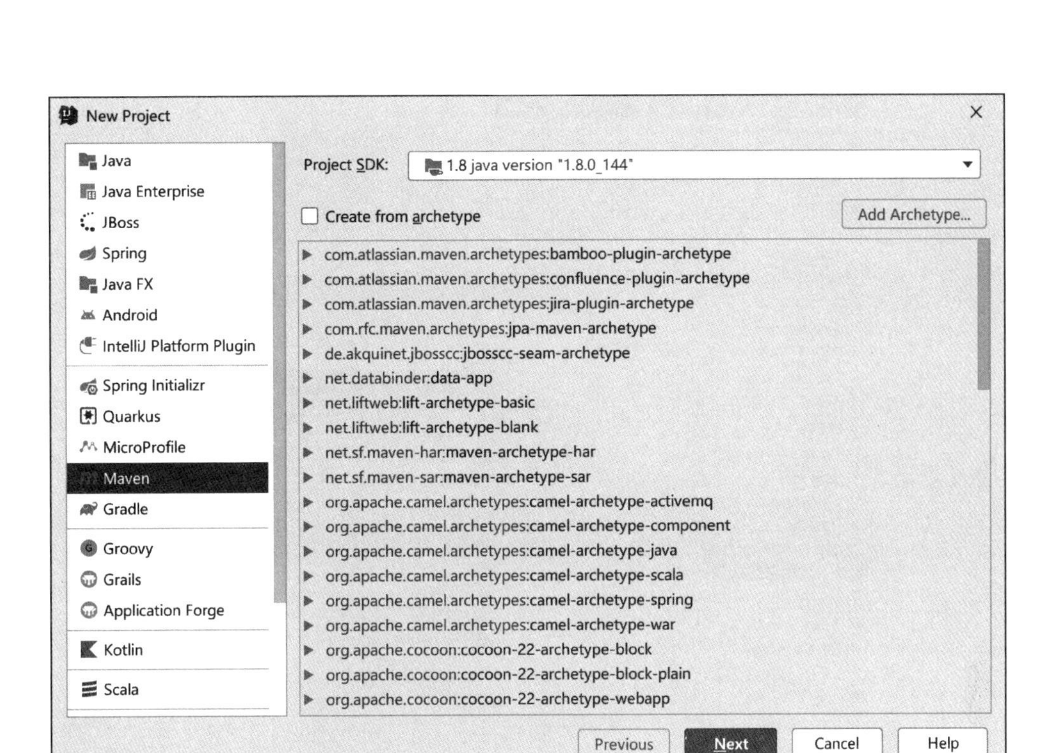

图 1-19　选择项目类型

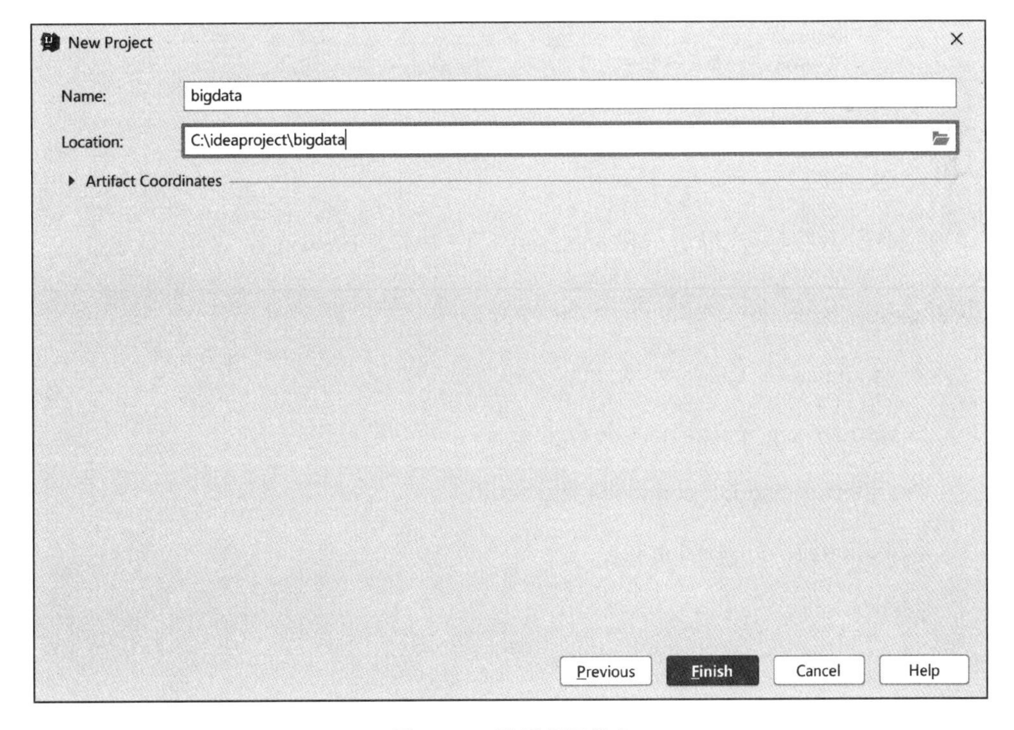

图 1-20　配置项目信息

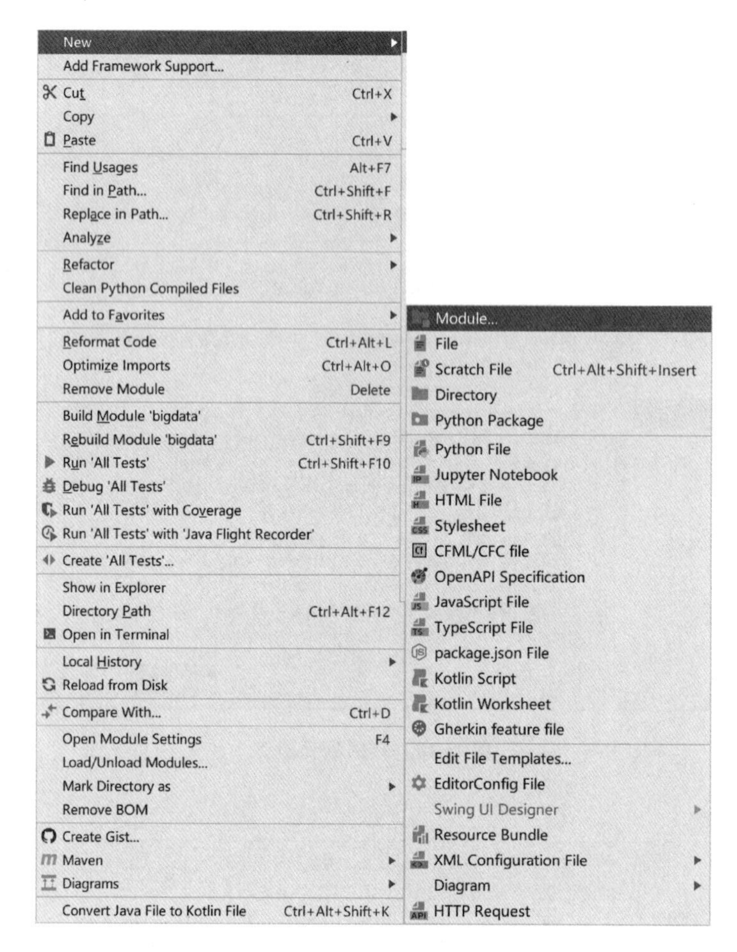

图 1-21 新建功能模块

项目和模块创建完成以后，在 pom. xml 文件中添加 Hadoop 相关的依赖包。

```
<dependencies>
  <dependency>
    <groupId>org.apache.hadoop</groupId>
    <artifactId>hadoop-common</artifactId>
    <version>2.7.5</version>
  </dependency>
  <dependency>
    <groupId>org.apache.hadoop</groupId>
```

```
        <artifactId>hadoop-mapreduce-client-core</artifactId>
        <version>2.7.5</version>
    </dependency>
    <dependency>
        <groupId>org.apache.hadoop</groupId>
        <artifactId>hadoop-mapreduce-client-jobclient</artifactId>
        <version>2.7.5</version>
    </dependency>
</dependencies>
```

2. 编写 Map 程序，实现标签的预处理

Map 程序实现将一组键值对的数据映射成一组新的键值对数据。自定义的 Map 程序需要继承 org. apache. hadoop. mapreduce. Mapper 类（以下简称 Mapper 类），Mapper 类主要包含 setup、map、cleanup、run 方法。run 方法定义了程序执行的流程，按照 setup、map 和 cleanup 的顺序依次调用各方法。setup 方法在执行 Map 任务前，进行相关变量或者资源的集中初始化工作，此方法被 MapReduce 框架仅且执行一次。map 方法根据需求解析，并处理每一行文本。cleanup 方法在执行完 Map 任务后，进行相关变量或资源的释放工作，此方法被 MapReduce 框架仅且执行一次。

```
package org.apache.hadoop.mapreduce;

import java.io.IOException;
import org.apache.hadoop.classification.InterfaceAudience.Public;
import org.apache.hadoop.classification.InterfaceStability.Stable;

@Public
@Stable
public class Mapper<KEYIN, VALUEIN, KEYOUT, VALUEOUT> {
    public Mapper() {
```

```
    }

    protected void setup(Mapper<KEYIN, VALUEIN, KEYOUT, VALUEOUT>.Context con-
text) throws IOException, InterruptedException {
    }

    protected void map(KEYIN key, VALUEIN value, Mapper<KEYIN, VALUEIN, KEYOUT,
VALUEOUT>.Context context) throws IOException, InterruptedException {
        context.write(key, value);
    }

    protected void cleanup(Mapper<KEYIN, VALUEIN, KEYOUT, VALUEOUT>.Context con-
text) throws IOException, InterruptedException {
    }

    public void run(Mapper<KEYIN, VALUEIN, KEYOUT, VALUEOUT>.Context context)
throws IOException, InterruptedException {
        this.setup(context);
        try {
            while(context.nextKeyValue()) {
                this.map(context.getCurrentKey(), context.getCurrentValue(), context);
            }
        } finally {
            this.cleanup(context);
        }
    }

    public abstract class Context implements MapContext<KEYIN, VALUEIN, KEYOUT, VAL-
UEOUT> {
```

```
        public Context() {

        }

    }

}
```

QuotesMapper 类重写 Mapper 类，泛型<LongWritable，Text，NullWritable，Text>分别表示 Map 任务输入数据的 Key、Value 的类型和 Map 任务输出数据的 Key、Value 的类型。QuotesMapper 的 map 方法中，map 方法的参数 key 是待处理文本的起始偏移量，参数 value 是待处理的文本内容。map 方法实现的主要功能是：读取 HDFS 文件中的一行数据，判断标签是否存在，如果不存在，就将标签设置为默认值“none”。

```
import org.apache.hadoop.io.LongWritable;
import org.apache.hadoop.io.NullWritable;
import org.apache.hadoop.io.Text;
import org.apache.hadoop.mapreduce.Mapper;
import java.io.IOException;

public class QuotesMapper extends Mapper<LongWritable, Text, NullWritable, Text> {

    @ Override
    protected void map(LongWritable key, Text value, Context context) throws IOExcep-
tion, InterruptedException {
        //读取文件中的一行,去掉前后的空格
        String line = value.toString().trim();
        //通过\t 进行切分,转换成字符串数组
        String[] arrLine = line.split("\\t");
        //ID
        String id = arrLine[0];
        // 名人名言
```

```
        String text = arrLine[1];
        //作者
        String author = arrLine[2];
        //默认标签为 none
        String tags = "none";
        //如果标签不为空,标签进行重新赋值
        if (arrLine.length > 3) {
            tags = arrLine[3];
        }
        //构造新的字符串
        StringBuffer sb = new StringBuffer();
    sb.append(id).append("\t").append(text).append("\t").append(author).append
    ("\t").append(tags);
        //写入 context
        context.write(NullWritable.get(), new Text(sb.toString()));
    }
}
```

3. Reduce 程序：多条数据使用换行符分隔

自定义的 Reduce 程序需要继承 org. apache. hadoop. mapreduce. Reducer 类（以下简称 Reducer 类），Reducer 类主要包含 setup、reduce、cleanup、run 方法。run 方法定义了程序执行的流程，按照 setup、reduce 和 cleanup 的顺序依次调用各方法。setup 方法在执行 Reduce 任务前，进行相关变量或者资源的集中初始化工作，此方法被 MapReduce 框架仅且执行一次。Reduce 方法根据需求解析并处理每一行文本。cleanup 方法在执行完 Reduce 任务后进行相关变量或资源的释放工作，此方法被 MapReduce 框架仅且执行一次。

```
package org.apache.hadoop.mapreduce;

import java.io.IOException;
```

```
import java.util.Iterator;
import org.apache.hadoop.classification.InterfaceAudience.Public;
import org.apache.hadoop.classification.InterfaceStability.Stable;
import org.apache.hadoop.mapreduce.ReduceContext.ValueIterator;
import org.apache.hadoop.mapreduce.task.annotation.Checkpointable;

@Checkpointable
@Public
@Stable
public class Reducer<KEYIN, VALUEIN, KEYOUT, VALUEOUT> {
    public Reducer() {
    }

    protected void setup(Reducer<KEYIN, VALUEIN, KEYOUT, VALUEOUT>.Context con-
text) throws IOException, InterruptedException {
    }

    protected void reduce(KEYIN key, Iterable<VALUEIN> values, Reducer<KEYIN, VAL-
UEIN, KEYOUT, VALUEOUT>.Context context) throws IOException, InterruptedException {
        Iterator var4 = values.iterator();
        while(var4.hasNext()) {
            VALUEIN value = var4.next();
            context.write(key, value);
        }
    }

    protected void cleanup(Reducer<KEYIN, VALUEIN, KEYOUT, VALUEOUT>.Context con-
text) throws IOException, InterruptedException {
```

```
    }

    public void run(Reducer<KEYIN, VALUEIN, KEYOUT, VALUEOUT>.Context context)
throws IOException, InterruptedException {
        this.setup(context);
        try {
            while(context.nextKey()) {
                this.reduce(context.getCurrentKey(), context.getValues(), context);
                Iterator<VALUEIN> iter = context.getValues().iterator();
                if (iter instanceof ValueIterator) {
                    ((ValueIterator)iter).resetBackupStore();
                }
            }
        } finally {
            this.cleanup(context);
        }
    }

    public abstract class Context implements ReduceContext<KEYIN, VALUEIN, KEYOUT,
VALUEOUT> {
        public Context() {
        }
    }
}
```

QuotesReducer 类重写 Reducer 类，泛型<NullWritable，Text，NullWritable，Text>分别表示 Reduce 任务输入数据的 Key、Value 的类型和 Reduce 任务输出数据的 Key、Value 的类型。reduce 方法中参数 key 为 Map 任务输出的 key 的类型，参数 values 为 Map 端输出的 value 的集合，即 Map 任务的输出数据作为 Reduce 任务的输入数据。reduce 方法实

现的功能是遍历 values 中的每个值，使用换行符进行分隔，并最终输出到 HDFS 文件中。

```
import org.apache.hadoop.io.NullWritable;
import org.apache.hadoop.io.Text;
import org.apache.hadoop.mapreduce.Reducer;
import java.io.IOException;

public class QuotesReducer extends Reducer<NullWritable, Text, NullWritable, Text> {
  @Override
protected void reduce(NullWritable key, Iterable<Text> values, Context context) throws
IOException, InterruptedException {
      //输出内容
      String content = "";
      for (Text value : values) {
        content += value.toString() + "\r\n";
      }
      //写入 context
      context.write(key, new Text(content));
  }
}
```

4. QuotesMain 类：实现 Hadoop 作业的配置及运行

QuotesMain 类继承了 org. apache. hadoop. conf. Configured 类，实现了 org. apache. hadoop. uti。

Tools 接口：

Configured 类主要设置或获取配置信息。

```
package org.apache.hadoop.conf;

import org.apache.hadoop.classification.InterfaceAudience.Public;
```

```
import org.apache.hadoop.classification.InterfaceStability.Stable;

@Public
@Stable
public class Configured implements Configurable {
    private Configuration conf;

    public Configured() {
        this((Configuration)null);
    }

    public Configured(Configuration conf) {
        this.setConf(conf);
    }

    public void setConf(Configuration conf) {
        this.conf = conf;
    }

    public Configuration getConf() {
        return this.conf;
    }
}
```

Tools 接口的 run 方法定义了 Hadoop 作业的执行流程。

```
package org.apache.hadoop.util;

import org.apache.hadoop.classification.InterfaceAudience.Public;
import org.apache.hadoop.classification.InterfaceStability.Stable;
```

```
    import org.apache.hadoop.conf.Configurable;

    @Public
    @Stable
    public interface Tool extends Configurable {
        int run(String[] var1) throws Exception;
}
```

QuotesMain 类中 run 方法的 args 参数设置了 Hadoop 作业的输入和输出路径，run 方法创建了 Job 对象的作业，作业设置了 MapReduce 任务的输入和输出的数据类型，最后调用作业的 waitForCompletion 方法执行作业。

```
package mr;

import org.apache.hadoop.conf.Configuration;
import org.apache.hadoop.conf.Configured;
import org.apache.hadoop.fs.Path;
import org.apache.hadoop.io.NullWritable;
import org.apache.hadoop.io.Text;
import org.apache.hadoop.mapreduce.Job;
import org.apache.hadoop.mapreduce.lib.input.TextInputFormat;
import org.apache.hadoop.mapreduce.lib.output.TextOutputFormat;
import org.apache.hadoop.util.Tool;
import org.apache.hadoop.util.ToolRunner;

public class QuotesMain extends Configured implements Tool {

    private final Configuration conf;//配置信息

    public QuotesMain() {
        this.conf = new Configuration();
```

```
    }

    public int run(String[] args) throws Exception {
        //文件的输入路径
        String inputPath = args[0];
        //处理结果的输出路径
        String outputPath = args[1];
        //创建 job
        Job job = Job.getInstance(conf);
        job.setJarByClass(QuotesMain.class);
        //设置 map 输出类型
        job.setMapperClass(QuotesMapper.class);
        job.setMapOutputKeyClass(NullWritable.class);
        job.setMapOutputValueClass(Text.class);
        //设置 reduce 输出类型
        job.setReducerClass(QuotesReducer.class);
        job.setOutputKeyClass(NullWritable.class);
        job.setOutputValueClass(Text.class);
        //设置输入类型为文本类型
        job.setInputFormatClass(TextInputFormat.class);
        //文件的输入路径
        TextInputFormat.setInputPaths(job, new Path(inputPath));
        //设置输出格式类
        job.setOutputFormatClass(TextOutputFormat.class);
        //结果的输出路径
        TextOutputFormat.setOutputPath(job, new Path(outputPath));

        return (job.waitForCompletion(true) ? 0 : 1);
```

```
    }

    /**
     * 函数入口
     * @param args 参数列表
     * @throws Exception 异常
     */
    public static void main(String[] args) throws Exception {
        int res = ToolRunner.run(new QuotesMain(), args);
        System.exit(res);
    }
}
```

5. 打包部署

使用 Maven 等打包工具将程序打包并上传到集群服务器，执行 hadoop jar 命令对数据进行预处理，预处理结果输出到 HDFS 的/mr_output/quotes 路径下。

如图 1-22 所示，在 IntelliJ IDEA 环境中，执行 Maven 的 package 命令，默认在项目的 target 目录下生成 quotes-1.0-SNAPSHOT.jar 文件。将打包文件上传到 Hadoop 集群的指定目录/home/newland/pkg 下。

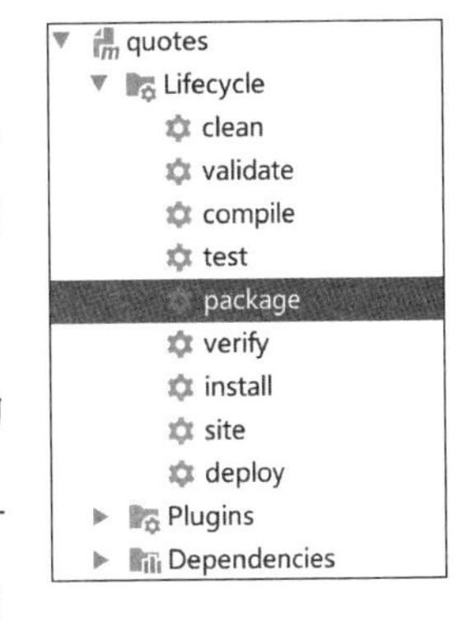

图 1-22　Maven 命令

启动 Hadoop 集群，执行 hadoop jar 命令执行 Hadoop 作业，第一个参数指定程序的入口，第二个参数指定作业处理的文件，第三个参数指定作业处理结果的输出路径。

```
[root@master ~]# hadoop jar /home/newland/pkg/quotes-1.0-SNAPSHOT.jar
mr.QuotesMain /origin_data/quotes/db/quote/part-m-00000 /mr_output/quotes
```

```
21/04/15 12:00:47 INFO client.RMProxy: Connecting to ResourceManager at hadoop2/192.168.68.130:8032
```

```
21/04/15 12:00:47 WARN mapreduce .JobResourceUploader: Hadoop command-lline option parsing not performed. Implement the Tool interface and execute your application with ToolRunner to remedy this.
21/04/15 12:00:47 INFO input.FileInputFormat: Total input paths to process:1
21/04/15 12:00:47 INFO mapreduce.jobSubmitter: number of splits:1
21/04/15 12:00:47 INFO mapreduce.jobSubmitter: Submitting tokens for job: job_1618457288385_0005
21/04/15 12:00:48 INFO impl.yarnClientImpl: Submitted application application_1618457288385_0005
21/04/15 12:00:48 INFO mapreduce.job: The url to track the job: http://hadoop2:8088/proxy/application_1618457288385_0005/
21/04/15 12:00:48 INFO mapreduce.job: Running job: job_1618457288385_0005
21/04/15 12:00:53 INFO mapreduce.job: Job job_1618457288385_0005 running in uber mode : false
21/04/15 12:00:53 INFO mapreduce.job: map 0% reduce 0%
21/04/15 12:00:59 INFO mapreduce.job: map 100% reduce 0%
21/04/15 12:01:05 INFO mapreduce.job: map 100% reduce 100%
21/04/15 12:01:05 INFO mapreduce.job: Job job_1618457288385_0005 completed successfully
```

6. 使用 hdfs 命令浏览输出目录

Hadoop 作业执行完成后，使用 hdfs 命令浏览作业输出目录，查看处理后的文件 part-r-00000。

```
[root@master ~]# hdfs dfs -ls /mr_output/quotes
```

```
Found 2 items
-rw-r--r--   3 hadoop supergroup      0 2021-04-15 12:01 /mr_output/quotes/_SUCCESS
-rw-r--r--   3 hadoop supergroup  15506 2021-04-15 12:01 /mr_output/quotes/part-r-00000
```

7. 使用 hdfs 命令查看文件内容

显示前 5 条记录，如果数据正常显示，说明 MapReduce 程序正常执行。

```
[root@master ~]# hdfs dfs -cat /mr_output/quotes/part-r-00000 | head -5
99 "...a mind needs books as a sword needs a whetstone, if it is to keep its edge."
George R.R. Martinbooks/mind
98 "A person's a person,no matter how small."    Dr.Seuss
97 "Never tell the truth to people who are not worthy of it."    Mark Twain
96 "you have to write the book that wants to be written.And if the book will be too
difficult for grown-ups,then you write it for children."    MaSdeleine L'Engle
95 "you never really understand a person until you consider things from his point of
view... Until you climb inside of his skin and walk around in it."    Harper Lee
```

8. 将预处理后的数据文件覆盖 HDFS 上原始的数据文件

下一节，通过数据仓库继续进行处理。

```
[root@master ~]# hdfs dfs -cp -f /mr_output/quotes/part-r-00000
/origin_data/quotes/db/quote/part-m-00000
```

第四节　数据仓库实现

一、创建数据表

数据仓库实现，需要安装 Hadoop 大数据环境以及 Hive 数据仓库。Hadoop 及 Hive

的安装不是本节的重点内容，可以参考本系列教材中的《大数据基础技术》内容。数据仓库环境搭建完成后，启动 Hive 客户端，创建并切换到 quotes 数据库。

1. 创建数据库

```
hive (quotes)> CREATE DATABASE quotes;
OK
Time taken: 0.071 seconds
```

2. 切换数据库

```
hive (quotes)> USE quotes;
OK
Time taken: 0.015 seconds
```

Hive 的数据表分为内部表（managed table，又称托管表）和外部表（external table）。两者的主要区别有：

- 内部表数据由 Hive 自身管理，外部表数据由 HDFS 管理。
- 内部表数据存储的位置由 hive. metastore. warehouse. dir 参数确定，外部表数据的存储位置由用户确定。
- 用户删除内部表会直接删除元数据及存储数据，而删除外部表仅删除元数据，不会删除 HDFS 上的文件。

为保证数据安全，通常建议创建外部表。

二、Shell 语法基础

Shell 是 Unix/Linux 操作系统的用户接口，用户通过这个接口访问操作系统内核的服务。在数据仓库的构建过程中，通常编写并执行 Shell 脚本程序实现数据的加载、转换等过程，以避免重复输入命令进行操作。下面介绍一下基本的 Shell 语法。

（一）Shell 变量

定义变量时，变量名不加 $ 符号，例如：

```
my_name = "zhangsan"
```

变量名和等号之间不能有空格，同时变量名的命名须遵循以下规则：

(1) 命名只能使用英文字母、数字和下划线，首个字符不能以数字开头。

(2) 中间不能有空格，可以使用下划线（_）。

(3) 不能使用标点符号。

(4) 不能使用 bash 里的关键字（可用 help 命令查看保留关键字）。

（二）Shell 字符串

字符串是 Shell 编程中常用的数据类型，字符串可以用单引号，也可以用双引号，也可以不使用引号。单引号里的任何字符都会原样输出，单引号字符串中的变量是无效的；单引号字串中不能出现单独一个的单引号，但可成对出现，作为字符串拼接使用。双引号里可以有变量，双引号里可以出现转义字符，例如：

```
your_name='newland'
str="Hello, I know you are \"$your_name\"! \n"
echo -e $str
```

输出结果为：

```
Hello, I know you are "newland"!
```

（三）Shell 数组

数组中可以存放多个值。Bash Shell 只支持一维数组，初始化时不需要定义数组大小，数组元素的下标由 0 开始。

Shell 数组用括号来表示，元素用“空格”分隔开，语法格式如下：

```
array_name=(value0 value1 value2 value3)
```

读取数组元素值的一般格式是：

```
${数组名[下标]}
```

例如：

```
my_array=(A B "C" D)
echo "first: ${my_array[0]}"
```

```
echo "second: $ {my_array[1]}"
```

输出结果为：

```
A
B
```

（四）Shell 运算符

Shell 和其他编程语言一样，支持多种运算符，主要包括算数运算符、关系运算符、布尔运算符、逻辑运算符、字符串运算符。

算数运算符：假定变量 *a* 为 10，变量 *b* 为 20，常用的算数运算符见表 1–11。

表 1–11　　　　算数运算符

运算符	说明
+	加法，例如：'expr $*a*+$*b*' 结果为 30
–	减法，例如：'expr $*a*–$*b*' 结果为 –10
*	乘法，例如：'expr $*a*\ * $*b*' 结果为 200
/	除法，例如：'expr $*b*/ $*a*' 结果为 2
%	取余，例如：'expr $*b*%$*a*' 结果为 0
=	赋值，例如 *a*=$*b* 将把变量 *b* 的值赋给 *a*
= =	比较是否相等，例如：［$*a*= =$*b*］ 返回 false
! =	比较是否不相等，例如：［$*a*! =$*b*］ 返回 true

关系运算符：关系运算符只支持数字，不支持字符串，除非字符串的值是数字，假定变量 *a* 为 10，变量 *b* 为 20，关系运算的结果见表 1–12。

表 1–12　　　　关系运算符

运算符	说明
-eq	检测两个数是否相等，相等返回 true。例如：［$*a* -eq $*b*］ 返回 false
-ne	检测两个数是否不相等，不相等返回 true。例如：［$*a* -ne $*b*］ 返回 true
-gt	检测左边的数是否大于右边的，如果是，则返回 true。例如：［$*a* -gt $*b*］ 返回 false
-lt	检测左边的数是否小于右边的，如果是，则返回 true。例如：［$*a* -lt $*b*］ 返回 true

续表

运算符	说明
-ge	检测左边的数是否大于或等于右边的，如果是，则返回 true。例如：[$a -ge $b] 返回 false
-le	检测左边的数是否小于或等于右边的，如果是，则返回 true。例如：[$a -le $b] 返回 true

布尔运算符：假定变量 a 为 10，变量 b 为 20，布尔运算的结果见表 1-13。

表 1-13　　布尔运算符

运算符	说明
!	非运算，表达式为 true 则返回 false，否则返回 true。例如：[! false] 返回 true
-o	或运算，有一个表达式为 true 则返回 true。例如：[$a -lt 20 -o $b -gt 100] 返回 true
-a	与运算，两个表达式都为 true 才返回 true。例如：[$a -lt 20 -a $b -gt 100] 返回 false

逻辑运算符：假定变量 a 为 10，变量 b 为 20，逻辑运算的结果见表 1-14。

表 1-14　　逻辑运算符

运算符	说明
&&	逻辑的 AND。例如：[[$a -lt 100 && $b -gt 100]] 返回 false
||	逻辑的 OR。例如：[[$a -lt 100 || $b -gt 100]] 返回 true

字符串运算符：假定变量 a 为“abc”，变量 b 为“efg”，常见的字符串运算见表 1-15。

表 1-15　　字符串运算符

运算符	说明
=	检测两个字符串是否相等，相等返回 true。例如：[$a=$b] 返回 false
!=	检测两个字符串是否不相等，不相等返回 true。例如：[$a!=$b] 返回 true
-z	检测字符串长度是否为 0，为 0 返回 true。例如：[-z $a] 返回 false
-n	检测字符串长度是否不为 0，不为 0 返回 true。例如：[-n "$a"] 返回 true
$	检测字符串是否为空，不为空返回 true。例如：[$a] 返回 true

（五）Shell 函数

Linux Shell 可以由用户自定义函数，函数的定义格式如下：

```
[ function ] funname [()]
{
  action;
  [return int;]
}
```

使用自定义函数，创建一个简单的输出命令的函数，其代码如下：

```
#!/bin/bash
demoFun(){
  echo "this is shell function!"
}
echo "-----function start execute-----"
demoFun
echo "-----function execute finish-----"
```

```
-----function start execute-----
this is shell function!
-----function execute finish-----
```

（六）Shell 流程控制

if 语法，如果条件为真，执行相应的命令。语法格式如下：

```
if condition
then
  command1
  command2
  ...
  commandN
fi
```

if... else... 语法，如果条件为真，执行相应的命令，否则执行其他命令。语法格式如下：

```
if condition
then
  command1
  command2
  ...
  commandN
else
  command
fi
```

if... elif... else... 语法格式，可以设置多个条件分支，满足相应的条件就执行相应的命令。语法格式如下：

```
if condition1
then
  command1
elif condition2
then
  command2
else
  commandN
fi
```

以下实例判断两个变量是否相等：

```
a=10
b=20
if [ $a= =$b]
```

```
then
  echo "a 等于 b"
elif [ $a -gt $b]
then
  echo "a 大于 b"
elif [ $a -lt $b]
then
  echo "a 小于 b"
else
  echo "没有符合的条件"
fi
```

for 循环一般格式为：当变量值在列表里，for 循环即执行一次所有命令，使用变量名获取列表中的当前取值。命令可为任何有效的 shell 命令和语句。in 列表可以包含替换、字符串和文件名。

```
for var in item1 item2 ... itemN
do
  command1
  command2
  ...
  commandN
done
```

例如，顺序输出当前列表中的数字：

```
for loop in 1 2 3 4 5
do
  echo "The value is: $loop"
done
```

while 循环用于不断执行一系列命令，也用于从输入文件中读取数据。其语法格式为：

```
while condition
do
  command
done
```

以下是一个基本的 while 循环，测试条件是：如果 int 小于或等于 5，那么条件返回真。int 从 1 开始，每次循环处理时，int 加 1。运行脚本，返回数字 1 到 5，然后终止。

```
int=1
while(( $int<=5 ))
do
  echo $int
  let "int++"
done
```

until 循环执行一系列命令直至条件为 true 时停止，与 while 循环在处理方式上刚好相反，一般 while 循环优于 until 循环。condition 一般为条件表达式，如果返回值为 false，则继续执行循环体内的语句，否则跳出循环。until 语法格式为：

```
until condition
do
  command
done
```

以下实例使用 until 命令来输出 0~9 的数字：

```
a=0
until [ ! $a -lt 10 ]
do
```

```
    echo $a
    a='expr $a + 1'
done
```

case... esac 为多选择语句，是一种多分支选择结构，每个 case 分支用右圆括号开始，用两个分号;; 表示 break，即执行结束，跳出整个 case... esac 语句，esac（就是 case 反写）作为结束标记。可以用 case 语句匹配一个值与一个模式，如果匹配成功，执行相匹配的命令。

case... esac 语法格式如下：

```
case 值 in
模式 1)
    command1
    command2
    ...
    commandN
    ;;
模式 2)
    command1
    command2
    ...
    commandN
    ;;
esac
```

以下实例实现读取用户输入的数字，并对数字进行判断的功能。

```
echo '输入 1 到 4 之间的数字:'
echo '你输入的数字为:'
read aNum
```

```
case  $aNum in
  1) echo '你选择了 1'
  ;;
  2) echo '你选择了 2'
  ;;
  3) echo '你选择了 3'
  ;;
  4) echo '你选择了 4'
  ;;
  *) echo '你没有输入 1 到 4 之间的数字'
  ;;
esac
```

（七）**Shell 传递参数**

可以在执行 Shell 脚本时，向脚本传递参数，脚本内获取参数的格式为：$\$n$。$n$ 代表一个数字，1 为执行脚本的第一个参数，2 为执行脚本的第二个参数，以此类推。

三、ODS 层实现

首先创建 ODS 层的数据表，然后使用 Hive 的 load data 命令将 MapReduce 预处理完成的数据从 HDFS 中加载到 Hive 表中。

ODS 层的实现主要由以下步骤组成：

连接 Hive 客户端，执行建表的 SQL 语句创建 ods_quote 外部表。

```
hive(quotes)> DROP TABLE IF EXISTS ods_quote;
hive(quotes)> CREATE EXTERNAL TABLE ods_quote (
        >  'id' int
        >  'text' string ,
        >  'author' string,
```

```
> 'tags' string
> )
> ROW FORMAT DELIMITED FIELDS TERMINATED BY '\t'
> LOCATION '/warehouse/quotes/ods/ods_quote/';
```

在 Hive 中使用 desc 命令验证 ODS 层建表的结果。

```
hive(quotes)> DESC quotes.ods_quote;
```

```
OK
col_name        data_type       comment
id              int
text            string
author          string
tags            string
Time taken: 0.258 seconds, Fetched: 4 row(s)
```

在 Linux 用户的 home 目录下，编写 Shell 脚本 quotes_ods. sh，使用 load data 命令将 HDFS 的数据加载到 ODS 层。

```
#!/bin/bash
hive_db = quotes
hive = /home/newland/soft/hive/bin/hive
sql = "
load data inpath '/origin_data/quotes/db/quote ' OVERWRITE into table "$hive_db".ods_quote;
"
$hive -e "$sql"
```

新创建 quotes_ods. sh 脚本文件默认没有执行权限，使用 chmod 命令为脚本文件添加执行权限。

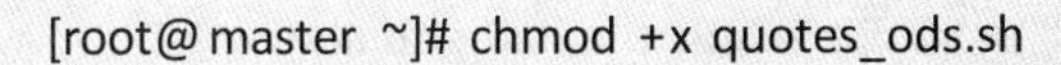

```
[root@ master ~]# chmod +x quotes_ods.sh
```

在脚本文件所在目录，执行 quotes_ods. sh 脚本。

```
[root@ master ~]# ./quotes_ods.sh
```

脚本执行完成后，在 Hive 中执行 SQL 查询 ODS 层数据的导入结果。

```
hive (quotes)> SELECT * FROM quotes.ods_quote LIMIT 5;
OK
ods_quote.id    ods_quote.text    ods_quote.author    ods_quote.tags
99    "...a mind needs books as a sword needs a whetstone, if it is to keep its edge."
George R.R. Martinbooks/mind
98    "A person's a person,no matter how small."    Dr.Seuss
97    "Never tell the truth to people who are not worthy of it."    Mark Twain
96    "you have to write the book that wants to be written.And if the book will be too
difficult for grown-ups,then you write it for children."    Madeleine L'Engle
95    "you never really understand a person until you consider things from his point of
view... Until you climb inside of his skin and walk around in it."    Harper Lee
Time taken: 0.042 seconds, Fetched: 5 row(s)
```

四、DWD 层实现

在 ODS 层数据的基础上，DWD 层进行数据抽取。在名人名言的数据中，过滤掉标签为“none”的数据，后续的数据分析只分析标签不为“none”的数据。在创建 ODS 层表之前，执行 HQL 验证 ODS 层数据是否存在标签为“none”的数据。

```
hive (quotes)> SELECT * FROM quotes.ods_quote WHERE tags='none';
OK
ods_quote.id    ods_quote.text    ods_quote.author    ods_quote.tags
```

```
78    "The question isn't who is going to let me; it's who is going to stop me."    Ayn
Rand    none
42    "You believe lies so you eventually learn to trust no one but yourself."    Mari-
lyn Monroe    none
27    "It is impossible to live without failing at something,unless you live so cautiously
that you might as well not have lived at all -in which case,you fail by default."    J.K.
Rowling    none
Time taken: 0.05 seconds, Fetched: 3 row(s)
```

DWD 层的实现主要由以下步骤组成：

连接 Hive 客户端，执行建表的 SQL 语句创建 dwd_quote 外部表。

```
hive (quotes)> drop table if exists dwd_quote;
hive (quotes)> create external table dwd_quote (
     >   'id' int
     >   'text' string ,
     >   'author' string,
     >   'tags' string
     > )
     > ROW FORMAT DELIMITED FIELDS TERMINATED BY '\t'
     > LOCATION '/warehouse/quotes/dwd/dwd_quote/';
```

在 Hive 中使用 desc 命令验证 DWD 层建表的结果。

```
hive (quotes)> DESC quotes.dwd_quote;
```

```
OK
col_name        data_type       comment
id                      int
text                    string
```

```
author              string
tags                string
Time taken: 0.258 seconds, Fetched: 4 row(s)
```

编写 shell 脚本 quotes_dwd. sh，执行 Hive SQL 命令将 ODS 层的数据经过过滤后加载到 DWD 层。

```
#!/bin/bash
hive_db=quotes
hive=/home/newland/soft/hive/bin/hive
sql="
INSERT OVERWRITE TABLE "$hive_db" .dwd_quote
SELECT * FROM "$hive_db". ods_quote
WHERE tags !='none'
"
$hive -e "$sql"
```

新创建 quotes_dwd. sh 脚本文件默认没有执行权限，使用 chmod 命令为脚本文件添加执行权限。

```
[root@master ~]# chmod +x quotes_dwd.sh
```

在脚本文件所在目录，执行 quotes_dwd. sh 脚本。

```
[root@master ~]# ./quotes_dwd.sh
```

脚本执行完成后，在 Hive 中执行 SQL 查询 DWD 层数据的导入结果。

```
hive (quotes)> SELECT * FROM quotes.dwd_quote LIMIT 5;
OK
ods_quote.id    ods_quote.text    ods_quote.author    ods_quote.tags
99    "...a mind needs books as a sword needs a whetstone, if it is to keep its edge."
```

```
George R.R. Martinbooks/mind
    98  "A person's a person,no matter how small."    Dr.Seuss
    97  "Never tell the truth to people who are not worthy of it."    Mark Twain
    96  "you have to write the book that wants to be written.And if the book will be too
difficult for grown-ups,then you write it for children."    Madeleine L'Engle
    95  "you never really understand a person until you consider things from his point of
view... Until you climb inside of his skin and walk around in it."    Harper Lee
    Time taken: 0.047 seconds, Fetched: 5 row(s)
```

在 Hive 中执行 HQL 查询 DWD 层是否还存在标签为“none”的数据，通过查询执行结果，确认已经过滤了标签为“none”的数据。

```
hive (quotes)> SELECT * FROM quotes.dwd_quote WHERE tags = 'none';
OK
dwd_quote.id   dwd_quote.text   dwd_quote.author   dwd_quote.tags
Time taken: 0.052 seconds
```

五、DWS 层实现

在 DWD 层数据的基础上，DWS 层对数据进行轻度聚合，DWD 层中的一条名人名言数据对应了一个或多个标签，多个标签之间使用“/”进行分隔，这样在查询最热门的前 10 个标签时，需要很复杂的 SQL 语句才可以实现。

为简化操作，在 DWD 层实现将名人名言的多个标签进行拆分，生成每个名人名言只对应一个标签的形式。这样在进行热门标签分析的时候就可以使用简单的 HQL 语句实现。

为了实现将一行数据的多个标签转换成多行数据，每行对应一个标签的形式，需要用到 Hive 的 split 和 explode 函数。split 函数是用于切分数据，也就是将一串字符串切割成一个数组。explode 函数用于将一行的数据拆分成多行，最后使用 lateral view 语句将多个视图合并。下面以具体的实例说明这一过程。

首先使用 split 函数，将多个标签拆分成单个标签构成的数组。

```
hive (quotes)> SELECT split(tags,"/") AS tags FROM dwd_quote LIMIT 5;
OK
tags
["books","mind"]
["inspirational"]
["truth"]
["books","children","difficult","grown-ups","write","writers","writing"]
["better-lift-empathy"]
Time taken: 0.046 seconds, Fetched: 5 row(s)
```

使用 explode 函数将标签数组拆分成多行。

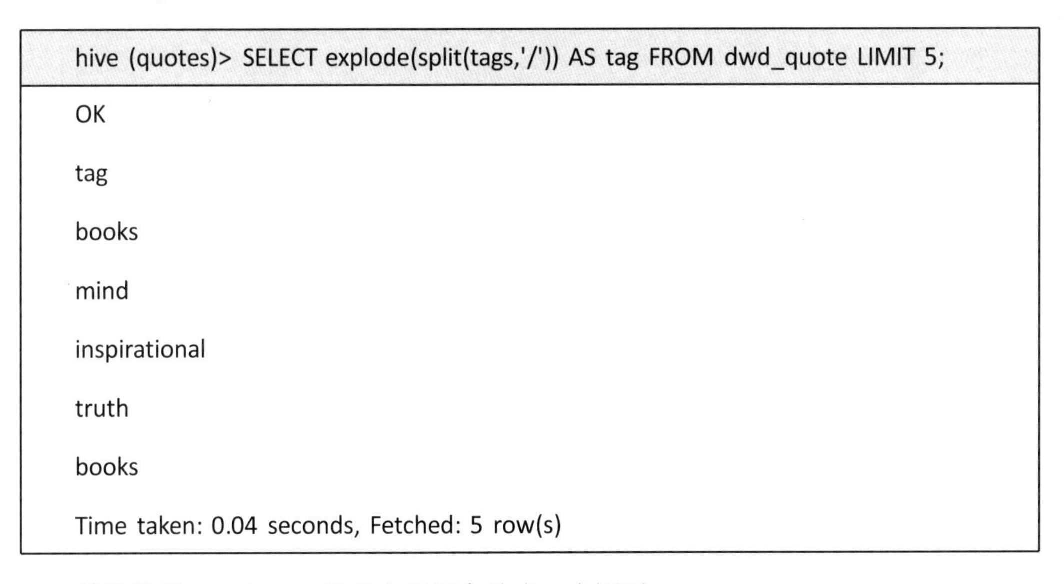

```
hive (quotes)> SELECT explode(split(tags,'/')) AS tag FROM dwd_quote LIMIT 5;
OK
tag
books
mind
inspirational
truth
books
Time taken: 0.04 seconds, Fetched: 5 row(s)
```

最后使用 lateral view 将多个视图合并成一个视图。

```
hive (quotes)> SELECT author,text,tag FROM quotes.dwd_quote LATERAL VIEW explode
(split(tags,'/')) new_view AS tag LIMIT 5;
OK
author    text    tag
```

```
George R.R. Martin    "...a mind needs books as a sword needs a whetstone,if it is to keep its edge."    books
George R.R. Martin    "...a mind needs books as a sword needs a whetstone,if it is to keep its edge."    mind
Dr.Seuss    "A person's a person,no matter how small."    inspirational
Mark Twain    "Never tell the truth to people who are not worthy of it."    truth
Madeleine L'Engle    "you have to write the book that wants to be written.And if the book will be too difficult for grown-ups,then you write it for children."    books
Time taken: 0.046 seconds,Fetched: 5 row(s)
```

DWS 层的实现主要由以下步骤组成：

连接 Hive 客户端，执行建表的 HQL 语句创建 dws_quote 外部表。

```
hive (quotes)> drop table if exists dws_quote;
hive (quotes)> create external table dws_quote (
        >   'text' string ,
        >   'author' string,
        >   'tags' string
        > )
        > ROW FORMAT DELIMITED FIELDS TERMINATED BY '\t'
        > LOCATION '/warehouse/quotes/dws/dws_ quote/';
```

在 Hive 中使用 desc 命令验证 DWS 层建表的结果。

```
hive (quotes)> DESC quotes.dws_quote;
```

```
OK
col_name      data_type     comment
text                string
author              string
```

```
tags                    string
Time taken: 0.073 seconds,Fetched: 3 row(s)
```

编写 shell 脚本 quotes_dws. sh，使用 HQL 语句实现将 DWD 层的标签字段进行拆分，每个标签生成一行数据加载到 DWS 层。

```
#! /bin/bash
hive_db = quotes
hive = /home/newland/soft/hive/bin/hive
sql = "
INSERT OVERWRITE TABLE "$hive_db" .dws_quote
SELECT author, text, tag FROM "$hive_db". dwd_quote
LATERAL VIEW explode(split(tags, '/')) new_view AS tag
"
$hive -e "$sql"
```

新创建 quotes_dws. sh 脚本文件默认没有执行权限，使用 chmod 命令为脚本文件添加执行权限。

```
[root@ master ~]# chmod +x quotes_dws.sh
```

脚本执行完成后，在 Hive 中执行 HQL 查询 DWS 层数据。

```
hive (quotes)> SELECT * FROM quotes.dws_quote LIMIT 5;
OK
dws_quote.text    dws_quote.author    dws_quote.tag
George R.R. Martin        "...a mind needs books as a sword needs a whetstone,if it is to
keep its edge."        books
George R.R. Martin        "...a mind needs books as a sword needs a whetstone,if it is to
keep its edge."        mind
Dr.Seuss        "A person's a person,no matter how small."        inspirational
```

```
Mark Twain    "Never tell the truth to people who are not worthy of it."    truth
Madeleine L'Engle    "you have to write the book that wants to be written.And if the book will be too difficult for grown-ups,then you write it for children."    books
Time taken: 0.053 seconds,Fetched: 5 row(s)
```

六、ADS 层实现

ADS 层在 DWS 层数据基础上进行数据聚合，生成面向最终用户的业务报表，一般根据 KPI 指标生成不同的报表。在本系统中，实现“统计最热门的 10 个标签”这一需求。

ADS 层的实现主要由以下步骤组成：

连接 Hive 客户端，执行建表的 HQL 语句创建 ads_hot_tag 外部表。

```
hive (quotes)> DROP TABLE IF EXISTS ads_hot_tag;
hive (quotes)> CREATE EXTERNAL TABLE ads_hot_tag (
    >    'text' string ,
    >    'tag_count' int
    > )
    > ROW FORMAT DELIMITED FIELDS TERMIATED BY '\t'
    > LOCATION '/warehouse/quotes/ads/ads_hot_ tag/';
```

在 Hive 中使用 desc 命令验证 ADS 层建表的结果。

```
hive (quotes)> DESC quotes.ads_hot_tag;
```

```
OK
col_name    data_type    comment
tag             string
tag_count          int
Time taken: 0.043 seconds,Fetched: 2 row(s)
```

编写 shell 脚本 quotes_ads. sh，使用 HQL 语句实现将 DWS 的标签数据经过聚合后加载到 ADS 层。

```
#!/bin/bash
hive_db = quotes
hive = /home/newland/soft/hive/bin/hive
sql = "
INSERT OVERWRITE TABLE "$hive_db" .ads_hot_tag
SELECT tag,count(tag) AS tag_count FROM "$hive_db". dws_quote GROUP BY tag OR-
DER BY tag_count DESC LIMIT 10
"
$hive -e "$sql"
```

新创建 quotes_ads. sh 脚本文件默认没有执行权限，使用 chmod 命令为脚本文件添加执行权限。

```
[root@ master ~]# chmod +x quotes_ads.sh
```

在脚本文件所在目录，执行 quotes_ads. sh 脚本。

```
[root@ master ~]# ./quotes_ads.sh
```

脚本执行完成后，在 Hive 中执行 HQL 查询 ADS 层数据。

```
hive (quotes)> SELECT * FROM quotes.ads_hot_tag ;
OK
ads_hot_tag.tag        ads_hot_tag.tag_count
love        13
humor        12
inspirational        12
life        12
```

```
books    11
reading    7
friendship    5
truth    4
simile    4
writing    3
Time taken: 0.048 seconds,Fetched: 10 row(s)
```

七、数据导出

经过数据仓库一系列处理流程，分析后的 KPI 数据已经存储在 ADS 层的 Hive 表中。为方便报表的可视化，一般业务系统将 KPI 数据保存到关系型数据库中。最终的分析结果需要使用 Sqoop 从 Hive 导出到 MySQL 数据库中。

数据导出的实现主要由以下步骤组成：

创建 MySQL 数据库 quotes 和热门标签表（ads_hot_tag），见表 1-16。

表 1-16　　ads_hot_tag 表设计

字段	类型	说明
tag	varchar	标签
tag_count	int	标签的数量

```
hive (quotes)> CREATE TABLE 'ads_hot_tag' (
    >   'tag' VARCHAR(1024) NULL DEFAULT '0' COLLATE 'utf8_general_ci',
    >   'tag_count' INT(11) NULL DEFAULT NULL
    > )
    > COMMENT='热门标签'
    > COLLATE='utf8_general_ci';
```

编写数据导出脚本 quotes_sqoop_export. sh，实现将 Hive 中 ads_hot_tag 表的数据导

出到 MySQL 描述的数据库中同名的表中。

```
#!/bin/bash
mysql_db = quotes
mysql_host = master
mysql_user = root
mysql_pwd = 123456

export_data() {
/home/newland/soft/sqoop/bin/sqoop export \
--connect jdbc:mysql:// $mysql_host:3306/ $mysql_db \
--username  $mysql_user \
--password  $mysql_pwd \
--table  $1 \
--num-mappers 1 \
--export-dir /warehouse/quotes/ads/ $1 \
--input-fields-terminated-by "\t" \
--update-mode allowinsert \
}

case  $1 in
 "ads_hot_tag")
   export_data "ads_hot_tag"
;;
 "all")
   export_data "ads_hot_tag"
;;
esac
```

新创建的 quotes_sqoop_export. sh 脚本文件默认没有执行权限，执行 chmod 命令为脚本文件添加执行权限。

```
[root@ master ~]# chmod +x quotes_sqoop_export.sh
```

在脚本文件所在目录，运行 quotes_sqoop_export. sh 脚本，将 Hive 中 ads_hot_tag 表的数据导出到 MySQL 同名的表中。

```
[root@ master ~]# ./quotes_sqoop_export.sh ads_hot_tag
```

登录到 MySQL 数据库，执行 SQL 查询语句验证数据导出结果。

```
mysql> SELECT * FROM quotes.ads_hot_tag;
+----------------------+-----------------+
| tag                  | tag_count       |
+----------------------+-----------------+
| love                 |       13        |
| hunor                |       12        |
| inspirational        |       12        |
| life                 |       12        |
| books                |       11        |
| reading              |        7        |
| friendship           |        5        |
| truth                |        4        |
| simile               |        3        |
| writing              |        3        |
+----------------------+-----------------+
10 rows in set (0.00 sec)
```

第五节　即席查询

一、Presto 即席查询

即席查询是用户能够根据自己的需求灵活地选择查询条件，系统能够根据用户的选择生成相应的统计报表。即席查询与普通应用查询最大的不同是普通的应用查询是定制开发的，而即席查询是由用户自定义查询条件的。

即席查询的实现方式是将数据仓库中的表映射到语义层，用户可以通过语义层选择表，建立表间的关联，最终生成 SQL 语句。即席查询是用户在使用时临时生产的，系统无法预先优化这些查询。在数据仓库系统中，即席查询使用得越多，对数据仓库的要求就越高。

Presto 是一个能够独立运行，不依赖于任何其他外部系统的即席查询工具，适用于交互式分析查询。Presto 使用简单的数据结构进行列式存储，大部分数据都可以轻易转化成 Presto 所需要的数据结构。Presto 提供了丰富的插件接口，可以完美对接外部存储系统。

如图 1-23 所示，Presto 查询引擎是 Master/Slave（主、从节点）的架构，由一个 Coordinator 节点、一个 Discovery Server 节点、多个 Worker 节点组成。Discovery Server 通常内嵌在 Coordinator 节点中。Coordinator 负责解析 SQL 语句，生成执行计划，分发执行任务给 Worker 节点执行。Worker 节点负责实际执行查询任务。Worker 节点启动后向 Discovery Server 服务注册，Coordinator 从 Discovery Server 获得可以正常工作的

Worker 节点。如果配置了 Hive Connector，需要配置一个 Hive MetaStore 服务为 Presto 提供 Hive 元信息，Worker 节点与 HDFS 交互读取数据。

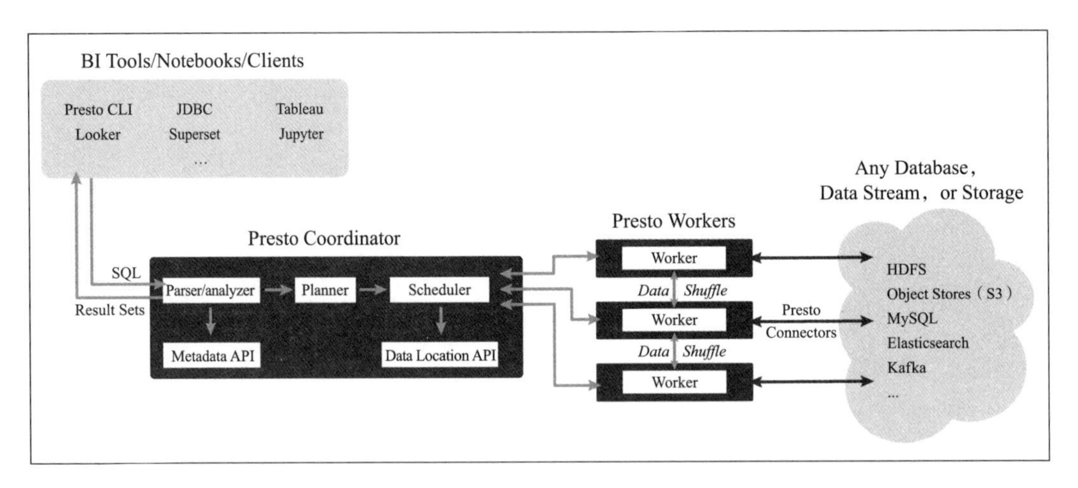

图 1-23　Presto 架构图

二、即席查询指标

根据本章第一节的即席查询指标设计，启动 Presto 服务和客户端，在 Presto 客户端编写 SQL 语句实现 Presto 的即席查询，主要实现步骤如下。

切换到 quotes 数据库。

```
presto:default> USE quotes;
USE
```

执行 SQL 语句，从 Hive 的 ods_quote 表中查询名人名言的数量。

```
presto:quotes> SELECT count(*) AS quote_count FROM ods_quote;
quote_count
-----------
        100
(1 row)
```

执行 SQL 语句，从 dwd_quote 表中查询名人名言的数量，dwd_quote 表中数据的数

量比 ods_quote 表数据少，是因为在 DWD 层过滤掉了标签为“none”的数据。

```
presto:quotes> SELECT count(*) AS quote_count FROM dwd_quote;
```

```
quote_count
-----------
        96
(1 row)

Query 20210416_091302_00008_kuwda,FINISHED,2 nodes
Split: 18 total,18 done (100.00% )
0:00 [96 rows, 14.7KB] [278 rows/s,42.6KB/s]
```

执行 SQL 语句，查询发表名人名言最多的 3 位作者。

```
presto:quotes> SELECT author,count(*) AS quote_count FROM ods_quote GROUP BY author ORDER BY quote_count DESC LIMIT 3;
```

```
     author       |      quote_count
------------------+-------------------
Albert Einstein   |          10
J.K. Rowling      |           9
Marilyn Monroe    |           6
(3 rows)

Query 20210416_091604_00008_kuwda,FINISHED,2 nodes
Split: 82 total,82 done (100.00% )
0:01 [100 rows, 15.1KB] [126 rows/s,19.2KB/s]
```

查询最热门的 10 个标签，使用聚合查询的方式从 dws_quote 表中查询。

```
presto:quotes> SELECT tag,count(*) AS tag_count FROM dws_quote GROUP BY tag ORDER BY tag_count DESC LIMIT 10;
```

```
      tag            |          tag_count
-----------------+-------------------
love                 |            13
humor                |            12
life                 |            12
inspirational        |            12
books                |            11
reading              |             7
friendship           |             5
truth                |             4
simile               |             3
friends              |             3
(10  rows)

Query 20210416_093146_00012_kuwda,FINISHED,2 nodes
Split: 82 total,82 done (100.00% )
0:01 [226 rows, 30.3KB] [358 rows/s,48KB/s]
```

查询最热门的 10 个标签，直接从 ADS 层的 ads_hot_tag 表中查询。

```
presto:quotes> SELECT * FROM ads_hot_tag LIMIT 10;
      tag            |          tag_count
-----------------+-------------------
love                 |            13
humor                |            12
life                 |            12
inspirational        |            12
books                |            11
```

```
reading       |       7
friendship    |       5
truth         |       4
simile        |       3
writing       |       3
(10  rows)


Query 20210416_093337_00014_kuwda,FINISHED,2 nodes
Split: 18 total,18 done (100.00% )
0:00 [10 rows, 101B] [37 rows/s,383B/s]
```

执行 SQL 语句，查询作者名包含“Jane”的名人名言，最多显示 3 条记录。

```
presto:quotes> SELECT author,text FROM ods_qoute WHERE author LIKE '% Jane%'
LIMIT 3 ;
```

```
     author       |
------------------+--------------------
Jane Austen       | "There are few people whom I readlly love,and still fewer of whom
I think well.
Jane Austen       | "I declare after all there is no enjoyment like reading"
Jane Austen       | "A lady's imagination is very rapid; it jumps from admiration to
love, from love to matrimony, in a moment"
(3  rows)
```

执行 SQL 语句，查询标签名称为“love”的名人名言，最多显示 10 条记录。

```
presto:quotes> SELECT author,text FROM dws_qoute WHERE tag='love' LIMIT 10 ;
```

```
        text          |
----------------------+--------------------
```

```
J.M. Barrie             | "To die will be an awfully big adventure"
Jane Austen             | "A lady's imagination is very rapid; it jumps from admiration to love, from love to matrimony, in a moment"
Alfred Tennyson         | "If I had a single flower for every time I think about you, I could walk forever in my garden"
C.S. Lewis              | "To love at all is to be vulnerable.Love anything and your heart will certainly be wrung and possibly broken."
Jane Austen             | "There is nothing i would not do for those who are readlly my friends."
James Baldwin           | "Love does not begin and end the way we seem to think it does"
Marilyn Monroe          | "The real lover is the man who can thrill you by kissing your forehead or smiling into your eyes or just staring into space."
Marilyn Monroe          | "if you can make a woman laugh,you can make her do any-thing."
Pablo Neruda            | "I love you without knowing how, or when, or from where.I love straightforwardly, without complexities or pride;"
Friedrich Nietzsche     | "It is not a lack of love, but a lack of friendship that makes unhappy marriages."
(10 rows)
```

三、通过 UI 查询

除使用 Presto 的客户端进行查询之外，还可以通过更友好的 Web UI 方式进行查询。如图 1-24 所示，Yanagishima 提供了一个非常好的用户界面，用户只需要在 Web 页面中输入 SQL 语句并运行，就可以查看运行的结果。

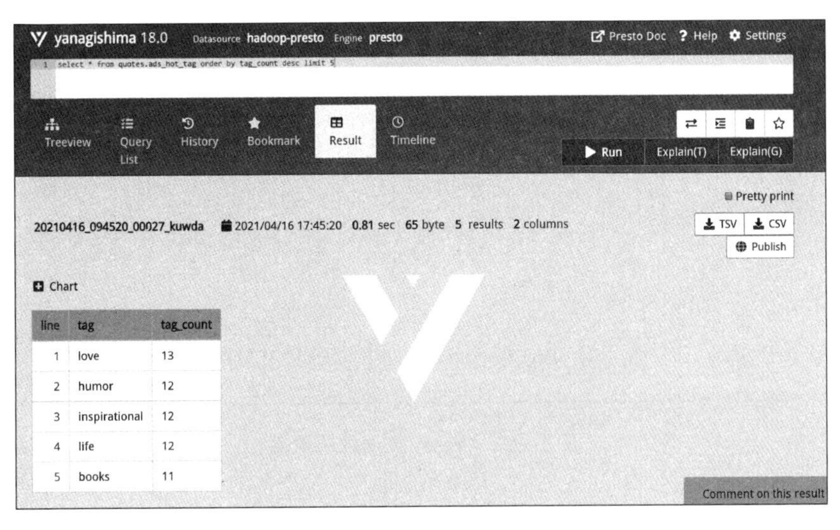

图 1-24　Presto 网页客户端界面

点击“TSV”按钮可以下载 TSV 格式的查询结果文件。

```
tag	tag_count
love	13
humor	12
inspirational	12
life	12
books11
```

点击“CSV”按钮可以下载 CSV 格式的查询结果文件。

```
tag,tag_count
love,13
humor,12
inspirational,12
life,12
books,11
```

点击“Publish”按钮可以生成数据结果页面，如图 1-25 所示，用户可以分享 URL 链接。

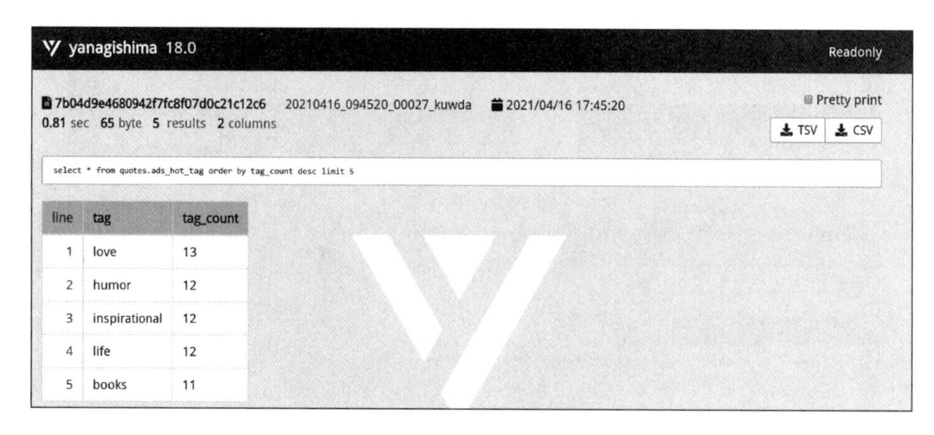

line	tag	tag_count
1	love	13
2	humor	12
3	inspirational	12
4	life	12
5	books	11

图 1-25 Presto 数据结果页面

第六节 网络数据任务调度

在本章第五节数据仓库实现数据处理的流程，需要依次执行各层的 Shell 脚本来实现。开发人员手动执行脚本增加了工作的复杂性，在企业项目中，一般使用任务调度工具实现脚本的自动执行。

本系统使用 Azkaban 实现任务的调度，Azkaban 是轻量级的任务调度工具，编写简单的脚本就可以实现任务的自动执行。

一、脚本设计

编写 quotes_ods. job，实现将 HDFS 上的数据加载到 ODS 层。

```
type = command
command = /home/hadoop/bin/quotes_ods.sh
```

编写 quotes_dwd. job，实现将 ODS 层的数据过滤后加载到 DWD 层。

```
type = command
dependencies = quotes_ods
command = /home/hadoop/bin/quotes_dwd.sh
```

编写 quotes_dws. job，实现将 DWD 层的数据处理后加载到 DWS 层。

```
type = command
dependencies = quotes_dwd
command = /home/hadoop/bin/quotes_dws.sh
```

编写 quotes_ads. job，实现将 DWS 上的数据通过聚合以后加载到 ADS 层，实现“热门标签”的统计。

```
type = command
dependencies = quotes_dws
command = /home/hadoop/bin/quotes_ads.sh
```

编写 quotes_export. job，实现将 ADS 层的“热门标签”数据通过 Sqoop 导出到 MySQL 数据库。

```
type = command
dependencies = quotes_ads
command = /home/hadoop/bin/quotes_sqoop_export.sh
```

将所有的 job 文件夹打包到 quotes. zip 文件中，如图 1-26 所示，运行任务的时候上传到 Azkaban。

quotes.zip - 解包大小为 1 KB

名称	压缩前	压缩后	类型
.. (上级目录)			文件夹
quotes_ads.job	1 KB	1 KB	JOB 文件
quotes_dwd.job	1 KB	1 KB	JOB 文件
quotes_dws.job	1 KB	1 KB	JOB 文件
quotes_export.job	1 KB	1 KB	JOB 文件
quotes_ods.job	1 KB	1 KB	JOB 文件

图 1-26　作业文件打包

二、运行任务

使用账号/密码登录到 Azkaban，如图 1-27 所示。

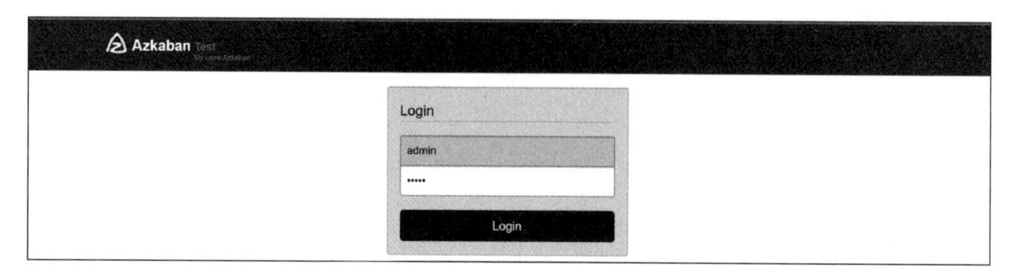

图 1-27　Azkaban 登录界面

点击“Create Project”按钮，打开填写新项目信息的页面，如图 1-28 所示。

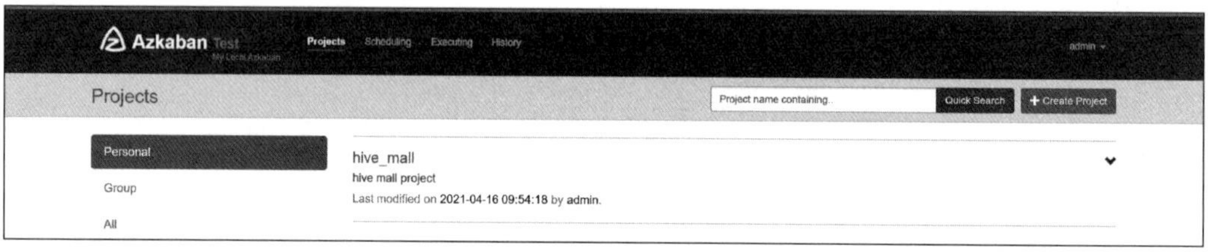

Azkaban Test
Projects　Scheduling　Executing　History　admin
Projects　Project name containing　Quick Search　+ Create Project
Personal
Group
All
hive_mall
hive mall project
Last modified on 2021-04-16 09:54:18 by admin.

图 1-28　Azkaban 创建项目首页

在弹出的创建项目界面中填写 Name（项目名称）为“quotes”，Description（项目描述）填写描述信息，点击“Create Project”按钮，如图 1-29 所示。

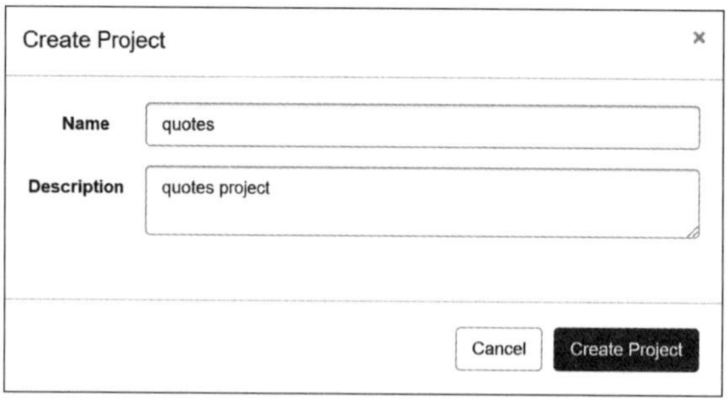

Create Project ×
Name　quotes
Description　quotes project
Cancel　Create Project

图 1-29　Azkaban 创建项目弹出界面

项目创建完成以后，点击“Upload”按钮，打开上传项目文件的页面，如图 1-30 所示。

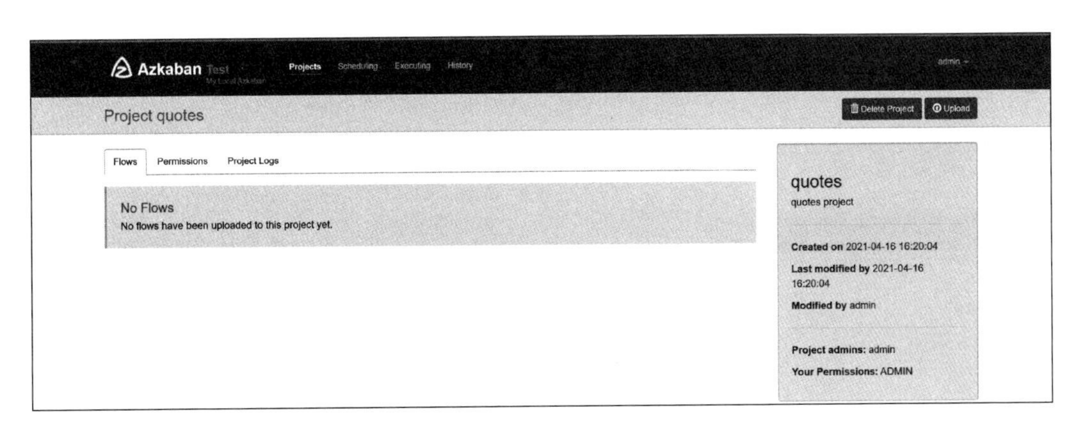

图 1-30　Azkaban 上传项目文件页面

在上传项目文件的页面，从本地选择已经打包好的任务文件 quotes. zip，点击“Upload”按钮上传到 Azkaban，如图 1-31 所示。

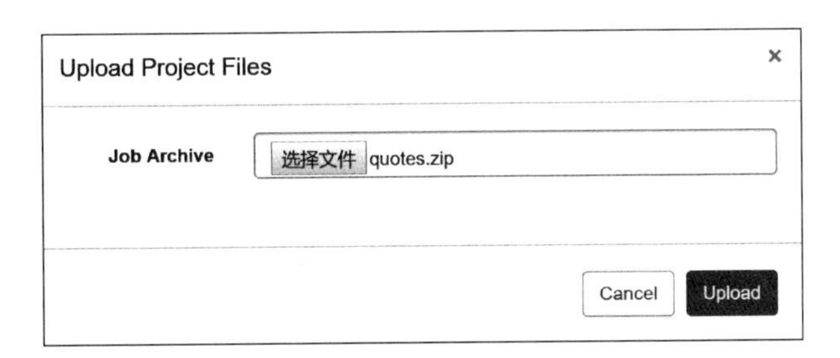

图 1-31　Azkaban 选择上传本地任务文件

文件上传完成后，会显示任务执行的流程，如图 1-32 所示，点击“Execute Flow”按钮开始执行流程。

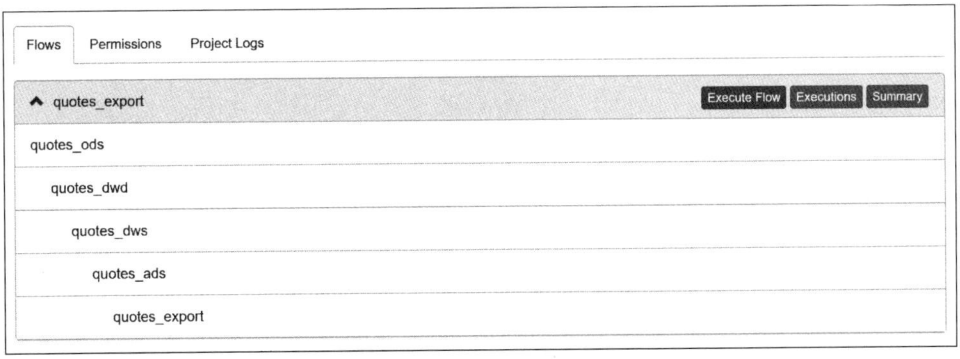

Flows　Permissions　Project Logs
quotes_export　Execute Flow　Executions　Summary
quotes_ods
quotes_dwd
quotes_dws
quotes_ads
quotes_export

图 1-32　Azkaban 执行任务页面

点击“Execute”按钮提交执行流程，如图 1-33 所示，提交后会显示确认提交页面。在流程确认提交页面，点击“Continue”按钮，继续提交流程。

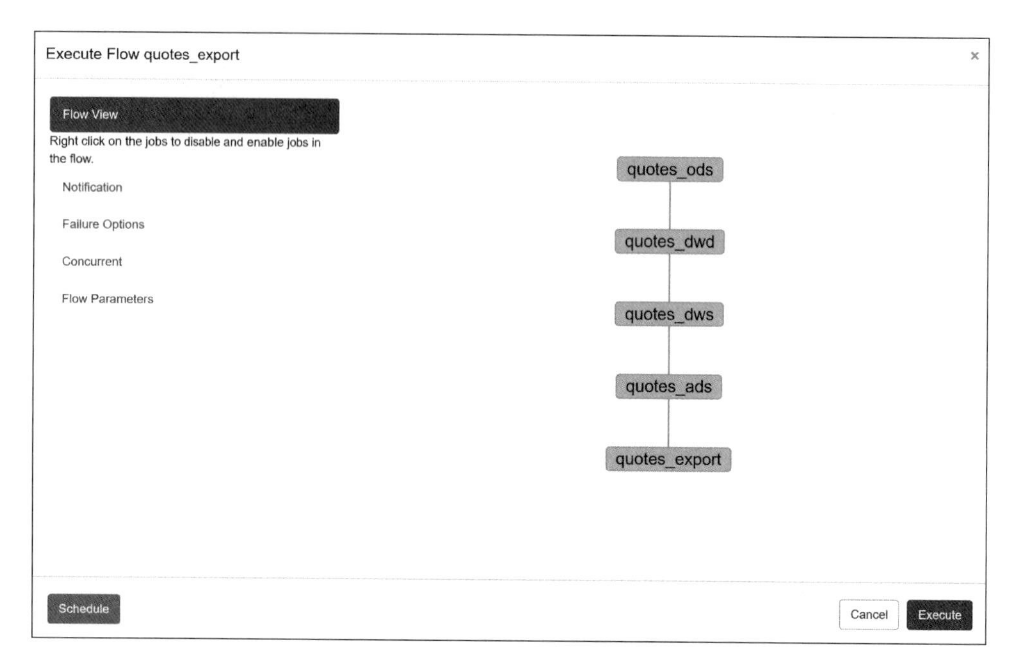

图 1-33　Azkaban 确认提交执行页面

任务开始执行，如图 1-34 所示，可以通过 Graph 选项卡查看任务的执行情况。如果需要停止流程，可以点击“Kill”按钮结束流程。如果需要暂停流程，可以点击“Pause”按钮暂停流程。

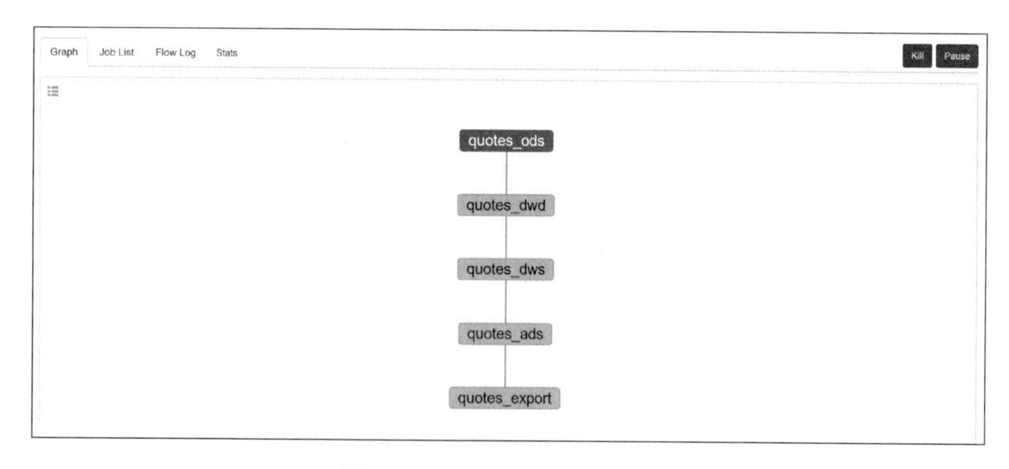

图 1-34　Azkaban 开始执行任务

任务开始执行后，可以通过 JobList 选项卡监控执行情况，如图 1-35 所示。

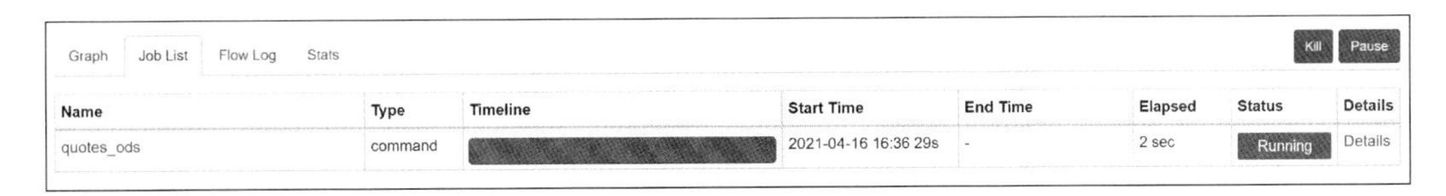

Graph　Job List　Flow Log　Stats　　Kill　Pause

Name	Type	Timeline	Start Time	End Time	Elapsed	Status	Details
quotes_ods	command		2021-04-16 16:36 29s	-	2 sec	Running	Details

图 1-35　Azkaban 任务执行监控

当显示所有的任务都执行完成以后，所有任务的“Status”(状态) 都显示为“Success”。任务执行成功后可以进一步查询 MySQL 数据库中的数据，对导出的结果进行验证，如图 1-36 所示。

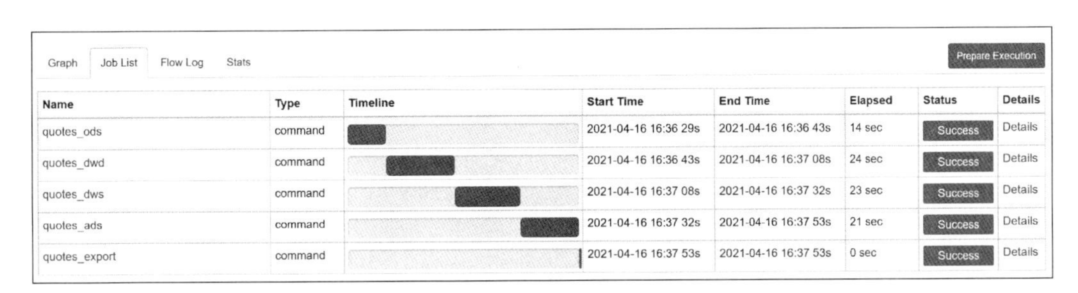

Graph　Job List　Flow Log　Stats　　Prepare Execution

Name	Type	Timeline	Start Time	End Time	Elapsed	Status	Details
quotes_ods	command		2021-04-16 16:36 29s	2021-04-16 16:36 43s	14 sec	Success	Details
quotes_dwd	command		2021-04-16 16:36 43s	2021-04-16 16:37 08s	24 sec	Success	Details
quotes_dws	command		2021-04-16 16:37 08s	2021-04-16 16:37 32s	23 sec	Success	Details
quotes_ads	command		2021-04-16 16:37 32s	2021-04-16 16:37 53s	21 sec	Success	Details
quotes_export	command		2021-04-16 16:37 53s	2021-04-16 16:37 53s	0 sec	Success	Details

图 1-36　Azkaban 任务执行监控页面

思考题

1. 根据本章所学的 Scrapy 网络爬虫知识，编写 Python 程序，实现对名人名言网站右侧的 Top Ten tags 数据进行采集，如图 1-37 所示，并存储到 MySQL 数据库中。

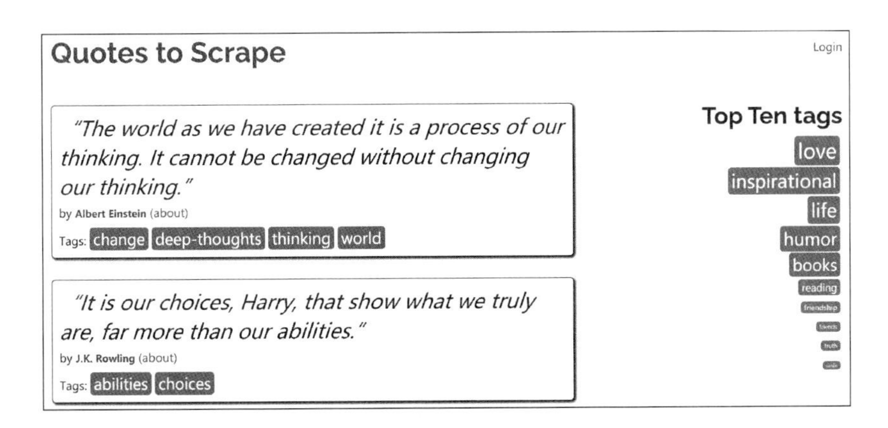

图 1-37　前十排名标签

2. 数据仓库设计时，一般分为几层，每层实现的功能是什么？

3. 相对于 Hive SQL，Presto 即席查询工具的优势是什么？

4. 根据本章所学知识，画出简要的网络数据处理流程图。

5. Azkaban 任务调度工具的功能特点是什么？

第二章 离线数据处理

随着电子商务的快速发展，网上购物已经成为每个人生活中不可缺少的一部分。人们足不出户就可以使用手机或者个人计算机选购自己喜欢的商品，商品订单的处理和分析成为电子商务系统（以下简称电商系统）的核心功能。仅 2020 年“双十一”期间，天猫平台的销售额就突破了 4 900 亿元，这就意味着数据分析工程师需要对海量的业务数据进行处理，分析电商系统的主要运营指标，为商业决策提供依据。

离线数据分析一般对数据处理结果的实时性要求不高，例如，对历史数据进行分析，根据不同的维度，对一小时之前或一天以前的订单数据进行处理，计算与订单相关的指标，最终结果会形成数据报表进行可视化展示。

本章以一个简易的电商系统为例，讲解电商系统中离线数据分析的基本流程。

- **职业功能：** 离线数据处理的基本流程。
- **工作内容：** 本项目采集存储于各业务系统中的批量离线数据，使用 Sqoop 进行数据迁移，将业务系统的数据导入到 Hive 数据仓库中；使用 Spark Core 编写程序进行数据转换和过滤处理，使用 Spark SQL 对数据进行离线分析，实现完整的离线数据处理流程。
- **专业能力要求：** 能根据数据离线分析的需求，将离线业务数据加载到数据仓库中；能根据数据采集需求，采集网络、业务系统、日志数据到数据仓库中；能根据业务需求，对数据进行清洗、过滤等处理操作；能根据业务指标，编写批量数据计算作业；能根据业务需求，编写任务调度脚本。

- **相关知识要求：**掌握离线数据采集原理；掌握数据仓库数据的加载方式；掌握定时作业调度配置方法；掌握基于内存计算的原理；掌握Spark RDD数据处理方法；掌握常用算子执行原理；掌握数据格式化原理；掌握操作格式化数据方法。

第一节　离线数据处理系统需求

一、简易电商系统

电商业务系统上线运行后，会产生海量的订单、支付流水等业务数据，这些数据一般会存储到关系型数据库中。为了对数据库中的数据进行分析，通常使用数据迁移工具将数据抽取、清洗和转换后加载到数据仓库中，再使用数据分析工具对业务系统的指标进行离线分析。

电商网站购物的一般流程是：用户选择商品后下订单并付款，此时货款会打入电商系统的担保交易账户；卖家收到订单后，会通知物流公司人员揽收商品并发货；商品通过物流运输最终会被送到买家指定的收货地点；买家签收商品后，担保交易账户的货款会通过电商平台过户给卖家，交易流程结束。

这看似简单的购物流程在实际应用的过程中往往没有那么简单，线上运营的电商系统需要考虑很多的实现细节及第三方 API 的接入和整合，尤其是像天猫、京东、淘宝等大型电商平台，都会涉及众多复杂的业务流程。

为达到教学目的，本章实现简易的电商系统数据库，模拟订单处理过程中产生的业务数据。为简化操作，本项目不考虑其他业务流程，如售后服务、评论评价等。由于电商网站的功能开发与大数据离线分析的需求关联性不强，本章不会涉及电商网站开发相关的内容。简易电商系统只关注最基本的购物流程，如图 2-1 所示。

• 卖家登录电商平台的商铺管理系统，编辑商品信息并上传商品图片后，上架商品。

• 买家浏览商品并将选择的商品加入购物车中，等选择完成后一起下订单，下单后的订单状态为“待付款”状态。

• 用户确认选择没有问题后，可以支付订单，此时，订单状态为“已付款”状态。订单的金额一般不会直接打入卖家账户中，而是打到第三方担保交易平台的账户，如支付宝等。

• 卖家对“已付款”的订单进行处理。卖家查询商品库存，如果商品库存充足，卖家会通知物流公司揽收商品并发货。如果商品库存不足，卖家会联系买家更改或取消订单。

• 物流公司通过物流系统运输商品，运输过程用户可以通过物流单号查询商品的运输状态。

• 当商品到达指定的地点以后，物流公司的快递人员会通知买家收货，用户签收商品后，订单的状态修改为“已签收”。

• 第三方担保交易平台会将订单金额支付给卖家，交易流程结束。

图 2-1　电商基本业务流程

二、SPU 和 SKU

电商系统一般使用 SPU 和 SKU 描述商品信息。

SPU（Standard Product Unit）：也称“标准产品单位”，是商品信息聚合的最小单位，是一组可复用、易检索的标准化信息的集合。该集合描述了一个产品的特性，也就是说将属性值、特性相同的商品称为一个 SPU。例如，用户选择购买手机，选择的手机型号为“HUAWEI Mate 30E Pro”，这个型号的手机就是一个 SPU。

SKU（Stock Keeping Unit）：也称“库存量单位”，SKU 是库存进出计量的单位，商品可以根据 SKU 来确定具体的货物存量，例如，用户购买 HUAWEI Mate 30E Pro 手机的时候，可以选择颜色和版本，不同颜色和版本的组合就是不同的 SKU，如“亮黑

色”和“8 GB+128 GB”的组合是一个 SKU，“星河银”和“8 GB+128 GB”的组合是另一个 SKU，如图 2-2 所示。

图 2-2　手机的颜色和版本

三、数据处理

离线数据处理的基本流程是将业务数据使用数据迁移工具 Sqoop 加载到数据仓库 Hive 中，使用离线分析工具 Spark 编写 Spark SQL 语句对主要的电商系统 KPI 指标进行计算。

（一）数据仓库

本章数据分析使用的数据仓库是 Hive，Hive 在本书第一章已经介绍过，这里不再赘述。相对于第一章的项目，本章数据仓库的实现会涉及更多的业务数据表，主要有用户表、订单表、订单明细表、支付流水表等。

（二）数据处理

对 Hive 数据仓库中的数据进行离线处理，可以编写 Hive SQL 语句进行处理，也可以使用 Spark 进行数据处理。Spark 是专为大规模数据处理而设计的快速通用的计算引擎，Spark 拥有 MapReduce 所具有的优点，但不同于 MapReduce 的是，Spark 已可以将计算的中间输出结果保存在内存中，从而不再需要读写 HDFS，提升了运算效率。Spark SQL 是 Spark 提供的功能模块，类似于 Hive SQL。Spark SQL 的开发人员可以编写类似 SQL 的语句进行数据处理，这种方式大大减轻了开发者的工作强度，提升了开发效率。本章使用 Spark 对离线数据进行分析。

（三）任务调度

本章数据处理脚本的调度执行使用 Azkaban 实现，Azkaban 在本书第一章已经介绍过，这里不再赘述。

第二节　网络数据处理系统设计

一、数据处理流程设计

离线数据处理一般经过以下几个操作步骤：

- 使用 Sqoop 数据迁移工具将 MySQL 中的数据迁移到 HDFS 中。
- 将 HDFS 的数据加载到数据仓库 Hive 中。
- Spark SQL 连接 Hive，对 Hive 中的数据进行分析。
- 如果希望对分析后的数据进行可视化，还可以使用 Sqoop 将分析后的结果从 HDFS（Hive）中导出到 MySQL 中。这个过程不属于离线处理分析的核心处理流程，属于可选流程，如图 2-3 所示。

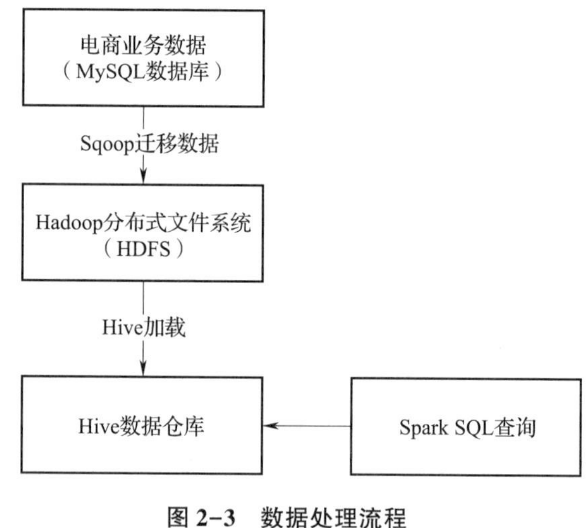

图 2-3　数据处理流程

二、电商业务系统设计

本系统实现的是一个简易的电商系统，主要围绕电商的基本流程设计，主要涉及用户信息表、SKU 信息表、订单信息表、订单明细表、支付流水表等。

电商系统中的商品数量繁多，一般需要设计多级商品目录对商品进行分类。本系统设计了三级商品分类，例如，查找某本计算机专业书可以通过“图书、音像、电子书刊”→“科技”→“计算机与互联网”第三级分类下的书籍进行查找。

电商系统中，用户在下订单的时候需要填写收货地址。为了规范用户的收货地址，防止误输入，收货地址需要选择到第三级区域。

一级：省级行政区，包括省、自治区、直辖市、特别行政区；

二级：地级行政区，包括地级市、地区、自治州、盟；

三级：县级行政区，包括市辖区、县级市、县、自治县、旗、自治旗、特区、林区。

通过以上分析，设计数据表如下：

1. base_area1（一级区域表）：存储省级行政区域信息（见表 2-1）

表 2-1　　base_area1 表设计

字段	类型	说明
id	bigint	主键，唯一标识
code	bigint	区域编码
name	varchar	名称

2. base_area2（二级区域表）：存储地级行政区域（见表 2-2）

表 2-2　　base_area2 表设计

字段	类型	说明
id	bigint	主键，唯一标识
code	bigint	区域编码
name	varchar	名称
area1_code	bigint	上级编码

3. base_area3（三级地域表）：存储县级行政区域（见表 2-3）

表 2-3　　base_area3 表设计

字段	类型	说明
id	bigint	主键，唯一标识
code	bigint	区域编码

续表

字段	类型	说明
name	varchar	名称
area2_code	bigint	上级编码

4. base_category1（商品一级分类表）：存储商品的一级分类（见表 2-4）

表 2-4　　base_category1 表设计

字段	类型	说明
id	bigint	主键，唯一标识
name	varchar	名称

5. base_category2（商品二级分类表）：存储商品的二级分类（见表 2-5）

表 2-5　　base_category2 表设计

字段	类型	说明
id	bigint	主键，唯一标识
name	varchar	二级名称
category1_id	bigint	一级分类编号

6. base_category3（商品三级分类表）：存储商品的三级分类（见表 2-6）

表 2-6　　base_category3 表设计

字段	类型	说明
id	bigint	主键，唯一标识
name	varchar	三级分类名称
category2_id	bigint	二级分类编号

7. user_info（用户信息表）：存储注册用户的基本信息（见表 2-7）

表 2-7　　user_info 表设计

字段	类型	说明
id	bigint	主键，唯一标识
login_name	varchar	登录名
nick_name	varchar	用户昵称
passwd	varchar	用户密码

续表

字段	类型	说明
name	varchar	用户姓名
phone_num	varchar	手机号
email	varchar	邮箱
head_img	varchar	头像
user_level	varchar	用户级别
birthday	date	生日
gender	varchar	性别
create_time	datetime	创建时间

8. sku_info（SKU 信息表）：存储 SKU 的基本信息（见表 2-8）

表 2-8　sku_info 表设计

字段	类型	说明
id	bigint	主键，唯一标识
spu_id	bigint	SPU ID
price	decimal	价格
sku_name	varchar	SKU 名称
sku_desc	varchar	SKU 描述
weight	decimal	质量
tm_id	bigint	品牌 ID
category3_id	bigint	三级分类 ID
sku_default_img	varchar	SKU 默认图片
create_time	datetime	创建时间

9. order_info（订单信息表）：存储订单信息（见表 2-9）

表 2-9　order_info 表设计

字段	类型	说明
id	bigint	主键，唯一标识
user_id	bigint	用户 ID
area3_id	bigint	三级区域 ID
consignee	varchar	收货人
consignee_tel	varchar	收货人电话
total_amount	decimal	总金额

续表

字段	类型	说明
order_status	int	订单状态
payment_way	int	付款方式
order_comment	varchar	订单备注
out_trade_no	varchar	订单交易编号
trade_body	varchar	订单描述
create_time	datetime	创建时间
operate_time	datetime	操作时间
expire_time	datetime	失效时间
tracking_no	varchar	物流单编号
parent_order_id	bigint	父订单编号
img_url	varchar	图片路径
delivery_address	varchar	配送地址

10. order_detail（订单详情表）：存储订单的详情，order_id 字段关联订单表 order_info 的 id 字段（见表 2-10）

表 2-10　　order_detail 表设计

字段	类型	说明
id	bigint	主键，唯一标识
order_id	bigint	订单 ID
sku_id	bigint	SKU ID
sku_name	varchar	SKU 名称
img_url	varchar	图片 URL
order_price	decimal	订单金额
sku_num	int	SKU 数量

11. payment_info（支付流水表），order_id 字段关联订单表 order_info 的 id 字段（见表 2-11）

表 2-11　　payment_info 表设计

字段	类型	说明
id	bigint	主键，唯一标识
out_trade_no	varchar	业务编号

续表

字段	类型	说明
order_id	bigint	订单 ID
user_id	bigint	用户 ID
alipay_trade_no	varchar	支付宝流水号
total_amount	decimal	支付金额
subject	varchar	交易内容
payment_type	varchar	支付方式
payment_time	date	支付时间

三、离线数据处理常用指标

电商行业的运营数据指标众多，下面对几个最常用的指标进行介绍：

（1）页面访问数（Page View，PV）：即页面浏览量，用户对电商网站的每一次访问，都记录一次 PV。用户在一个统计时间周期内，例如 1 天之内对同一页面的多次访问，PV 数量会累加多次。

（2）独立访客数（Unique Visitor，UV）：指访问网站的不重复用户数。如果用户通过 PC 端浏览器访问网站，可以通过用户浏览器的 Cookie 来唯一识别用户。用户在一个统计时间周期内，例如 1 天之内的多次访问的记录会做去重处理，即 1 天内同一个用户无论访问多少次，都会记录一次 UV。用户如果使用手机等移动终端访问网站，按设备的唯一标识来区分用户。

（3）活跃会员数：电商网站对“活跃”行为的定义各不相同，有的电商网站将会员下单行为定义为“活跃”，有的电商网站将会员浏览商品行为定义为“活跃”，一般网站将会员在统计时间周期内（如 1 天内）登录过系统就称为活跃会员。具有“活跃”行为的会员的数量称为活跃会员数。

（4）活跃会员率：活跃会员数占注册会员总数的比率。

（5）会员复购率：在统计周期内产生两次及两次以上购买的会员数占购买商品会员的总数的比率。

（6）网站成交额（Gross Merchandise Volume，GMV）：电商系统的成交金额是指

只要用户下订单生成了订单号，无论订单最终是否成交，订单金额都可以计算在 GMV 里面。通俗来讲，GMV 就是订单金额的汇总，包含已付款和未付款的部分。实际付款金额一般低于 GMV，因为用户下了订单但是没有付款，用户选择在订单失效之前付款。如第二天再付款，这种情形当天的订单金额会累计到 GMV 中，但是不会累计到实际付款金额中。

四、数据仓库设计

在第一章“网络数据处理”中讲解了数据仓库分层设计的思想，数据仓库设计主要分为 ODS 层、DWD 层、DWS 层及 ADS 层，数据主要以“名人名言”相关的内容为主，表设计比较简单。为了加深对数据仓库的理解，本章项目对电商系统进行分析，同样按照数据仓库分层设计的思想进行设计，表的数量和结构都会更加复杂。

数据仓库的报表一般可以分为事实表和维度表。

事实表（Fact Table）是指存储有事实记录的表，如系统日志、销售记录等；事实表的记录在不断地动态增长，所以它的体积通常远大于其他表。

维度表（Dimension Table）或维表，有时也称查找表（Lookup Table），是与事实表相对应的一种表；它保存了维度的属性值，可以跟事实表做关联；相当于将事实表上经常重复出现的属性抽取、规范出来，用一张表进行管理。

电商系统中的订单表、用户表等就属于事实表，三级区域表和三级商品分类表属于维度表。

根据事实表和维度表的关系，数据仓库模型又可以分为雪花模型、星型模型。

雪花模型：当有一个或多个维度表没有直接连接到事实表上，而是通过其他维度表连接到事实表上时，这类模型称为雪花模型，如图 2-4 所示。电商系统中的 ODS 层的订单表直接关联的维度表为第三级区域表，订单表与第二级区域表和第一级区域表没有直接的关联。

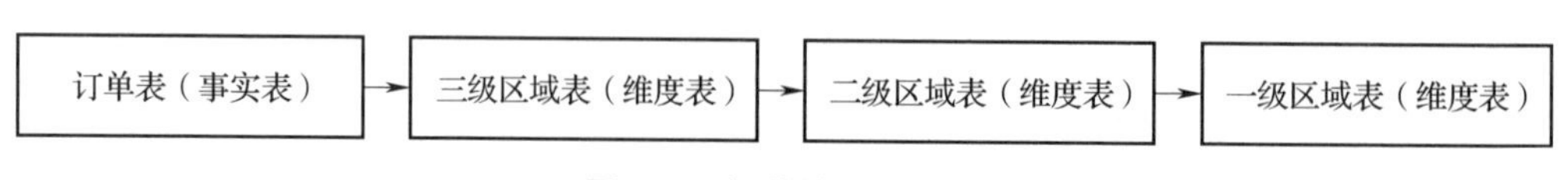

图 2-4　订单的雪花模型

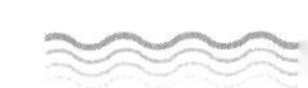

星形模型：如图 2-5 所示，是一种多维的数据关系，它由一个事实表和一组维度表组成。每个维度表都有一个字段作为主键，所有这些维度表的主键组合成为事实表的主键。多维数据集的每一个维度都直接与事实表相连接，所以数据会存在一定的冗余，在电商系统 DWD 层的订单表关联了三级的区域表。为了后续查询分析，将 ODS 层订单表，由雪花模型通过“降维”转换为 DWD 层的星形模型，将订单表和一级区域表、二级区域表和三级区域表直接关联。

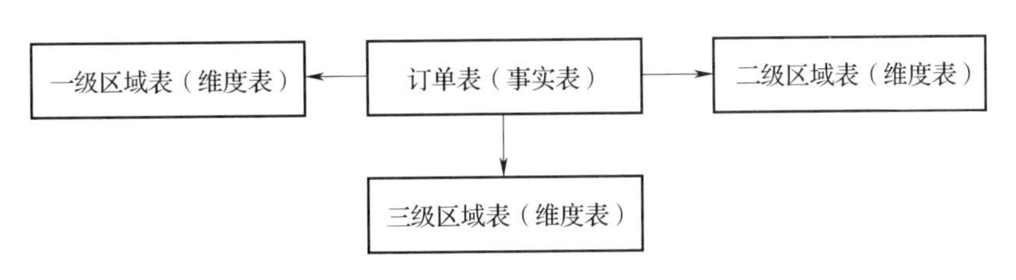

图 2-5　订单的星形模型

（一）ODS 层表设计

ODS 层总体设计如图 2-6 所示。

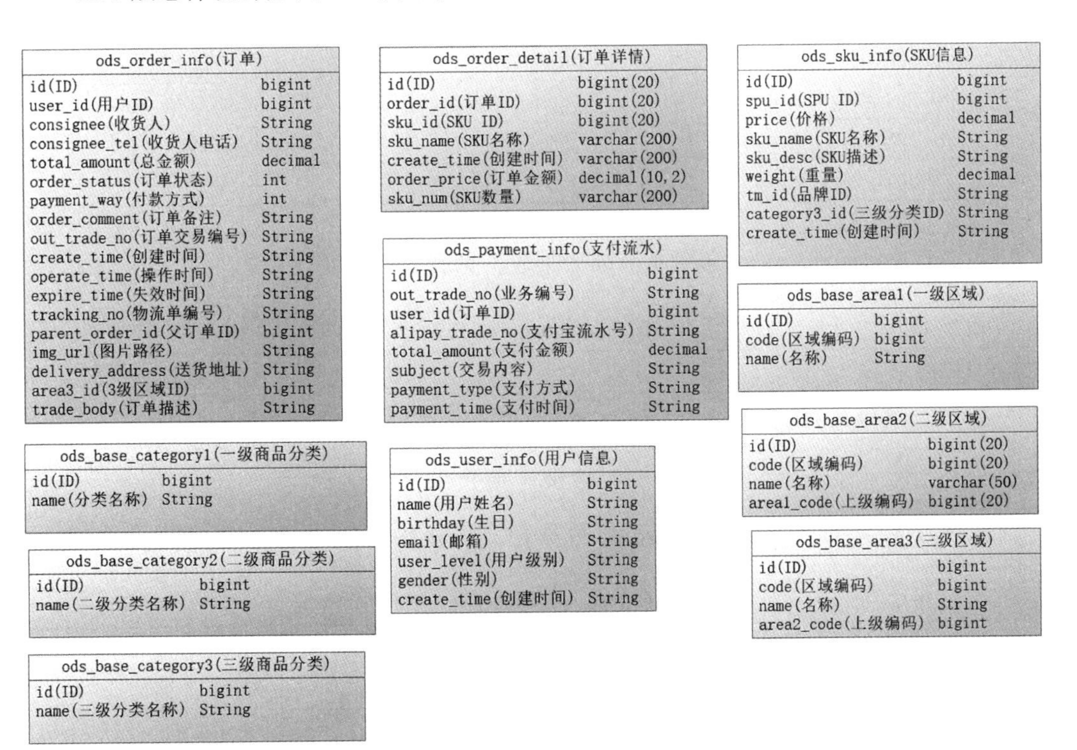

图 2-6　ODS 层总体设计

1. ods_base_area1（一级区域表，见表 2-12）

表 2-12 ods_base_area1 表设计

字段	类型	说明
id	bigint	主键，唯一标识
code	bigint	区域编码
name	String	名称

2. ods_base_area2（二级区域表，见表 2-13）

表 2-13 ods_base_area2 表设计

字段	类型	说明
id	bigint	主键，唯一标识
code	bigint	区域编码
name	String	名称
area1_code	bigint	上级编码

3. ods_base_area3（三级地域表，见表 2-14）

表 2-14 ods_base_area3 表设计

字段	类型	说明
id	bigint	主键，唯一标识
code	bigint	区域编码
name	String	名称
area2_code	bigint	上级编码

4. ods_base_category1（商品一级分类表，见表 2-15）

表 2-15 ods_base_category1 表设计

字段	类型	说明
id	bigint	主键，唯一标识
name	String	名称

5. ods_base_category2（商品二级分类表，见表 2-16）

表 2-16 ods_base_category2 表设计

字段	类型	说明
id	bigint	主键，唯一标识
name	String	二级名称
category1_id	bigint	一级分类编号

6. ods_base_category3（商品三级分类表，见表 2-17）

表 2-17 ods_base_category3 表设计

字段	类型	说明
id	bigint	主键，唯一标识
name	String	三级分类名称
category2_id	bigint	二级分类编号

7. ods_user_info（用户信息表，见表 2-18）

表 2-18 ods_user_info 表设计

字段	类型	说明
id	bigint	主键，唯一标识
name	String	用户姓名
birthday	String	生日
gender	String	性别
email	String	邮箱
user_level	String	用户等级
create_time	String	创建时间

8. ods_sku_info（SKU 信息表，见表 2-19）

表 2-19 ods_sku_info 表设计

字段	类型	说明
id	bigint	主键，唯一标识
spu_id	bigint	SPU ID
price	decimal	价格
sku_name	String	SKU 名称
sku_desc	String	SKU 描述
weight	decimal	质量
tm_id	bigint	品牌 ID
category3_id	bigint	三级分类 ID
create_time	String	创建时间

9. ods_order_info（订单信息表，见表 2-20）

表 2-20　　ods_order_info 表设计

字段	类型	说明
id	bigint	主键，唯一标识
order_status	int	订单状态
user_id	bigint	用户 ID
area3_id	bigint	3 级区域 ID
create_time	String	创建时间
operate_time	String	操作时间
consignee	String	收货人
consignee_tel	String	收货人电话
total_amount	decimal	总金额
payment_way	int	付款方式
order_comment	String	订单备注
out_trade_no	String	订单交易编号
trade_body	String	订单描述
expire_time	String	失效时间
tracking_no	String	物流单编号
parent_order_id	bigint	父订单编号
img_url	String	图片路径
delivery_address	String	送货地址

10. ods_order_detail（订单详情表，见表 2-21）

表 2-21　　ods_order_detail 表设计

字段	类型	说明
id	bigint	主键，唯一标识
order_id	bigint	订单 ID
sku_id	bigint	SKU ID
sku_name	String	SKU 名称
order_price	decimal	订单金额
sku_num	int	SKU 数量
create_time	String	创建时间

11. ods_payment_info（支付流水表，见表 2-22）

表 2-22 ods_payment_info 表设计

字段	类型	说明
id	bigint	主键，唯一标识
out_trade_no	String	业务编号
order_id	bigint	订单 ID
user_id	bigint	用户 ID
alipay_trade_no	String	支付宝流水号
total_amount	decimal	支付金额
subject	String	交易内容
payment_type	String	支付方式
payment_time	String	支付时间

（二）DWD 层表设计

DWD 层总体设计如图 2-7 所示。

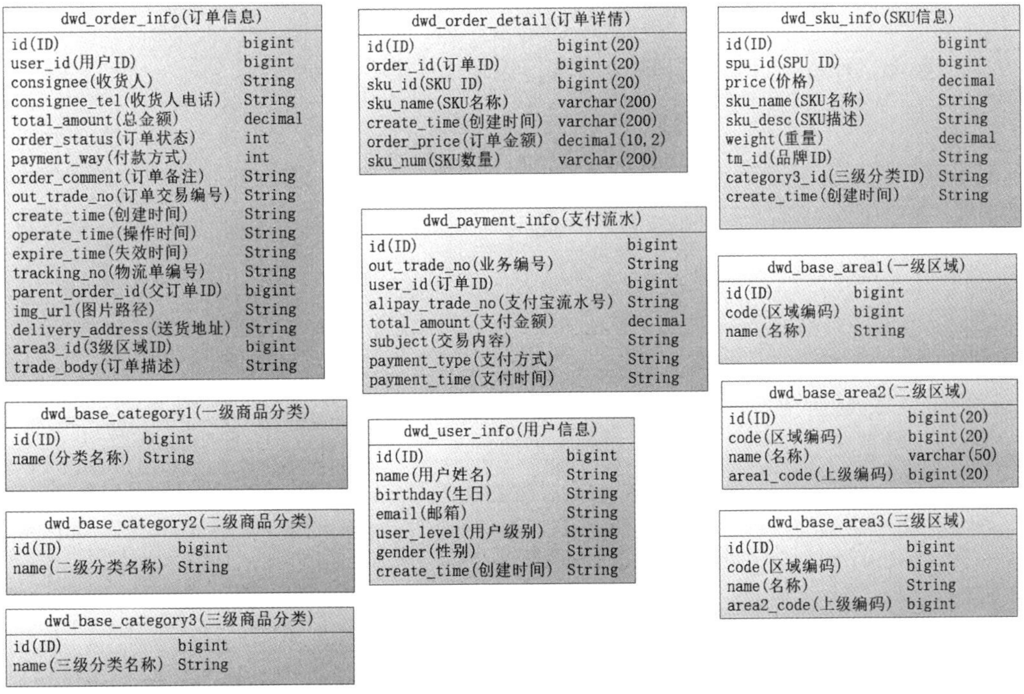

图 2-7 DWD 层总体设计

1. dwd_order_info（订单信息表，见表 2-23）

表 2-23　　dwd_order_info 表设计

字段	类型	说明
id	bigint	主键，唯一标识
total_amount	decimal	总金额
order_status	int	订单状态
user_id	String	用户 ID
payment_way	int	付款方式
out_trade_no	String	对外交易编号
create_time	String	创建时间
operate_time	String	操作时间
area3_id	bigint	3 级区域 ID
area1_code	bigint	1 级区域编码
area1_name	String	1 级区域名称
area2_code	bigint	2 级区域编码
area2_name	String	2 级区域名称
area3_code	bigint	3 级区域编码
area3_name	String	3 级区域名称

2. dwd_order_detail（订单详情表，见表 2-24）

表 2-24　　dwd_order_detail 表设计

字段	类型	说明
id	bigint	主键，唯一标识
order_id	bigint	订单 ID
sku_id	bigint	SKU ID
sku_name	String	SKU 名称
order_price	decimal	订单金额
sku_num	int	SKU 数量
create_time	String	创建时间

3. dwd_user_info（用户信息表，见表 2-25）

表 2-25　　dwd_user_info 表设计

字段	类型	说明
id	bigint	主键，唯一标识
name	String	用户姓名

续表

字段	类型	说明
birthday	String	生日
gender	String	性别
email	String	邮箱
user_level	String	用户级别
create_time	String	创建时间

4. dwd_sku_info（SKU 信息表，见表 2-26）

表 2-26　　dwd_sku_info 表设计

字段	类型	说明
id	bigint	主键，唯一标识
spu_id	String	用户姓名
price	String	生日
sku_name	String	性别
sku_desc	String	邮箱
weight	String	用户级别
tm_id	String	创建时间
category3_id	bigint	3 级分类 ID
category2_id	bigint	2 级分类 ID
category1_id	bigint	1 级分类 ID
category3_name	String	3 级分类名称
category2_name	String	2 级分类名称
category1_name	String	1 级分类名称
create_time	String	创建时间

5. dwd_payment_info（支付流水表，见表 2-27）

表 2-27　　dwd_payment_info 表设计

字段	类型	说明
id	bigint	主键，唯一标识
out_trade_no	String	交易编号
order_id	bigint	订单 ID
user_id	bigint	用户 ID
alipay_trade_no	String	支付宝流水号

续表

字段	类型	说明
total_amount	decimal	支付金额
subject	String	交易内容
payment_type	String	支付方式
payment_time	String	支付时间

（三）DWS 层表设计

DWS 层包含一个 dws_user_action（用户行为表），设计如图 2-8 及表 2-28 所示。

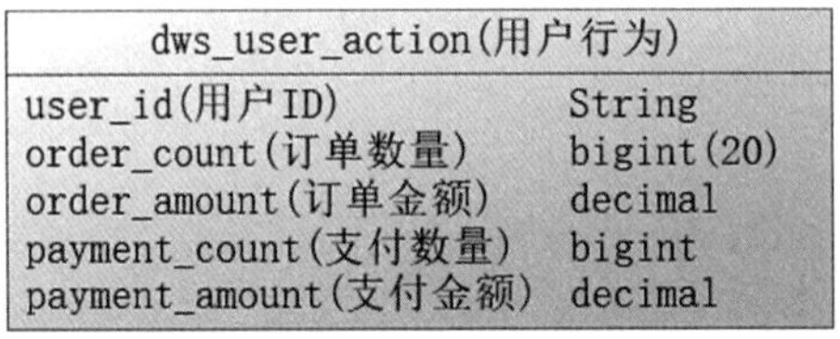

dws_user_action(用户行为)	
user_id(用户ID)	String
order_count(订单数量)	bigint(20)
order_amount(订单金额)	decimal
payment_count(支付数量)	bigint
payment_amount(支付金额)	decimal

图 2-8　DWS 层总体设计

表 2-28　　dws_user_action 表设计

字段	类型	说明
user_id	bigint	用户 ID
order_count	bigint	订单数量
order_amount	decimal	订单金额
payment_count	bigint	支付数量
payment_amount	decimal	支付金额

（四）ADS 层表设计

ADS 层包含一个 ads_gmv_sum_day（每日 GMV 汇总），设计如图 2-9 及表 2-29 所示。

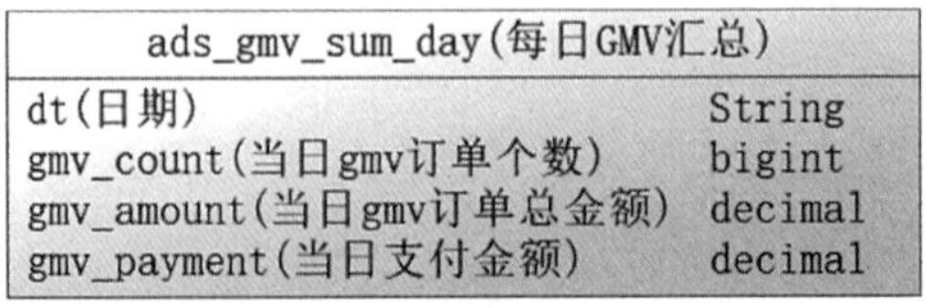

ads_gmv_sum_day(每日GMV汇总)	
dt(日期)	String
gmv_count(当日gmv订单个数)	bigint
gmv_amount(当日gmv订单总金额)	decimal
gmv_payment(当日支付金额)	decimal

图 2-9　ADS 层总体设计

表 2-29　　ads_gmv_sum_day 表设计

字段	类型	说明
dt	String	日期
gmv_count	bigint	当日 GMV 订单数量
gmv_amount	decimal	当日 GMV 订单总数量
gmv_payment	decimal	当日支付金额

第三节　业务系统实现

一、创建数据库

系统使用 MySQL 数据库存储业务系统数据，首先登录 MySQL 客户端。

```
[root@master ~]# mysql -uroot -p
Enter password:
```

执行 SQL 语句，创建电商系统的数据库 mall。

```
mysql> CREATE DATABASE mall;
```

切换到数据库。

```
mysql> USE mall;
```

二、创建数据表

执行 SQL 语句，创建一级区域表 base_area1。

```
mysql> CREATE TABLE 'base_area1' (
    ->  'id' BIGINT(20) NOT NULL AUTO_INCREMENT COMMENT 'ID',
    ->  'code' BIGINT(20) NOT NULL DEFAULT '0' COMMENT '区域编码',
    ->  'name' VARCHAR(32) NOT NULL COMMENT '名称' COLLATE 'utf8_general_ci',
    ->  PRIMARY KEY ('id') USING BTREE,
    ->  INDEX 'code' ('code') USING BRTEE
    ->)
    ->COMMENT = '一级区域'
    ->COLLATE =  'utf8_general_ci';
```

使用 desc 命令验证 SQL 建表结果。

```
mysql> DESC mall.base_area1;
+---------+---------------+-------+-------+-----------+--------------------+
| Field   | Type          | Null  | Key   | Default   | Extra              |
+---------+---------------+-------+-------+-----------+--------------------+
| id      | bigint(20)    | NO    | PRI   | NULL      | auto_increment     |
| code    | bigint(20)    | NO    | MUL   | 0         |                    |
| name    | varchar(32)   | NO    |       | NULL      |                    |
+---------+---------------+-------+-------+-----------+--------------------+
3 rows in set (0.00 sec)
```

执行 SQL 语句，创建二级区域表 base_area2。

```
mysql> CREATE TABLE 'base_area2' (
    ->  'id' BIGINT(20) NOT NULL AUTO_INCREMENT COMMENT 'ID',
    ->  'code' BIGINT(20) NOT NULL DEFAULT '0' COMMENT '区域编码',
    ->  'name' VARCHAR(32) NOT NULL COMMENT '名称' COLLATE 'utf8_general_ci',
    ->  'area1_code' BIGINT(20) NOT NULL COMMENT '上级编码',
    ->  PRIMARY KEY ('id') USING BTREE
```

```
  ->)
  ->COMMENT='二级区域'
  ->COLLATE= 'utf8_general_ci';
```

使用 desc 命令验证 SQL 建表结果。

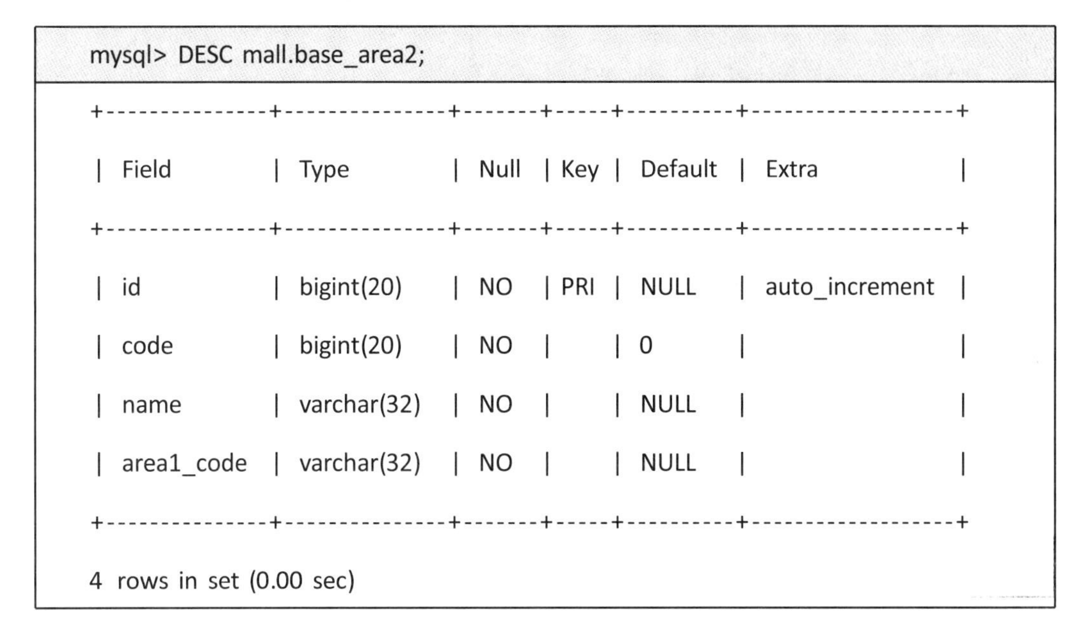

```
mysql> DESC mall.base_area2;
+--------------+--------------+-------+-----+---------+-----------------+
| Field        | Type         | Null  | Key | Default | Extra           |
+--------------+--------------+-------+-----+---------+-----------------+
| id           | bigint(20)   | NO    | PRI | NULL    | auto_increment  |
| code         | bigint(20)   | NO    |     | 0       |                 |
| name         | varchar(32)  | NO    |     | NULL    |                 |
| area1_code   | varchar(32)  | NO    |     | NULL    |                 |
+--------------+--------------+-------+-----+---------+-----------------+
4 rows in set (0.00 sec)
```

执行 SQL 语句，创建三级区域表 base_area3。

```
mysql> CREATE TABLE 'base_area3'(
  ->  'id' BIGINT(20) NOT NULL AUTO_INCREMENT COMMENT 'ID',
  ->  'code' BIGINT(20) NOT NULL DEFAULT '0' COMMENT '区域编码',
  ->  'name' VARCHAR(32) NOT NULL COMMENT '名称' COLLATE 'utf8_general_ci',
  ->  'area2_code' BIGINT(20) NOT NULL COMMENT '上级编码',
  ->  PRIMARY KEY ('id') USING BTREE
  ->)
  ->COMMENT='三级区域'
  ->COLLATE= 'utf8_general_ci';
```

使用 desc 命令验证 SQL 建表结果。

```
mysql> DESC mall.base_area3;
+--------------+--------------+-------+-----+----------+-----------------+
| Field        | Type         | Null  | Key | Default  | Extra           |
+--------------+--------------+-------+-----+----------+-----------------+
| id           | bigint(20)   | NO    | PRI | NULL     | auto_increment  |
| code         | bigint(20)   | NO    |     | 0        |                 |
| name         | varchar(32)  | NO    |     | NULL     |                 |
| area2_code   | varchar(32)  | NO    |     | NULL     |                 |
+--------------+--------------+-------+-----+----------+-----------------+
4 rows in set (0.00 sec)
```

执行 SQL 语句，创建一级商品分类表 base_category1。

```
mysql> CREATE TABLE 'base_category1' (
  ->'id' BIGINT(20) NOT NULL AUTO_INCREMENT COMMENT '编号',
  ->'name' VARCHAR(32) NOT NULL COMMENT '分类名称' COLLATE 'utf8_general_ci',
  ->PRIMARY KEY ('id') USING BTREE
  ->)
  ->COMMENT='商品一级分类表'
  ->COLLATE='utf8_general_ci'
  ->ENGINE=InnoDB;
```

使用 desc 命令验证 SQL 建表结果。

```
mysql> DESC mall.base_category1;
+---------+---------------+-------+-------+-----------+-------------------+
| Field   | Type          | Null  | Key   | Default   | Extra             |
+---------+---------------+-------+-------+-----------+-------------------+
| id      | bigint(20)    | NO    | PRI   | NULL      | auto_increment    |
| name    | varchar(32)   | NO    |       | NULL      |                   |
```

```
+---------+---------------+-------+-------+----------+--------------------+

2 rows in set (0.00 sec)
```

执行 SQL 语句，创建二级商品分类表 base_category2。

```
mysql> CREATE TABLE 'base_category2' (
    -> 'id' BIGINT(20) NOT NULL AUTO_INCREMENT COMMENT '编号',
    -> 'name' VARCHAR(32) NOT NULL COMMENT '二级分类名称' COLLATE
'utf8_general_ci',
    -> 'category1_id' BIGINT(20) NOT NULL COMMENT '一级分类编号',
    -> PRIMARY KEY ('id') USING BTREE,
    -> INDEX 'FK_base_category2_base_category1' ('category1_id') USING BTREE
    ->)
    ->COMMENT='商品二级分类表'
    ->COLLATE='utf8_general_ci';
```

使用 desc 命令验证 SQL 建表结果。

```
mysql> DESC mall.base_category2;

+---------------+--------------+-------+-----+----------+------------------+
| Field         | Type         | Null  | Key | Default  | Extra            |
+---------------+--------------+-------+-----+----------+------------------+
| id            | bigint(20)   | NO    | PRI | NULL     | auto_increment   |
| name          | varchar(32)  | NO    |     | NULL     |                  |
| category1_id  | bigint(20)   | NO    | MUL | NULL     |                  |
+---------------+--------------+-------+-----+----------+------------------+

3 rows in set (0.00 sec)
```

执行 SQL 语句，创建三级商品分类表 base_category3。

```
mysql> CREATE TABLE 'base_category3' (
    -> 'id' BIGINT(20) NOT NULL AUTO_INCREMENT COMMENT '编号',
```

```
    -> 'name' VARCHAR(32) NOT NULL COMMENT '三级分类名称' COLLATE
'utf8_general_ci',
    -> 'category2_id' BIGINT(20) NOT NULL COMMENT '二级分类编号',
    -> PRIMARY KEY ('id') USING BTREE,
    -> INDEX 'FK_base_category3_base_category2' ('category2_id') USING BTREE
    ->)
    ->COMMENT='商品三级分类表'
    ->COLLATE='utf8_general_ci';
```

使用 desc 命令验证 SQL 建表结果。

```
mysql> DESC mall.base_category3;

+--------------+--------------+-------+-----+---------+-----------------+
| Field        | Type         | Null  | Key | Default | Extra           |
+--------------+--------------+-------+-----+---------+-----------------+
| id           | bigint(20)   | NO    | PRI | NULL    | auto_increment  |
| name         | varchar(32)  | NO    |     | NULL    |                 |
| category2_id | bigint(20)   | NO    | MUL| NULL    |                 |
+--------------+--------------+-------+-----+---------+-----------------+
3 rows in set (0.00 sec)
```

执行 SQL 语句，创建订单明细表 order_detail。

```
mysql> CREATE TABLE 'order_detail' (
    -> 'id' BIGINT(20) NOT NULL AUTO_INCREMENT COMMENT '编号',
    -> 'order_id' BIGINT(20) NOT NULL COMMENT '订单 ID',
    -> 'sku_id' BIGINT(20) NOT NULL COMMENT 'SKU ID',
    -> 'sku_name' VARCHAR(32) NOT NULL COMMENT 'SKU 名称' COLLATE
'utf8_general_ci',
    -> 'img_url' VARCHAR(128) NOT NULL COMMENT '图片 URL' COLLATE
```

```
'utf8_general_ci',
    -> 'order_price' DECIMAL(10,2) NOT NULL COMMENT '订单金额',
    -> 'sku_num' INT(11) NOT NULL COMMENT 'SKU 数量',
    -> PRIMARY KEY ('id') USING BTREE,
    -> INDEX 'FK_order_detail_order_info' ('order_id') USING BTREE,
    -> INDEX 'FK_order_detail_sku_info' ('sku_id') USING BTREE
    ->)
    ->COMMENT = '订单明细表'
    ->COLLATE = 'utf8_general_ci';
```

使用 desc 命令验证 SQL 建表结果。

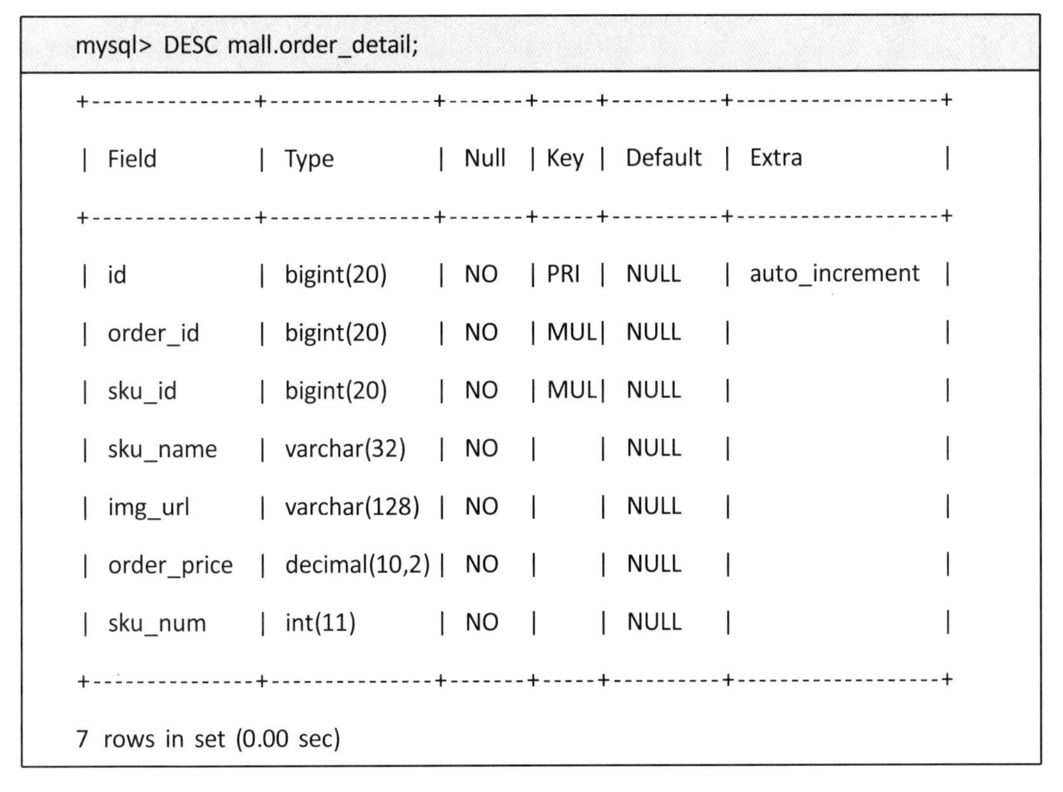

```
mysql> DESC mall.order_detail;
+---------------+---------------+-------+-----+----------+------------------+
| Field         | Type          | Null  | Key | Default  | Extra            |
+---------------+---------------+-------+-----+----------+------------------+
| id            | bigint(20)    | NO    | PRI | NULL     | auto_increment   |
| order_id      | bigint(20)    | NO    | MUL | NULL     |                  |
| sku_id        | bigint(20)    | NO    | MUL | NULL     |                  |
| sku_name      | varchar(32)   | NO    |     | NULL     |                  |
| img_url       | varchar(128)  | NO    |     | NULL     |                  |
| order_price   | decimal(10,2) | NO    |     | NULL     |                  |
| sku_num       | int(11)       | NO    |     | NULL     |                  |
+---------------+---------------+-------+-----+----------+------------------+
7 rows in set (0.00 sec)
```

执行 SQL 语句，创建订单表 order_info。

```
mysql> CREATE TABLE 'order_info' (
    -> 'id' BIGINT(20) NOT NULL AUTO_INCREMENT COMMENT '编号',
```

```
    -> 'user_id' BIGINT(20) NOT NULL COMMENT '用户 id',
    -> 'area3_id' BIGINT(20) NOT NULL COMMENT '三级区域 ID',
    -> 'consignee' VARCHAR(16) NOT NULL COMMENT '收货人' COLLATE 'utf8_general_ci',
    -> 'consignee_tel' VARCHAR(16) NOT NULL COMMENT '收货人电话' COLLATE
'utf8_general_ci',
    -> 'total_amount' DECIMAL(10,2) NOT NULL COMMENT '总金额',
    -> 'order_status' INT(11) NOT NULL COMMENT '订单状态',
    -> 'payment_way' INT(11) NOT NULL COMMENT '付款方式',
    -> 'order_comment' VARCHAR(64) NULL DEFAULT NULL COMMENT '订单备注'
COLLATE 'utf8_general_ci',
    -> 'out_trade_no' VARCHAR(64) NOT NULL COMMENT '订单交易编号' COLLATE
'utf8_general_ci',
    -> 'trade_body' VARCHAR(128) NULL DEFAULT NULL COMMENT '订单描述' COLLATE
'utf8_general_ci',
    -> 'create_time' DATETIME NOT NULL COMMENT '创建时间',
    -> 'operate_time' DATETIME NULL DEFAULT NULL COMMENT '操作时间',
    -> 'expire_time' DATETIME NULL DEFAULT NULL COMMENT '失效时间',
    -> 'tracking_no' VARCHAR(64) NULL DEFAULT NULL COMMENT '物流单编号'
COLLATE 'utf8_general_ci',
    -> 'parent_order_id' BIGINT(20) NULL DEFAULT NULL COMMENT '父订单编号',
    -> 'img_url' VARCHAR(128) NULL DEFAULT NULL COMMENT '图片路径' COLLATE
'utf8_general_ci',
    -> 'delivery_address' VARCHAR(64) NOT NULL COMMENT '配送地址' COLLATE
'utf8_general_ci',
    -> PRIMARY KEY ('id') USING BTREE,
    -> INDEX 'FK_order_info_user_info' ('user_id') USING BTREE,
    -> INDEX 'FK_order_info_base_area3' ('area3_id') USING BTREE
```

```
->)
->COMMENT='订单表'
->COLLATE='utf8_general_ci';
```

使用 desc 命令验证 SQL 建表结果。

```
mysql> DESC mall.order_info;
+-----------------+---------------+-------+-----+---------+------------------+
| Field           | Type          | Null  | Key | Default | Extra            |
+-----------------+---------------+-------+-----+---------+------------------+
| id              | bigint(20)    | NO    | PRI | NULL    | auto_increment   |
| user_id         | bigint(20)    | NO    | MUL | NULL    |                  |
| area3_id        | bigint(20)    | NO    | MUL | NULL    |                  |
| consignee       | varchar(16)   | NO    |     | NULL    |                  |
| consignee_tel   | varchar(16)   | NO    |     | NULL    |                  |
| total_amount    | decimal(10,2) | NO    |     | NULL    |                  |
| order_status    | int(11)       | NO    |     | NULL    |                  |
| payment_way     | int(11)       | NO    |     | NULL    |                  |
| order_comment   | varchar(64)   | YES   |     | NULL    |                  |
| out_trade_no    | varchar(64)   | NO    |     | NULL    |                  |
| trade_body      | varchar(128)  | YES   |     | NULL    |                  |
| create_time     | datetime      | NO    |     | NULL    |                  |
| operate_time    | datetime      | YES   |     | NULL    |                  |
| expire_time     | datetime      | YES   |     | NULL    |                  |
| tracking_no     | varchar(64)   | YES   |     | NULL    |                  |
| parent_order_id | bigint(20)    | YES   |     | NULL    |                  |
| img_url         | varchar(128)  | YES   |     | NULL    |                  |
| delivery_address | varchar(64)  | NO    |     | NULL    |                  |
```

```
+------------------+--------------+-------+-----+----------+------------------+

18 rows in set (0.00 sec)
```

执行 SQL 语句，创建支付流水表 payment_info。

```
mysql> CREATE TABLE 'payment_info' (
    -> 'id' BIGINT(20) NOT NULL AUTO_INCREMENT COMMENT 'ID',
    -> 'out_trade_no' VARCHAR(20) NOT NULL COMMENT '业务编号' COLLATE
'utf8_general_ci',
    -> 'order_id' BIGINT(20) NOT NULL COMMENT '订单 ID',
    -> 'user_id' BIGINT(20) NOT NULL COMMENT '用户 ID',
    -> 'alipay_trade_no' VARCHAR(20) NOT NULL COMMENT '支付宝流水号' COLLATE
'utf8_general_ci',
    -> 'total_amount' DECIMAL(16,2) NOT NULL COMMENT '支付金额',
    -> 'subject' VARCHAR(20) NOT NULL COMMENT '交易内容' COLLATE
'utf8_general_ci',
    -> 'payment_type' VARCHAR(20) NOT NULL COMMENT '支付方式' COLLATE
'utf8_general_ci',
    -> 'payment_time' DATE NOT NULL COMMENT '支付时间',
    -> PRIMARY KEY ('id') USING BTREE,
    -> INDEX 'FK_payment_info_order_info' ('order_id') USING BTREE,
    -> INDEX 'FK_payment_info_user_info' ('user_id') USING BTREE
    ->)
    ->COMMENT='支付流水表'
    ->COLLATE='utf8_general_ci';
```

使用 desc 命令验证 SQL 建表结果。

```
mysql> DESC mall.payment_info;
```

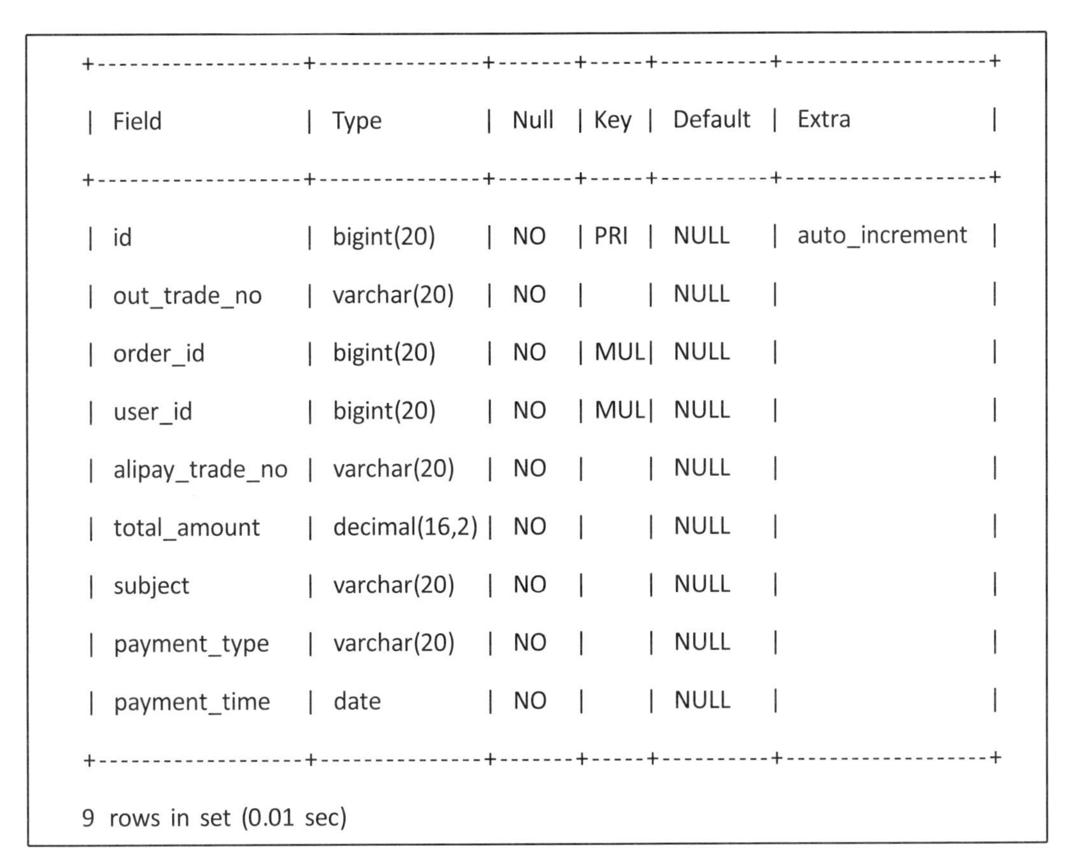

Field	Type	Null	Key	Default	Extra
id	bigint(20)	NO	PRI	NULL	auto_increment
out_trade_no	varchar(20)	NO		NULL	
order_id	bigint(20)	NO	MUL	NULL	
user_id	bigint(20)	NO	MUL	NULL	
alipay_trade_no	varchar(20)	NO		NULL	
total_amount	decimal(16,2)	NO		NULL	
subject	varchar(20)	NO		NULL	
payment_type	varchar(20)	NO		NULL	
payment_time	date	NO		NULL	

9 rows in set (0.01 sec)

执行 SQL 语句，创建 SKU 商品表 sku_info。

```
mysql> CREATE TABLE 'sku_info' (
    -> 'id' BIGINT(20) NOT NULL AUTO_INCREMENT COMMENT '库存 id(itemID)',
    -> 'spu_id' BIGINT(20) NULL DEFAULT NULL COMMENT '商品 id',
    -> 'price' DECIMAL(10,0) NULL DEFAULT NULL COMMENT '价格',
    -> 'sku_name' VARCHAR(200) NULL DEFAULT NULL COMMENT 'sku 名称' COLLATE
'utf8_general_ci',
    -> 'sku_desc' VARCHAR(2000) NULL DEFAULT NULL COMMENT '商品规格描述'
COLLATE 'utf8_general_ci',
    -> 'weight' DECIMAL(10,2) NULL DEFAULT NULL COMMENT '重量',
    -> 'tm_id' BIGINT(20) NULL DEFAULT NULL COMMENT '品牌(冗余)',
    -> 'category3_id' BIGINT(20) NULL DEFAULT NULL COMMENT '三级分类 id(冗余)',
```

```
    -> 'sku_default_img' VARCHAR(200) NULL DEFAULT NULL COMMENT '默认显示图片(冗余)' COLLATE 'utf8_general_ci',
    -> 'create_time' DATETIME NULL DEFAULT NULL COMMENT '创建时间',
    -> PRIMARY KEY ('id') USING BTREE
    ->)
    ->COMMENT='商品表'
    ->COLLATE='utf8_general_ci';
```

使用 desc 命令验证 SQL 建表结果。

```
mysql> DESC mall.sku_info;
+-----------------+---------------+-------+-----+---------+----------------+
| Field           | Type          | Null  | Key | Default | Extra          |
+-----------------+---------------+-------+-----+---------+----------------+
| id              | bigint(20)    | NO    | PRI | NULL    | auto_increment |
| spu_id          | bigint(20)    | NO    |     | NULL    |                |
| price           | decimal(10,2) | NO    |     | NULL    |                |
| sku_name        | varchar(32)   | NO    |     | NULL    |                |
| sku_desc        | varchar(512)  | NO    |     | NULL    |                |
| weight          | decimal(10,2) | NO    |     | NULL    |                |
| tm_id           | bigint(20)    | NO    |     | NULL    |                |
| category3_id    | bigint(20)    | NO    |     | NULL    |                |
| sku_default_img | varchar(128)  | NO    |     | NULL    |                |
| create_time     | datetime      | NO    |     | NULL    |                |
+-----------------+---------------+-------+-----+---------+----------------+
10 rows in set (0.00 sec)
```

执行 SQL 语句，创建用户表 user_info。

```
mysql> CREATE TABLE 'user_info' (
```

```
-> 'id' BIGINT(20) NOT NULL AUTO_INCREMENT COMMENT 'ID',
-> 'login_name' VARCHAR(32) NOT NULL COMMENT '登录名' COLLATE
'utf8_general_ci',
-> 'nick_name' VARCHAR(32) NOT NULL COMMENT '用户昵称' COLLATE
'utf8_general_ci',
-> 'passwd' VARCHAR(32) NOT NULL COMMENT '用户密码' COLLATE
'utf8_general_ci',
-> 'name' VARCHAR(32) NOT NULL COMMENT '用户姓名' COLLATE 'utf8_general_ci',
-> 'phone_num' VARCHAR(11) NOT NULL COMMENT '手机号' COLLATE
'utf8_general_ci',
-> 'email' VARCHAR(64) NOT NULL COMMENT '邮箱' COLLATE 'utf8_general_ci',
-> 'head_img' VARCHAR(128) NOT NULL COMMENT '头像' COLLATE 'utf8_general_ci',
-> 'user_level' VARCHAR(1) NOT NULL COMMENT '用户级别' COLLATE
'utf8_general_ci',
-> 'birthday' DATE NULL DEFAULT NULL COMMENT '用户生日',
-> 'gender' VARCHAR(1) NOT NULL COMMENT '性别：M 表示男 F 表示女' COLLATE
'utf8_general_ci',
-> 'create_time' DATETIME NOT NULL COMMENT '创建时间',
-> PRIMARY KEY ('id') USING BTREE
->)
->COMMENT='用户表'
->COLLATE='utf8_general_ci';
```

使用 desc 命令验证 SQL 建表结果。

```
mysql> DESC mall.user_info;
+---------------+--------------+-------+-----+----------+-------------------+
| Field         | Type         | Null  | Key | Default  | Extra             |
```

```
+--------------+--------------+-------+-----+----------+------------------+
| id           | bigint(20)   | NO    | PRI | NULL     | auto_increment   |
| login_name   | varchar(32)  | NO    |     | NULL     |                  |
| nick_name    | varchar(32)  | NO    |     | NULL     |                  |
| passwd       | varchar(32)  | NO    |     | NULL     |                  |
| name         | varchar(32)  | NO    |     | NULL     |                  |
| phone_num    | varchar(11)  | NO    |     | NULL     |                  |
| email        | varchar(64)  | NO    |     | NULL     |                  |
| head_img     | varchar(128) | NO    |     | NULL     |                  |
| user_level   | varchar(1)   | NO    |     | NULL     |                  |
| birthday     | date         | YES   |     | NULL     |                  |
| gender       | varchar(1)   | NO    |     | NULL     |                  |
| create_time  | datetime     | NO    |     | NULL     |                  |
+--------------+--------------+-------+-----+----------+------------------+
12 rows in set (0.00 sec)
```

三、基础数据初始化

业务系统中的数据每时每刻都在发生变化，如订单表、订单明细表、支付流水表等。相较于数据经常变化的表，有部分表的数据是相对稳定的，这些表被称为基础信息表。本系统中的基础信息表有区域相关的表和商品分类相关的表。这些表的数据在系统正式上线运行之前需要初始化。下面以区域相关的数据表为例，验证数据初始化的结果。

```
mysql> select * from base_areal limit 10;
+----+--------+--------------------+
| id | code   | name               |
+----+--------+--------------------+
|  1 | 110000 | 北京市             |
|  2 | 120000 | 天津市             |
|  3 | 130000 | 河北省             |
|  4 | 140000 | 山西省             |
|  5 | 150000 | 内蒙古自治区       |
|  6 | 210000 | 辽宁省             |
|  7 | 220000 | 吉林省             |
|  8 | 230000 | 黑龙江省           |
|  9 | 310000 | 上海市             |
| 10 | 320000 | 江苏省             |
+----+--------+--------------------+
10 rows in set (0.00 sec)
```

图 2-10　验证一级区域表数据结果

执行 SQL，验证一级区域表的部分数据，结果如图 2-10 所示。

四、随机数据生成

为了模拟业务系统的增量数据的生成，需要编写生成随机数据的存储过程，主要功能是随机生成指定数量的订单（包括订单明细）、用户和 SKU 信息。

随机数据生成的存储过程见表 2-30。

表 2-30　　随机数据生成的存储过程

参数	类型	说明
do_date_string	varchar	日期
order_incr_num	int	订单增量
user_incr_num	int	用户增量
sku_num	int	SKU 能量
if_truncate	boolean	是否删除历史数据

存储过程名称为 insert_rand_data，在这个存储过程中需要调用其他存储过程来实现对各个数据表的操作，如对 SKU 表的操作，需要调用 insert_sku 存储过程。

```
mysql> CREATE DEFINER='root'@'% ' PROCEDURE 'insert_rand_data'(
    -> IN 'do_date_string' VARCHAR(20),
    -> IN 'order_incr_num' INT,
    -> IN 'user_incr_num' INT,
    -> IN 'sku_num' INT,
    -> IN 'if_truncate' BOOLEAN
    -> )
    -> LANGUAGE SQL
    -> NOT DETERMINISTIC
    -> CONTAINS SQL
    -> SQL SECURITY DEFINER
    -> COMMENT ''
    -> BEGIN
    ->    DECLARE user_count INT DEFAULT 0;
```

```
    ->   DECLARE sku_count INT DEFAULT 0;
    ->   DECLARE do_date VARCHAR(20) DEFAULT do_date_string;
    ->   IF if_truncate THEN
    ->     TRUNCATE TABLE order_info ;
    ->     TRUNCATE TABLE order_detail ;
    ->     TRUNCATE TABLE sku_info ;
    ->     TRUNCATE TABLE user_info ;
    ->   END IF ;
    ->   CALL insert_sku(do_date,sku_num );
    ->   SELECT COUNT(*) INTO sku_count FROM sku_info;
    ->   CALL insert_user(do_date,user_incr_num );
    ->   SELECT COUNT(*) INTO user_count FROM user_info;
    ->   CALL update_order(do_date);
    ->   CALL insert_order(do_date,order_incr_num,user_count,sku_count);
    ->   CALL insert_payment(do_date);
    -> END
```

insert_sku 存储过程实现思路是在 sku_info 表中插入指定数量的记录。插入的内容使用随机数随机生成，插入其他表的存储过程和 sku_info 实现思路是一样的，这里不再赘述。

```
  mysql> CREATE DEFINER = 'root'@'% ' PROCEDURE 'insert_sku'( create_time_string
VARCHAR(200),max_num INT)
    ->BEGIN
    -> DECLARE v_create_time DATETIME DEFAULT NULL;
    -> DECLARE i INT DEFAULT 0;
    -> SET autocommit = 0;
    -> REPEAT
```

```
        -> SET i=i + 1;
        -> SET
v_create_time = DATE_ADD(DATE_FORMAT(create_time_string,'% Y-% m-% d') ,INTERVAL
rand_num(1,3600*24) SECOND);
        -> INSERT INTO sku_info
(spu_id,price,sku_name,sku_desc,weight,tm_id,category3_id,sku_default_img,create_time)
        -> VALUES (rand_num(1,1000) ,rand_num(10,5000) , rand_string(20), rand_string
(30),CAST(rand_num(50,500) AS DECIMAL(10,2))/100.0,rand_num(1,100),rand_num
(1,5000),CONCAT('http://',rand_string(40)), v_create_time);
        -> UNTIL i=max_num
        -> END REPEAT;
        -> COMMIT;
        -> END
```

存储过程使用 CALL 命令进行调用，下面命令的功能为：随机生成 2021 年 4 月 19 日的数据，新增 500 条订单、100 个注册用户和 200 个上架的商品。

```
mysql> CALL insert_rand_data('2021-04-19',500,100,200,TRUE);
```

第四节　数据导入

数据仓库数据的导入方式一般分为全量导入和增量导入方式。业务系统上线运行产生业务数据，此时数据仓库还没有数据，需要使用全量导入的方式将全部业务数据导入到数据仓库中。当业务系统的数据量越来越大的时候，导入全量数据需要更多时间和更多系统资源。此时一般采用增量数据导入的方式，定时将增量的历史数据从业务系统中抽取出来导入到数据仓库中。

增量数据导入一般有两种方式：一是基于数据表中数据的增量导入，如根据数据表的 ID 字段（设置为自增模式），计算数据的增量；二是基于时间列的数据增量导入，如导入前一天的历史数据，只需要按照业务表中的时间字段抽取属于前一天的历史数据。电商系统中和时间相关的业务表都设计了时间字段，如订单信息表 order_info 中的创建时间 create_time。

使用 Sqoop 将 MySQL 的业务数据导入到 Hive 中，采用基于时间列的增量导入的方式，主要操作步骤如下：

一、编写 Shell 脚本并保存为 mall_sqoop_import. sh，使用 Sqoop 命令实现将 MySQL 中数据加载到 HDFS 上

```
#!/bin/bash
db_date = $2
mysql_db = mall
mysql_host = master
mysql_user = root
mysql_pwd = root
#导入数据
import_data() {
/home/newland/soft/sqoop/bin/sqoop import \
--connect jdbc:mysql://$mysql_host:3306/$mysql_db \
--username $mysql_user \
--password $mysql_pwd \
--target-dir /origin_data/$mysql_db/db/$1/$db_date \
```

```
--delete-target-dir \
--num-mappers 1 \
--fields-terminated-by "\t" \
--query "$2"' and $CONDITIONS;'
}
#导入 SKU 信息
import_sku_info(){
  import_data "sku_info" "SELECT id, spu_id, price, sku_name, sku_desc, weight, tm_id,
category3_id, create_time FROM sku_info WHERE 1=1"}
#导入用户信息
import_user_info(){
  import_data "user_info" "SELECT id, name, birthday, gender, email, user_level, create_
time
FROM user_info WHERE 1=1"}
#导入一级商品分类
import_base_category1(){
  import_data "base_category1" "SELECT
id, name FROM base_category1 WHERE 1=1"
}
#导入二级商品分类
import_base_category2(){
  import_data "base_category2" "SELECT id, name, category1_id FROM base_category2
WHERE 1=1"}
#导入三级商品分类
import_base_category3(){
  import_data "base_category3" "SELECT id, name, category2_id FROM base_category3
WHERE 1=1"}
```

```
#导入一级区域
import_base_area1(){
 import_data "base_area1" "SELECT id,code, name FROM base_area1 WHERE 1=1"}
#导入二级区域
import_base_area2(){
 import_data "base_area2" "SELECT id, code,name,area1_code FROM base_area2 WHERE 1=1"}
#导入三级区域
import_base_area3(){
 import_data "base_area3" "SELECT id,code, name, area2_code FROM base_area3 WHERE 1=1"}
#导入订单明细
import_order_detail(){
 import_data "order_detail" "SELECT od.id, order_id, user_id, sku_id, sku_name, order_price, sku_num, o.create_time FROM order_info o, order_detail od WHERE o.id=od.order_id
 AND DATE_FORMAT(create_time,'% Y-% m-% d')=' $ db_date'"}
#导入支付流水表
import_payment_info(){
 import_data "payment_info" "SELECT id, out_trade_no, order_id, user_id, alipay_trade_no, total_amount, subject, payment_type, payment_time FROM payment_info
 WHERE DATE_FORMAT(payment_time,'% Y-% m-% d')='$db_date'"}
#导入订单详情表
import_order_info(){
 import_data "order_info" "SELECT id, order_status,user_id,area3_id,create_time, operate_time,consignee,consignee_tel,total_amount,payment_way,order_comment,out_trade_no,trade_body,expire_time,tracking_no,parent_order_id,img_url,delivery_address FROM order_info
```

```
    WHERE (DATE_FORMAT(create_time,'% Y-% m-% d') = '$db_date' or DATE_FORMAT
(operate_time,'% Y-% m-% d') = '$db_date')"}

   case $1 in
    "base_category1")
      import_base_category1
   ;;
    "base_category2")
      import_base_category2
   ;;
    "base_category3")
      import_base_category3
   ;;
    "order_info")
      import_order_info
   ;;
    "base_area1")
      import_base_area1
   ;;
    "base_area2")
      import_base_area2
   ;;
    "base_area3")
      import_base_area3
   ;;
    "order_detail")
      import_order_detail
```

```
;;
 "sku_info")
   import_sku_info
;;
 "user_info")
   import_user_info
;;
 "payment_info")
   import_payment_info
;;
 "all")
   import_base_category1
   import_base_category2
   import_base_category3
   import_base_area1
   import_base_area2
   import_base_area3
   import_order_info
   import_order_detail
   import_sku_info
   import_user_info
   import_payment_info
;;
esac
```

二、运行以下命令，执行数据导入操作

```
[root@ master ~]# mall_sqoop_import.sh all 2021-04-19
```

三、浏览 HDFS，查看导入结果，在目录下会生成相应的数据文件。以一级区域表 base_area1 为例，使用命令查看是否生成了数据文件

```
[root@master ~]# hdfs dfs -ls /origin_data/mall/db/base_area1/2021-04-19
```

四、使用 HDFS 查看文件内容，确认数据已经导出成功

```
[root@master ~]# hdfs dfs -cat /origin_data/mall/db/base_area1/2021-04-19/part-m-00000 | head -5
```

第五节　数据仓库实现

一、分区表

为了保证数据仓库的查询更有效率，可以将数据仓库的表划分为分区表。分区表是指将数据按照表中的某个字段进行统一归类，并存储在表中的不同位置，也就是说，一个分区存储一类数据，在 HDFS 上对应一个目录。在加载数据的时候，可以只加载一个分区的数据，而不是全部数据。

在 Hive SQL 语句中使用 PARTITIONED BY 关键字创建分区表，分区以字段的形式在表结构中存在，通过 describe table 命令可以查看到字段存在，但是该字段不存放实际的数据内容，仅是分区的表示形式。

在数据仓库的设计中，将 dt（datetime：时间）字段作为分区表的字段，根据业务数据表中数据的创建时间进行范围抽取、转换并加载到数据仓库中，数据仓库将数据按照时间进行分区存储。

二、ODS 层实现

执行 SQL 语句创建一级区域表 ods_base_area1，使用 dt 作为分区字段。

```
hive(hive_mall)> DROP TABLE IF EXISTS ods_base_area1;
hive(hive_mall)> CREATE EXTERNAL TABLE 'ods_base_area1' (
  > 'id' bigint,
  > 'code' bigint COMMENT '区域编码',
  > 'name' string COMMENT '名称'
  >) COMMENT '一级区域'
  > PARTITIONED BY ('dt' string)
  > row format delimited fields terminated by '\t'
  > location '/warehouse/mall/ods/ods_base_area1/';
```

执行 SQL 语句创建二级区域表 ods_base_area2，使用 dt 作为分区字段。

```
hive(hive_mall)> DROP TABLE IF EXISTS ods_base_area2;
hive(hive_mall)> CREATE EXTERNAL TABLE 'ods_base_area2' (
  > 'id' BIGINT,
  > 'code' BIGINT COMMENT '区域编码',
  > 'name' string COMMENT '名称',
  > 'area1_code' BIGINT COMMENT '上级编码'
  >)
  > COMMENT '二级区域'
  > PARTITIONED BY ('dt' string)
  > ROW FORMAT DELIMITED FIELDS TERMINATED BY '\t'
  > LOCATHON '/warehouse/mall/ods/ods_base_area2/';
```

执行 SQL 语句创建三级区域表 ods_base_area3，使用 dt 作为分区字段。

```
hive(hive_mall)> DROP TABLE IF EXISTS ods_base_area3;
hive(hive_mall)> CREATE EXTERNAL TABLE 'ods_base_area3'(
  > 'id' BIGINT,
  > 'code' BIGINT COMMENT '区域编码',
  > 'name' string COMMENT '名称',
  > 'area2_code' BIGINT COMMENT '上级编码'
  >)
  > COMMENT '三级区域'
  > PARTITIONED BY ('dt' string)
  > ROW FORMAT DELIMITED FIELDS TERMINATED BY '\t'
  > LOCATION '/warehouse/mall/ods/ods_base_area3/';
```

执行 SQL 语句创建一级商品分类表 ods_base_category1，使用 dt 作为分区字段。

```
hive(hive_mall)> DROP TABLE IF EXISTS ods_base_category1;
hive(hive_mall)> CREATE EXTERNAL TABLE ods_base_category1(
  >   'id' bigint COMMENT 'id',
  >   'name' string COMMENT '名称'
  >) COMMENT '商品一级分类'
  > PARTITIONED BY ('dt' string)
  > ROW FORMAT DELIMITED FIELDS TERMINATED BY '\t'
  > LOCATION '/warehouse/mall/ods/ods_base_category1/';
```

执行 SQL 语句创建二级商品分类表 ods_base_category2，使用 dt 作为分区字段。

```
hive(hive_mall)> DROP TABLE IF EXISTS ods_base_category2;
hive(hive_mall)> CREATE EXTERNAL TABLE ods_base_category2(
  >   'id' bigint COMMENT ' id',
  >   'name' string COMMENT '名称',
```

```
    >   category1_id bigint COMMENT '一级品类 id'
    >) COMMENT '商品二级分类'
    > PARTITIONED BY ('dt' string)
    > ROW FORMAT DELIMITED FIELDS TERMINATED BY '\t'
    > LOCATION '/warehouse/mall/ods/ods_base_category2/';
```

执行 SQL 语句创建三级商品分类表 ods_base_category3，使用 dt 作为分区字段。

```
hive(hive_mall)> DROP TABLE IF EXISTS ods_base_category3;
hive(hive_mall)> CREATE EXTERNAL TABLE ods_base_category3(
    >   'id' bigint COMMENT ' id',
    >   'name' string COMMENT '名称',
    >   category2_id bigint COMMENT '二级品类 id'
    >) COMMENT '商品三级分类'
    > PARTITIONED BY ('dt' string)
    > ROW FORMAT DELIMITED FIELDS TERMINATED BY '\t'
    > LOCATION '/warehouse/mall/ods/ods_base_category3/';
```

执行 SQL 语句创建用户信息表 ods_user_info，使用 dt 作为分区字段。

```
hive(hive_mall)> DROP TABLE IF EXISTS ods_user_info;
hive(hive_mall)> CREATE EXTERNAL TABLE ods_user_info(
    >   'id' bigint COMMENT '用户 id',
    >   'name'   string COMMENT '姓名',
    >   'birthday' string COMMENT '生日',
    >   'gender' string COMMENT '性别',
    >   'email' string COMMENT '邮箱',
    >   'user_level' string COMMENT '用户等级',
    >   'create_time' string COMMENT '创建时间'
    >) COMMENT '用户信息'
```

```
    > PARTITIONED BY ('dt' string)
    > ROW FORMAT DELIMITED FIELDS TERMINATED BY '\t'
    > LOCATION '/warehouse/mall/ods/ods_user_info/';
```

执行 SQL 语句创建 SKU 信息表 ods_sku_info，使用 dt 作为分区字段。

```
hive(hive_mall)> DROP TABLE IF EXISTS ods_sku_info;
hive(hive_mall)> CREATE EXTERNAL TABLE ods_sku_info(
    >   'id' bigint COMMENT 'skuId',
    >   'spu_id' bigint COMMENT 'spuid',
    >   'price' decimal(10,2) COMMENT '价格',
    >   'sku_name' string COMMENT '商品名称',
    >   'sku_desc' string COMMENT '商品描述',
    >   'weight' decimal(10,2) COMMENT '重量',
    >   'tm_id' bigint COMMENT '品牌 id',
    >   'category3_id' bigint COMMENT '品类 id',
    >   'create_time' string COMMENT '创建时间'
    > ) COMMENT '商品表'
    > PARTITIONED BY ('dt' string)
    > ROW FORMAT DELIMITED FIELDS TERMINATED BY '\t'
    > LOCATION '/warehouse/mall/ods/ods_sku_info/';
```

执行 SQL 语句创建订单表 ods_order_info，使用 dt 作为分区字段。

```
hive(hive_mall)> DROP TABLE IF EXISTS drop table if exists ods_order_info;
hive(hive_mall)> CREATE EXTERNAL TABLE ods_order_info (
    >   'id' bigint COMMENT '订单编号',
    >   'order_status' int COMMENT '订单状态',
    >   'user_id' bigint COMMENT '用户 ID',
    >   'area3_id' bigint COMMENT '区域 3 的 ID',
```

```
    >  'create_time' string COMMENT '创建时间',
    >  'operate_time' string COMMENT '操作时间',
    >  'consignee' string COMMENT '收货人',
    >  'consignee_tel' string COMMENT '收货人电话',
    >  'total_amount' decimal(10,2) COMMENT '总金额',
    >  'payment_way' int COMMENT '付款方式',
    >  'order_comment' string COMMENT '订单备注',
    >  'out_trade_no' string COMMENT '订单交易编号',
    >  'trade_body' string COMMENT '订单描述',
    >  'expire_time' string COMMENT '失效时间',
    >  'tracking_no' string COMMENT '物流单编号',
    >  'parent_order_id' bigint COMMENT '父订单编号',
    >  'img_url' string COMMENT '图片路径',
    >  'delivery_address' string COMMENT '送货地址'
    >) COMMENT '订单表'
    > PARTITIONED BY ('dt' string)
    > ROW FORMAT DELIMITED FIELDS TERMINATED BY '\t'
    > LOCATION '/warehouse/mall/ods/ods_order_info/';
```

执行 SQL 语句创建订单详情表 ods_order_detail，使用 dt 作为分区字段。

```
hive(hive_mall)> DROP TABLE IF EXISTS ods_order_detail;
hive(hive_mall)> CREATE EXTERNAL TABLE ods_order_detail(
    >  'id' bigint COMMENT '订单编号',
    >  'order_id' bigint COMMENT '订单号',
    >  'sku_id' bigint COMMENT '商品 id',
    >  'sku_name' string COMMENT '商品名称',
    >  'order_price' decimal(10,2) COMMENT '商品价格',
```

```
    >  'sku_num' int COMMENT '商品数量',
    >  'create_time' string COMMENT '创建时间'
    >) COMMENT '订单明细表'
    > PARTITIONED BY ('dt' string)
    > ROW FORMAT DELIMITED FIELDS TERMINATED BY '\t'
    > LOCATION '/warehouse/mall/ods/ods_order_detail/';
```

执行 SQL 语句创建支付流水表 ods_payment_info，使用 dt 作为分区字段。

```
hive(hive_mall)> DROP TABLE IF EXISTS ods_order_detail;
hive(hive_mall)> CREATE EXTERNAL TABLE ods_order_detail(
    >  'id' bigint COMMENT '订单编号',
    >  'order_id' bigint COMMENT '订单号',
    >  'sku_id' bigint COMMENT '商品 id',
    >  'sku_name' string COMMENT '商品名称',
    >  'order_price' decimal(10,2) COMMENT '商品价格',
    >  'sku_num' int COMMENT '商品数量',
    >  'create_time' string COMMENT '创建时间'
    >) COMMENT '订单明细表'
    > PARTITIONED BY ('dt' string)
    > ROW FORMAT DELIMITED FIELDS TERMINATED BY '\t'
    > LOCATION '/warehouse/mall/ods/ods_order_detail/';
```

编写 shell 脚本 mall_ods. sh，将 HDFS 的数据加载到 ODS 层。

```
#!/bin/bash
hive_db = hive_mall
hive = /home/newland/soft/hive/bin/hive
do_date = $1
```

```
sql = "
# 加载订单
load data inpath '/origin_data/$hive_db/db/order_info/$do_date' OVERWRITE into ta-
ble "$hive_db".ods_order_info partition(dt = '$do_date');
# 加载订单明细
load data inpath '/origin_data/$hive_db/db/order_detail/$do_date' OVERWRITE into
table "$hive_db".ods_order_detail partition(dt = '$do_date');
# 加载 SKU 信息
load data inpath '/origin_data/$hive_db/db/sku_info/$do_date' OVERWRITE into table
"$hive_db".ods_sku_info partition(dt = '$do_date');
# 加载用户信息
load data inpath '/origin_data/$hive_db/db/user_info/$do_date' OVERWRITE into ta-
ble "$hive_db".ods_user_info partition(dt = '$do_date');
# 加载支付流水
load data inpath '/origin_data/$hive_db/db/payment_info/$do_date' OVERWRITE into
table "$hive_db".ods_payment_info partition(dt = '$do_date');
# 加载一级商品分类
load data inpath '/origin_data/$hive_db/db/base_category1/$do_date' OVERWRITE in-
to table "$hive_db".ods_base_category1 partition(dt = '$do_date');
# 加载二级商品分类
load data inpath '/origin_data/$hive_db/db/base_category2/$do_date' OVERWRITE in-
to table "$hive_db".ods_base_category2 partition(dt = '$do_date');
# 加载三级商品分类
load data inpath '/origin_data/$hive_db/db/base_category3/$do_date' OVERWRITE in-
to table "$hive_db".ods_base_category3 partition(dt = '$do_date');
# 加载一级区域
load data inpath '/origin_data/$hive_db/db/base_area1/$do_date' OVERWRITE into
```

```
table "$hive_db".ods_base_area1 partition(dt='$do_date');
    # 加载二级区域
    load data inpath '/origin_data/$hive_db/db/base_area2/$do_date' OVERWRITE into
table "$hive_db".ods_base_area2 partition(dt='$do_date');
    # 加载三级区域
    load data inpath '/origin_data/$hive_db/db/base_area3/$do_date' OVERWRITE into
table "$hive_db".ods_base_area3 partition(dt='$do_date');
    "
    $hive -e "$sql"
```

默认新创建的 mall_ods. sh 脚本文件没有执行权限，使用 chmod 命令为 mall_ods. sh 文件添加执行权限。

```
[root@master ~]# chmod +x mall_ods.sh
```

在脚本保存的目录下，执行 mall_ods. sh 脚本。

```
[root@master ~]# ./mall_ods.sh
```

在 Hive 中执行 SQL 查询 ODS 层数据表数据的导入结果，以 ods_base_area1 为例，执行以下 SQL，验证数据是否导入成功。

```
hive (default)> SELECT * FROM hive_mall.ods_base_area1 LIMIT 5;
```

```
OK
ods_base_areal.id   ods_base_areal.code   ods_base_areal.name   ods_base_areal.dt
1   110000   北京市   2021-04-19
2   120000   天津市   2021-04-19
3   130000   河北省   2021-04-19
4   140000   山西省   2021-04-19
5   150000   内蒙古自治区   2021-04-19
Time taken: 1.208 seconds,Fetched: 5 row(s)
```

三、DWD 层实现

执行 SQL 语句创建订单表 dwd_order_info，使用 dt 作为分区字段。为方便查询，DWD 层的订单表基于 ODS 层的订单表进行了扩展，区域信息增加了所有区域的字段，包括区域编码和名称。

```
hive(hive_mall)> DROP TABLE IF EXISTS dwd_order_info;
hive(hive_mall)> CREATE EXTERNAL TABLE dwd_order_info (
    >   'id' bigint COMMENT 'id',
    >   'total_amount' decimal(10,2) COMMENT '总金额',
    >   'order_status' int COMMENT '订单状态',
    >   'user_id' bigint COMMENT '用户 id',
    >   'payment_way' string COMMENT '付款方式',
    >   'out_trade_no' string COMMENT '对外交易编号',
    >   'create_time' string COMMENT '创建时间',
    >   'operate_time' string COMMENT '操作时间',
    >   'area3_id' bigint COMMENT '3 级区域 id',
    >   'area1_code' bigint COMMENT '1 级区域编码',
    >   'area1_name' string COMMENT '1 级区域名称',
    >   'area2_code' bigint COMMENT '2 级区域编码',
    >   'area2_name' string COMMENT '2 级区域名称',
    >   'area3_code' bigint COMMENT '3 级区域编码',
    >   'area3_name' string COMMENT '3 级区域名称'
    >)
    > PARTITIONED BY ('dt' string)
    > STORED AS parquet
    > LOCATION '/warehouse/mall/dwd/dwd_order_info/';
```

执行 SQL 语句创建订单详情表 dwd_order_detail，使用 dt 作为分区字段。

```
hive(hive_mall)> DROP TABLE IF EXISTS dwd_order_detail;
hive(hive_mall)> CREATE EXTERNAL TABLE dwd_order_detail(
   >  'id' bigint COMMENT 'id',
   >  'order_id' bigint COMMENT '订单 ID',
   >  'sku_id' bigint COMMENT 'SKU ID',
   >  'sku_name' string COMMENT 'SKU 名称',
   >  'order_price' decimal(10,2) COMMENT '订单金额',
   >  'sku_num' int COMMENT 'SKU 数量',
   >  'create_time' string COMMENT '创建时间'
   >)
   > PARTITIONED BY ('dt' string)
   > STORED AS parquet
   > LOCATION '/warehouse/mall/dwd/dwd_order_detail/';
```

执行 SQL 语句创建用户信息表 dwd_user_info，使用 dt 作为分区字段。

```
hive(hive_mall)> DROP TABLE IF EXISTS dwd_user_info;
hive(hive_mall)> CREATE EXTERNAL TABLE dwd_user_info(
   >  'id' bigint COMMENT 'id',
   >  'name' string COMMENT '姓名',
   >  'birthday' string COMMENT '生日',
   >  'gender' string COMMENT '性别',
   >  'email' string COMMENT '邮箱',
   >  'user_level' string COMMENT '用户级别',
   >  'create_time' string COMMENT '创建时间'
   >)
   > PARTITIONED BY ('dt' string)
```

```
    > STORED AS parquet
    > LOCATION '/warehouse/mall/dwd/dwd_user_info/';
```

执行 SQL 语句创建 SKU 信息表 dwd_sku_info，使用 dt 作为分区字段。

```
hive(hive_mall)> DROP TABLE IF EXISTS dwd_sku_info;
hive(hive_mall)> CREATE EXTERNAL TABLE dwd_sku_info(
    >   'id' bigint COMMENT 'id',
    >   'spu_id' string COMMENT 'spu id',
    >   'price' decimal(10,2) COMMENT '价格',
    >   'sku_name' string COMMENT 'SKU 名称',
    >   'sku_desc' string COMMENT 'SKU 描述',
    >   'weight' string COMMENT '重量',
    >   'tm_id' string COMMENT '品牌',
    >   'category3_id' bigint COMMENT '3 级分类 id',
    >   'category2_id' bigint COMMENT '2 级分类 id',
    >   'category1_id' bigint COMMENT '1 级分类 id',
    >   'category3_name' string COMMENT '3 级分类名称',
    >   'category2_name' string COMMENT '2 级分类名称',
    >   'category1_name' string COMMENT '1 级分类名称',
    >   'create_time' string COMMENT '创建时间'
    >)
    > PARTITIONED BY ('dt' string)
    > STORED AS parquet
    > LOCATION '/warehouse/mall/dwd/dwd_sku_info/';
```

执行 SQL 语句创建支付流水表 dwd_payment_info，使用 dt 作为分区字段。

```
hive(hive_mall)> DROP TABLE IF EXISTS dwd_payment_info;
hive(hive_mall)> CREATE EXTERNAL TABLE dwd_payment_info(
```

```
    >  'id'   bigint COMMENT '',
    >  'out_trade_no'   string COMMENT '外部交易编号',
    >  'order_id'      bigint COMMENT '订单 ID',
    >  'user_id'      bigint COMMENT '用户 id',
    >  'alipay_trade_no' string COMMENT '支付宝交易编号',
    >  'total_amount'   decimal(16,2) COMMENT '',
    >  'subject'      string COMMENT '交易内容',
    >  'payment_type'   string COMMENT '支付类型',
    >  'payment_time'   string COMMENT '支付时间'
    >  )
    > PARTITIONED BY ('dt' string)
    > STORED AS parquet
    > LOCATION '/warehouse/mall/dwd/dwd_payment_info/'
    > tblproperties ("parquet.compression" = "snappy");
```

编写 Shell 脚本 mall_dwd. sh，实现将 ODS 的数据经过过滤后加载到 DWD 层，过滤掉 ID 为 null 的数据。订单表实现“降维”处理，增加二级区域和一级区域相关的字段。

```
#!/bin/bash
hive_db = hive_mall
hive = /home/newland/soft/hive/bin/hive
do_date = $1

sql = "
set hive.exec.dynamic.partition.mode = nonstrict;
# 加载订单明细
INSERT OVERWRITE TABLE "$hive_db".dwd_order_detail partition(dt)
```

```
SELECT * FROM "$hive_db".ods_order_detail
WHERE dt='$do_date' AND id IS NOT null;
# 加载用户信息
INSERT OVERWRITE TABLE "$hive_db".dwd_user_info partition(dt)
SELECT * FROM "$hive_db".ods_user_info
WHERE dt='$do_date' AND id IS NOT null;
# 加载支付流水
INSERT OVERWRITE TABLE "$hive_db".dwd_payment_info partition(dt)
SELECT * FROM "$hive_db".ods_payment_info
WHERE dt='$do_date' and id is not null;
# 加载 SKU
INSERT OVERWRITE TABLE "$hive_db".dwd_sku_info partition(dt)
select sku.id,sku.spu_id,sku.price,sku.sku_name,sku.sku_desc,sku.weight,
   sku.tm_id,sku.category3_id,c2.id category2_id,c1.id category1_id,
   c3.name category3_name,c2.name category2_name,
c1.name category1_name,sku.create_time,sku.dt
FROM "$hive_db".ods_sku_info sku
join "$hive_db".ods_base_category3 c3 on sku.category3_id=c3.id
   join "$hive_db".ods_base_category2 c2 on c3.category2_id=c2.id
   join "$hive_db".ods_base_category1 c1 on c2.category1_id=c1.id
WHERE sku.dt='$do_date'  AND c2.dt='$do_date'
AND c3.dt='$do_date' AND c1.dt='$do_date'
AND sku.id IS NOT null;
# 加载订单
INSERT OVERWRITE TABLE "$hive_db".dwd_order_info partition(dt)
SELECT orders.id,orders.total_amount,orders.order_status,orders.user_id,
```

```
orders.payment_way,orders.out_trade_no,orders.create_time,
orders.operate_time,orders.area3_id, a1.code as area1_code,
a1.name as area1_name,a2.code as area2_code,a2.name as area2_name,
a3.code as area3_code,a3.name as area3_name,orders.dt
FROM "$hive_db".ods_order_info orders
  JOIN "$hive_db".ods_base_area3 a3 ON orders.area3_id = a3.id
  JOIN "$hive_db".ods_base_area2 a2 ON a3.area2_code = a2.code
  JOIN "$hive_db".ods_base_area1 a1 ON a2.area1_code = a1.code
WHERE orders.dt = '$do_date'   AND a2.dt = '$do_date'
AND a3.dt = '$do_date' AND a1.dt = '$do_date'
AND orders.id IS NOT null;
"
$hive -e "$sql"
```

新创建的 mall_dwd. sh 文件默认没有执行权限，使用 chmod 命令为脚本文件添加执行权限。

```
[root@ master ~]# chmod +x mall_dwd.sh
```

在脚本文件所在目录，执行 mall_dwd. sh 脚本。

```
[root@ master ~]# ./mall_dwd.sh
```

在 Hive 中查询 DWD 层数据表数据的导入结果，以 dwd_order_info 订单表为例，执行以下 HQL，验证数据是否导入成功。

```
hive (default)> SELECT * FROM hive_mall.dwd_order_info LIMIT 5;
```

```
OK
dwd_order_info.id   dwd_order_info.total_amount   dwd_order_info.order_status
dwd_order_info.user_id   dwd_order_info.paymant_way   dwd_order_info.out_trade_no
dwd_order_info.create_time   dwd_order_info.operate_time   dwd_order_info.area3_id
```

```
SLF4J:Failed to load class "org.slf4j.impl.StaticLoggerBinder"
SLF4J:Defaulting to no-operation (nop) logger implementation
SLF4J:See hrrp://www.slf4j.org/codes.html#StaticLoggerBinder for further details.
276   189    2    1    2   3814888527   2021-04-19
000   河北省   130100   石家庄市   130102   长安区   2021-04-19
493   446    1    50   1   4885453996   2021-04-19
100   石家庄市   130102   长安区   2021-04-19
302   403    2    49   1   8924354872   2021-04-19
000   河北省   130100   石家庄市   130102   长安区   2021-04-19
12    81     1    66   1   2279383357   2021-04-19
100   石家庄市   130103   桥东区   2021-04-19
474   960    2    40   1   3684559036
000   河北省   130100   石家庄市   130103   桥东区   2021-04-19
```

四、DWS 层实现

执行 HQL 语句创建用户行为表 dws_user_action。

```
hive (hive_mall)> DROP TABLE IF EXISTS dws_user_action;
hive (hive_mall)> CREATE EXTERNAL TABLE dws_user_action
  > (
  >  user_id          bigint          comment '用户 ID',
  >  order_count      bigint          comment '下单次数 ',
  >  order_amount     decimal(16,2)   comment '下单金额 ',
  >  payment_count    bigint          comment '支付次数 ',
  >  payment_amount   decimal(16,2)   comment '支付金额 '
  >) COMMENT '用户行为宽表'
  > PARTITIONED BY ('dt' string)
```

```
> STORED AS parquet
> LOCATION '/warehouse/mall/dws/dws_user_action/'
> tblproperties ("parquet.compression" = "snappy");
```

编写 shell 脚本 mall_dws. sh，实现将 DWD 层的数据加载到 DWS 层。

```
#!/bin/bash
hive_db = hive_mall
hive = /home/newland/soft/hive/bin/hive
do_date = $1
sql = "
with tmp_order as
(SELECT user_id, sum(oi.total_amount) order_amount, count(*) order_count
  FROM "$hive_db".dwd_order_info oi
  WHERE date_format(oi.create_time,'yyyy-MM-dd') = '$do_date'
  GROUP BY user_id) ,
tmp_payment AS
(SELECT user_id, sum(pi.total_amount) payment_amount, count(*) payment_count
  FROM "$hive_db".dwd_payment_info pi where date_format(pi.payment_time,'yyyy-
MM-dd') = '$do_date' GROUP BY user_id)
# 插入数据
INSERT OVERWRITE TABLE "$hive_db".dws_user_action partition(dt = '$do_date')
SELECT user_actions.user_id, sum(user_actions.order_count), sum(user_actions.order_
amount),
   sum(user_actions.payment_count),
   sum(user_actions.payment_amount)
FROM
(SELECT user_id,order_count,order_amount,0 payment_count,0 payment_amount
```

```
    FROM tmp_order UNION ALL SELECT user_id,0,0,payment_count,payment_amount
    FROM tmp_payment) user_actions GROUP BY user_id;
"
$hive -e "$sql"
```

新创建的 mall_dws. sh 文件默认没有执行权限，使用 chmod 命令为脚本文件添加执行权限。

```
[root@master ~]# chmod +x mall_dws.sh
```

在脚本文件所在目录，执行 mall_dws. sh 脚本。

```
[root@master ~]# ./mall_dws.sh
```

在 Hive 中执行 HQL 查询 DWS 层数据，验证数据是否加载成功。

```
hive (default)> SELECT * FROM hive_mall.dws_user_action LIMIT 5
OK
dws_user_action.user_id    dws_user_action.order_count    dws_user_action.order_amount    dws_user_action.payment_count    dws_user_action.payment_amount    dws_user_action.dt
1    4    2700    7    3339    2021-04-19
2    7    2970    6    3274    2021-04-19
3    5    3035    7    3605    2021-04-19
4    3    2680    2    1829    2021-04-19
5    6    3452    2    789     2021-04-19
Time taken: 0.059 seconds,Fetched: 5 row(s)
```

五、ADS 层实现

执行 HQL 语句创建订单明细表 ads_gmv_sum_day。

```
hive (hive_mall)> DROP TABLE IF EXISTS dws_user_action;
```

```
hive (hive_mall)> CREATE EXTERNAL TABLE dws_user_action
    > (
    >   user_id              bigint          comment '用户 ID',
    >   order_count          bigint          comment '下单次数 ',
    >   order_amount         decimal(16,2)   comment '下单金额 ',
    >   payment_count        bigint          comment '支付次数',
    >   payment_amount       decimal(16,2)   comment '支付金额 '
    >) COMMENT '用户行为宽表'
    > PARTITIONED BY ('dt' string)
    > STORED AS parquet
    > LOCATION '/warehouse/mall/dws/dws_user_action/'
    > tblproperties ("parquet.compression" = "snappy");
```

编写 shell 脚本 mall_ads_gmv. sh，计算电商 GMV 指标。

```
#!/bin/bash
hive_db = hive_mall
hive = /home/newland/soft/hive/bin/hive
do_date = $1
sql = "
INSERT INTO TABLE "$hive_db".ads_gmv_sum_day
SELECT '$do_date' dt, sum(order_count)    gmv_count, sum(order_amount) gmv_
amount,
    sum(payment_amount) payment_amount FROM "$hive_db".dws_user_action
WHERE dt  = '$do_date' GROUP BY dt;
"

$hive -e "$sql"
```

新创建的 mall_ads_gmv. sh 文件默认没有执行权限，使用 chmod 命令为脚本文件添加执行权限。

```
[root@master ~]# chmod +x mall_ads_gmv.sh
```

在脚本文件所在目录，执行 mall_ads_gmv. sh 脚本。

```
[root@master ~]# mall_ads_gmv.sh
```

在 Hive 中执行 HQL 查询 ADS 层数据，验证数据是否加载成功。

```
hive (default)> SELECT * FROM hive_mall.ads_gmv_sum_day WHERE dt='2021-04-19';
OK
ads_gmv_sum_day.dt    ads_gmv_sum_day.gmv_count    ads_gmv_sum_day.gmv_amount    ads_gmv_sum_day.payment
2021-04-19    500    25983    260724
Time taken: 0.717 seconds,Fetched: 1 row(s)
```

六、数据导出

经过数据仓库一系列处理流程分析后的指标数据已经存储在 ADS 层的 Hive 表中，一般业务系统将 KPI 数据保存到关系型数据库中，以方便报表的生成和展示。最终的分析结果需要使用 Sqoop 从 Hive 导出到 MySQL 数据库中。

数据导出的实现主要由以下步骤组成：

编写数据导出脚本 mall_sqoop_export. sh。

```
#!/bin/bash
mysql_db=mall
mysql_host=master
mysql_user=root
mysql_pwd=123456

export_data() {
```

```
/home/newland/soft/sqoop/bin/sqoop export \
--connect jdbc:mysql://$mysql_host:3306/$mysql_db \
--username $mysql_user \
--password $mysql_pwd \
--table $1 \
--num-mappers 1 \
--export-dir /warehouse/quotes/ads/$1 \
--input-fields-terminated-by "\t" \
--update-mode allowinsert \
}

case $1 in
 "ads_hot_tag")
   export_data "ads_hot_tag"
;;
 "all")
   export_data "ads_hot_tag"
;;
esac
```

新创建的 mall_sqoop_export. sh 文件默认没有执行权限，使用 chmod 命令为文件添加执行权限。

```
[root@ master ~]# chmod +x mall_sqoop_export.sh
```

在脚本文件所在目录，执行 mall_sqoop_export. sh 脚本。

```
[root@ master ~]# ./mall_sqoop_export.sh
```

登录到 MySQL 数据库，执行 SQL，验证数据导出结果。

```
mysql> SELECT * FROM mall.ads_gmv_sum_day WHERE dt='2021-04-19';
```

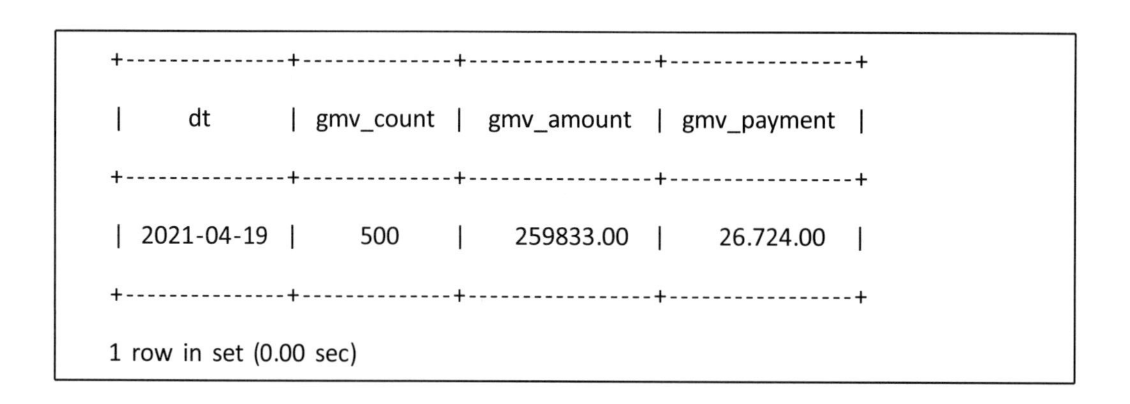

```
+--------------+-------------+---------------+----------------+
|     dt       | gmv_count  | gmv_amount   | gmv_payment   |
+--------------+-------------+---------------+----------------+
| 2021-04-19 |     500      |   259833.00   |    26.724.00    |
+--------------+-------------+---------------+----------------+
1 row in set (0.00 sec)
```

第六节　使用 Spark 分析

本系统使用 Spark 连接到 Hive 后，编写并执行 Spark SQL 语句对数据进行处理，处理后的结果保存到 HDFS 中。如果对处理结果进行可视化，可以将 HDFS 中存储的结果数据持久化到 MySQL 数据库中。

一、Spark RDD

Spark RDD（Resiliennt Distributed Datasets）是 Spark 提供的重要的抽象概念，它是一种有容错机制的特殊数据集合，可以分布在集群的节点上，以函数式操作集合的方式进行各种并行操作。每个 RDD 可以分成多个分区，每个分区就是一个数据集片段。一个 RDD 的不同分区可以保存到集群中的不同节点上，从而可以在集群中的不同节点上进行并行计算。

RDD 具有以下四个属性：

- 只读：RDD 不能修改，只能通过转换操作生成新的 RDD。
- 分布式：RDD 可以分布在多台机器上进行并行处理。
- 弹性：RDD 计算过程中内存资源不足时，RDD 会和磁盘进行数据交换。
- 基于内存：RDD 可以全部或部分缓存在内存中，在多次计算之间重复使用。

RDD 的操作分为转化（Transformation）操作和行动（Action）操作。转化操作就是从一个 RDD 产生一个新的 RDD，而行动操作就是进行实际的计算。RDD 的操作是惰性的，当 RDD 执行转化操作的时候，实际计算并没有被执行，只有当 RDD 执行行动操作时才会触发计算任务提交，从而执行相应的计算操作。表 2-31 说明了常用的 RDD 转化操作，表 2-32 说明了常用的行动操作。

表 2-31　　常用的 RDD 转化算子

算子	说明
map( )	函数应用于 RDD 每一个元素，返回值是新的 RDD
flatMap( )	函数应用于 RDD 每一个元素，将元素数据进行拆分，变成迭代器，返回值是新的 RDD
filter( )	函数会过滤掉不符合条件的元素，返回值是新的 RDD
distinct( )	将 RDD 里的元素进行去重操作
union( )	生成包含两个 RDD 所有元素的新 RDD
intersection( )	求出两个 RDD 的共同元素
subtract( )	将原 RDD 里和参数 RDD 里相同的元素去掉
cartesian( )	求两个 RDD 的笛卡儿积

表 2-32　　常用的 RDD 行动算子

函数名	说明
collect( )	返回 RDD 所有元素
count( )	RDD 里元素个数
countByValue( )	各元素在 RDD 中出现次数
reduce( )	并行整合所有 RDD 数据，例如求和操作
fold(0)(func)	和 reduce 功能一样，不过 fold 带有初始值
aggregate(0)(seqOp，combop)	和 reduce 功能一样，但是返回的 RDD 数据类型和原 RDD 不一样
foreach(func)	对 RDD 每个元素都是使用特定函数

二、Spark SQL

Spark SQL 是 Spark 用来处理结构化数据的一个模块，用户可以编写 SQL 语句进行数据查询。Spark 中所有功能的入口点是 SparkSession 类。要创建一个基本的 SparkSession 实例，需要使用 SparkSession. builder( )方法。

```
import org.apache.spark.sql.SparkSession

val spark = SparkSession
  .builder()
  .appName("Spark SQL basic example")
  .config("spark.some.config.option", "some-value")
  .getOrCreate()
```

使用 SparkSession，应用程序可以从现有的 RDD、Hive 表或 Spark 数据源创建 DataFrame。例如，以下内容基于 JSON 文件的内容创建一个 DataFrame：

```
val df = spark.read.json("examples/src/main/resources/people.json")
// 显示 DataFrame 的内容
df.show()
```

Spark SQL 支持两种不同的方法将现有的 RDD 转换为数据集。第一种方法使用反射来推断包含特定类型对象的 RDD 的模式。

```
import spark.implicits._
// 打印 DataFrame 实例的 Schema
df.printSchema()
// 只显示名称列
df.select("name").show()
// 选择名称和加 1 后的年龄
df.select($"name", $"age" + 1).show()
```

```
// 选择年龄大于 21 岁的数据
df.filter($"age" > 21).show()
// 按照年龄进行聚合统计
df.groupBy("age").count().show()
```

另一种方法是通过编程接口创建数据集，该接口允许创建架构，然后将其应用于现有的 RDD。

```
// 注册 DataFrame 为 SQL 临时视图
df.createOrReplaceTempView("people")
val sqlDF = spark.sql("SELECT * FROM people")
sqlDF.show()
```

Spark SQL 中的临时视图是会话范围的，如果创建它的会话终止，临时视图就会消失。如果希望有一个在所有会话之间共享的临时视图并在 Spark 应用程序终止之前保持活动状态，可以创建一个全局临时视图。全局临时视图与系统保留的数据库 global_temp 相关联，必须使用限定名称来引用它。

```
// 注册全局临时视图 DataFrame
df.createGlobalTempView("people")
// 全局临时视图的默认数据库是 global_temp
spark.sql("SELECT * FROM global_temp.people").show()
spark.newSession().sql("SELECT * FROM global_temp.people").show()
```

DataSet（数据集）：DataSet 类似于 RDD，使用专门的编码器来序列化对象以便进行处理或网络传输。虽然编码器和标准序列化都负责将对象转换为字节，但编码器是动态生成的代码，使用的格式允许 Spark 执行过滤、排序等操作，这一过程不需要将字节码反序列化为对象。DataSet 常见的操作如下：

```
//定义样例类
case class Person(name: String, age: Long)
```

```
// 通过样例类创建 DataSet
val caseClassDS = Seq(Person("Andy", 32)).toDS()
caseClassDS.show()
// 通过集合创建 DataSet
val primitiveDS = Seq(1, 2, 3).toDS()
primitiveDS.map(_ + 1).collect()
//通过读取文件创建 DataSet
val path = "examples/src/main/resources/people.json"
val peopleDS = spark.read.json(path).as[Person]
peopleDS.show()
```

Spark SQL 支持将包含 Scala 样例类的 RDD 自动转换为 DataFrame。Scala 样例类定义了表的模式，样例类的参数名称使用反射读取并成为列的名称。样例类也可以嵌套或包含复杂类型，如 Seqs 或 Arrays。这个 RDD 可以隐式转换为 DataFrame，然后注册为表，表可使用 Spark SQL 语句进行查询。

```
// 读取文本文件创建 RDD 对象,并转换为 DataFrame
val peopleDF = spark.sparkContext
  .textFile("examples/src/main/resources/people.txt")
  .map(_.split(","))
  .map(attributes  = > Person(attributes(0), attributes(1).trim.toInt))
  .toDF()
//将 DataFrame 注册为临时视图
peopleDF.createOrReplaceTempView("people")
// 执行 Spark SQL 进行查询
val teenagersDF = spark.sql("SELECT name, age FROM people WHERE age BETWEEN 13 
AND 19")
```

三、Spark 连接 Hive

拷贝 Hadoop 安装目录下的 etc/hadoop/子目录下的 core-site. xml 配置文件，到 Spark 安装目录下的 conf 子目录下。

```
[root@ master ~]# cp $HADOOP_HOME/etc/hadoop/core-site.xml $SPARK_HOME/conf;
```

拷贝 Hive 安装目录下的 conf 子目录下的 hive-site. xml 配置文件，到 Spark 安装目录下的 conf 子目录下。

```
[root@ master ~]# cp $HIVE_HOME/conf/hive-site.xml $SPARK_HOME/conf;
```

拷贝 Hive 安装目录下的 lib 子目录下的 MySQL 的 JDBC 驱动文件，到 Spark 安装目录下的 jars 子目录下。

```
[root@ master ~]# cp $HIVE_HOME/lib/mysql-connector-java-5.1.27-bin.jar $SPARK_HOME/jars;
```

编辑 Spark 安装目录下的 conf 子目录下的 hive-site. xml 文件。

```
[root@ master ~]# vi $SPARK_HOME/conf/hive-site.xml
```

```
<property>
  <name>hive.execution.engine</name>
  <value>mr</value>
</property>
<property>
  <name>hive.metastore.uris</name>
  <value>thrift://master:9083</value>
</property>
<property>
  <name>hive.metastore.schema.verification</name>
```

```
      <value>false</value>
    </property>
```

启动 Hive 元数据服务。

```
[root@master ~]# hive --service metastore &
```

执行 spark-shell 命令启动 Spark，主要的命令参数有：

--executor-memory：指定每个 executor（执行器）占用的内存。

--total-executor-cores：所有 executor 总共使用的 CPU 核数。

--executor-cores：每个 executor 使用的 CPU 核数。

```
[root@master ~]# spark-shell --total-executor-cores 4 --executor-memory 512mb
```

执行 Spark SQL，验证 Spark 是否成功连接到 Hive。执行“show databases”命令显示 Hive 中的数据库。如果能正常显示，说明 Spark 已经正常连接到了 Hive。

```
scala> spark.sql("SHOW DATABASES").show
+--------------------+
|   databaseName     |
+--------------------+
|   default          |
|   hive_mall        |
|   quotes           |
+--------------------+
```

四、Spark SQL 分析

Spark 连接 Hive 以后，可以使用 Spark SQL 编写 SQL 查询语句对数据仓库进行查询。

根据日期查询下订单金额最高的前 5 名用户。

```
scala> spark.sql("SELECT * FROM hive_mall.dws_user_action WHERE dt = '2021-04-19'
ORDER BY payment_amount DESC LIMIT 5").show
```

```
+-------+------------+--------------+--------------+-----------------+------------+
|user_id|order_count|order_amount|payment_count|payment_amount|dt          |
+-------+------------+--------------+--------------+-----------------+------------+
|  91   |     6      |  4711.00     |     10       |    6479.00      |2021-04-19|
|  24   |    11      |  6575.00     |      9       |    5864.00      |2021-04-19|
|  74   |     5      |  2904.00     |      8       |    5108.00      |2021-04-19|
|  25   |     5      |  4183.00     |      7       |    4689.00      |2021-04-19|
|  59   |     7      |  4682.00     |      7       |    4608.00      |2021-04-19|
+-------+------------+--------------+--------------+-----------------+------------+
```

通过关联表查询下单金额最高的前 5 名用户。根据日期查询付款金额最高的 5 名用户，查询结果赋值给 df1：

```
scala> val df1 = spark.sql("SELECT *  FROM hive_mall.dws_user_action WHERE dt = '2021-04-19' ORDER BY payment_amount DESC LIMIT 5")
```

显示 df1 的内容：

```
scala> df1.show
```

```
+-------+------------+--------------+--------------+-----------------+------------+
|user_id|order_count|order_amount|payment_count|payment_amount|dt          |
+-------+------------+--------------+--------------+-----------------+------------+
|  91   |     6      |  4711.00     |     10       |    6479.00      |2021-04-19|
|  24   |    11      |  6575.00     |      9       |    5864.00      |2021-04-19|
|  74   |     5      |  2904.00     |      8       |    5108.00      |2021-04-19|
|  25   |     5      |  4183.00     |      7       |    4689.00      |2021-04-19|
|  59   |     7      |  4682.00     |      7       |    4608.00      |2021-04-19|
+-------+------------+--------------+--------------+-----------------+------------+
```

查询 dwd_user_info 表中查询用户信息，查询结果赋值给 df2：

```
scala> val df2 = spark.sql("SELECT * FROM hive_mall.dwd_user_info");
```

```
df2: org.apache.spark.sql.DataFrame = [id: bigint, name: string ··· 6 more fields]
scala> df2.select("id","email","user_level"),show(5)
+--------+-----------------------+------------+
|   id   |          email        | user_level |
+--------+-----------------------+------------+
|   1    | VdF0fkJN@PMo.com      |     5      |
|   2    | dPRMk0pi@VfM.com      |     3      |
|   3    | iwlacmcz@pah.com      |     1      |
|   4    | rNSZuYKE@RxJ.com      |     5      |
|   5    | ulgJNXwq@rJu.com      |     1      |
+--------+-----------------------+------------+
only showing top 5 rows
```

定义 df3，使用 df1 左连接 df2。

```
scala> val df3 = df1.join(df2,#"user_id" = = = #"id", "left")
```

显示用户信息和用户下单金额。

```
df3.select("user_id","email","user_level","payment_amount").show
+------------+------------------------+------------+----------------------+
|  user_id   |          email         | user_level |   payment_amount     |
+------------+------------------------+------------+----------------------+
|     25     | NkKWEdFR@rjV.com       |     2      |      4689.00         |
|     74     | RdTgZEZl@e0I.com       |     5      |      5108.00         |
|     59     | iAeUlvuK@rJe.com       |     4      |      4608.00         |
|     91     | JsVxAnK0@NwV.com       |     1      |      6479.00         |
|     24     | jJEcBwHS@utK.com       |     1      |      5864.00         |
+------------+------------------------+------------+----------------------+
```

对 df3 的数据按照付款金额从低到高排序。

```
scala> df3.select("user_id","email","user_level","payment_amount").orderBy("payment_amount").show
+------------+-----------------------+------------+---------------------+
|  user_id   |        email          | user_level |   payment_amount    |
+------------+-----------------------+------------+---------------------+
|    59      |  iAeUlvuK@rJe.com     |     4      |      4608.00        |
|    25      |  NkKWEdFR@rjV.com     |     2      |      4689.00        |
|    74      |  RdTgZEZl@e0I.com     |     5      |      5108.00        |
|    24      |  jJEcBwHS@utK.com     |     1      |      5864.00        |
|    91      |  JsVxAnK0@NwV.com     |     1      |      6479.00        |
+------------+-----------------------+------------+---------------------+
```

对 df3 按照付款金额从高到低排序。

```
scala> df3.select("user_id","email","user_level","payment_amount").orderBy(desc("payment_amount")).show
+------------+-----------------------+------------+---------------------+
|  user_id   |        email          | user_level |   payment_amount    |
+------------+-----------------------+------------+---------------------+
|    91      |  JsVxAnK0@NwV.com     |     1      |      6479.00        |
|    24      |  jJEcBwHS@utK.com     |     1      |      5864.00        |
|    74      |  RdTgZEZl@e0I.com     |     5      |      5108.00        |
|    25      |  NkKWEdFR@rjV.com     |     2      |      4689.00        |
|    59      |  iAeUlvuK@rJe.com     |     4      |      4608.00        |
+------------+-----------------------+------------+---------------------+
```

五、分析结果持久化

通过 Spark SQL 分析的结果一般保存到 HDFS 上，为了数据可视化的需要，可以将数据分析结果持久化到 MySQL 数据库中，下面代码实现了这一过程。

```
package sparkdemo

import org.apache.spark.sql.{DataFrame, SparkSession}

object Demo1 {

  def main(args: Array[String]): Unit = {
   //创建 SparkSession 实例
   val spark = SparkSession.builder()
    .appName("Demo1")
    .master("local[*]")
    .getOrCreate()

   val df: DataFrame =
   spark.read.csv("hdfs://master:9000/spark_output/df3").toDF("user_id", "email", "user_level", "payment_amount")
   //连接数据库
   val url = "jdbc:mysql://master:3306/spark_demo"
   val table = "mall_user_amount"
   val prop = new java.util.Properties()
   prop.put("driver", "com.mysql.jdbc.Driver")
   prop.put("user", "root")
   prop.put("password", "root")
   df.write.mode("overwrite").jdbc(url, table, prop)

   df.printSchema();
   df.show()

   spark.stop()
```

```
    }
  }
```

六、Spark RDD 数据处理

除使用 Spark SQL 对数据进行分析以外，根据业务需求还可以使用更底层的 RDD API 对数据进行转换或过滤等操作。

下面代码实现了数据转换的两个基本需求：一是根据用户的生日计算用户的年龄。二是根据性别的标识（“F”或“M”）转化为“男”或“女”。

```
package sparkdemo

import java.time.LocalDate
import org.apache.spark.sql.SparkSession

object Demo2 {

  def main(args: Array[String]): Unit = {
   //创建 SparkSession 实例
   val spark = SparkSession.builder()
    .appName("Demo2")
    .master("local[*]")
    .getOrCreate()
   val rdd2 = spark.sparkContext.textFile("hdfs://master:9000/spark_output/df2")
   val curYear = LocalDate.now().getYear;

   val ds2 = rdd2.map(line  = > {
    val fields = line.split(",")
    val userId = fields(0).toLong
    //获取出生年
```

```
        val birthYear = fields(2).split("-")(0)
        //获取年龄
        val age = curYear -birthYear.toInt;
        //性别
        var sex = fields(3)
        if (sex.equals("F"))
         sex = "男"
        else
         sex = "女"
        val paymentAmount = fields(3)
        (userId, sex, age)
      })
      ds2.saveAsTextFile("hdfs://master:9000/spark_output/ds2");
      spark.stop()
    }
}
```

除使用 Spark RDD 对数据进行转换之外，还可以使用 RDD 对数据进行过滤，下面的代码实现了只显示年龄在 20~30 岁之间的用户信息。

```
object Demo3 {

  def main(args: Array[String]): Unit = {

  val spark = SparkSession.builder()
   .appName("Demo3")
   .master("local[*]")
   .getOrCreate()
  val rdd = spark.sparkContext.textFile("hdfs://master:9000/spark_output/ds2")
```

```
val ds = rdd.filter(line  = > {
 val fields = line.replaceAll("\\(", "").replaceAll("\\)", "").split(",")
 val userId = fields(0).toLong
 //获取出生年
 val sex = fields(1)
 //性别
 var age = fields(2).toInt
 if (age > =  20 && age < =  30)
  true
 else
  false
 })
 ds.saveAsTextFile("hdfs://master:9000/spark_output/ds3");

 spark.stop()
}
}
```

第七节　离线数据任务调度

在本章第五节数据仓库实现数据处理的流程，需要依次执行各层的 shell 脚本来实现，为简化操作，使用 Azkaban 实现任务的自动执行。

一、脚本设计

编写 mall_import. job，实现将 MySQL 数据库中的数据加载到 HDFS 中。

```
type = command
do_date = ${dt}
command = /home/hadoop/bin/mall_sqoop_import.sh all ${do_date}
```

编写 mall_ods. job，实现将 HDFS 上的数据加载到 ODS 层。

```
type = command
command = /home/hadoop/bin/mall_ods.sh
```

编写 mall_dwd. job，实现将 ODS 层的数据过滤后加载到 DWD 层。

```
type = command
dependencies = mall_ods
command = /home/hadoop/bin/mall_dwd.sh
```

编写 mall_dws. job，实现将 DWD 层的数据处理后加载到 DWS 层。

```
type = command
dependencies = mall_dwd
command = /home/hadoop/bin/mall_dws.sh
```

编写 mall_ads. job，实现将 DWS 上的数据通过聚合以后加载到 ADS 层。

```
type = command
dependencies = mall_dws
command = /home/hadoop/bin/mall_ads.sh
```

编写 mall_export. job，实现将 ADS 层的数据通过 Sqoop 导出到 MySQL 数据库中。

```
type = command
dependencies = mall_ads
```

```
command = /home/hadoop/bin/mall_sqoop_export.sh
```

将所有的 job 文件夹打包到 mall_gmv. zip 文件中，运行任务的时候上传到 Azkaban，如图 2-11 所示。

mall_gmv.zip - 解包大小为 1 KB　　搜索包内文件

名称	压缩前	压缩后	类型	修改日期
.. (上级目录)			文件夹	
mall_ads_gmv.job	1 KB	1 KB	JOB 文件	2021-04-16 09:42
mall_dwd.job	1 KB	1 KB	JOB 文件	2021-04-16 09:52
mall_dws.job	1 KB	1 KB	JOB 文件	2021-04-16 09:52
mall_export.job	1 KB	1 KB	JOB 文件	2021-04-16 09:53
mall_import.job	1 KB	1 KB	JOB 文件	2021-04-16 09:45
mall_ods.job	1 KB	1 KB	JOB 文件	2021-04-16 09:44

图 2-11　mall_gmv. zip

二、运行任务

使用账号/密码登录到 Azkaban，如图 2-12 所示。

图 2-12　Azkaban 登录

点击 “Create Project” 按钮打开填写新项目信息的页面，如图 2-13 所示。

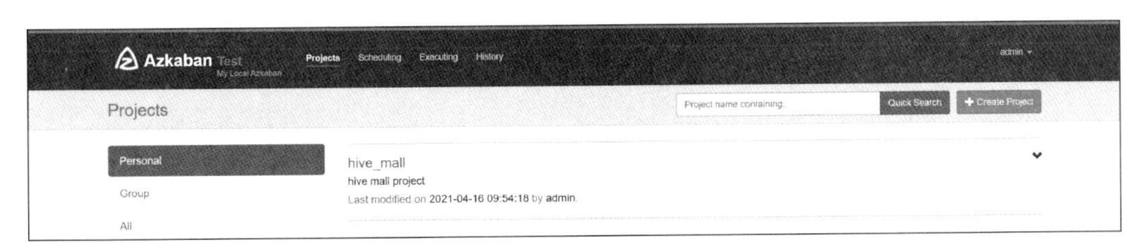

图 2-13　创建 Azkaban 项目

如图 2-14 所示，在 Create Project 页面中填写 Name（项目名称）为 “hive_mall”，

Description（项目描述）填写简单描述信息，点击“Create Project”按钮。

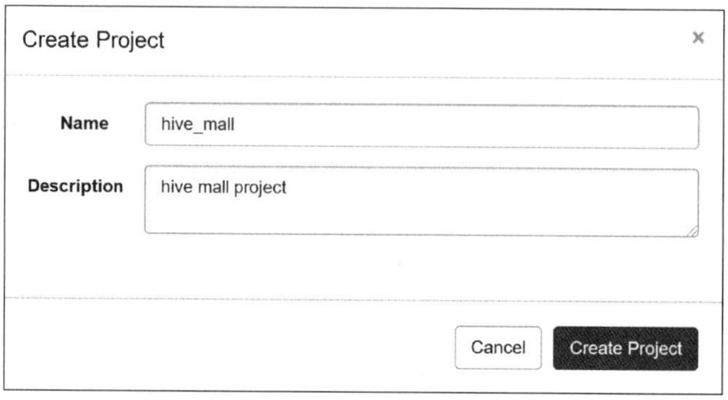

图 2-14　创建项目

项目创建完成以后，点击“Upload”按钮打开文件上传页面，如图 2-15 所示。

图 2-15　上传文件

在上传文件的页面从本地选择已经打包好的任务文件 mall_gmv. zip，如图 2-16 所示，点击“Upload”按钮上传到 Azkaban。

图 2-16　选择文件

文件上传成功后，会显示任务执行的流程，点击“Execute Flow”按钮执行流程，如图 2-17 所示。

图 2-17　任务执行流程

点击“Flow Parameters”按钮，在右侧“Flow Property Override”页面点击“Add Row”按钮添加执行参数，如图 2-18 所示。

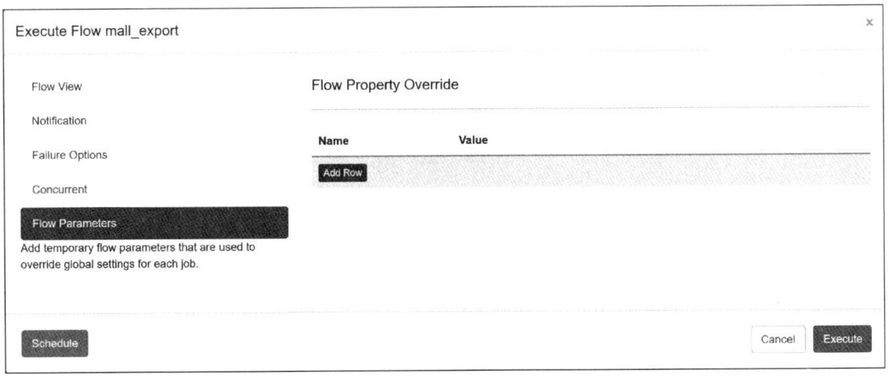

图 2-18　添加执行参数

添加参数 Name：dt，Value：2021-04-21，只加载 2021 年 4 月 21 日产生的业务数据到数据仓库中，如图 2-19 所示。在确认提交页面，点击“Execute”按钮提交执行流程，提交后会显示确认提交页面，点击“Continue”按钮，继续提交流程。

任务开始执行，可以通过 Graph 选项卡查看任务的执行情况，如图 2-20 所示。

任务执行过程中，可以通过 Job List 选项卡监控任务的执行情况。当所有任务的“Status”（状态）列都更新为“Success”状态时，所有的任务就都成功执行了，如

图 2-21 所示。

Execute Flow mall_export ×

Flow View
Notification
Failure Options
Concurrent
Flow Parameters
Add temporary flow parameters that are used to override global settings for each job.

Flow Property Override

Name	Value
dt	2021-04-21

Add Row

Cancel Execute

图 2-19　添加 dt 参数

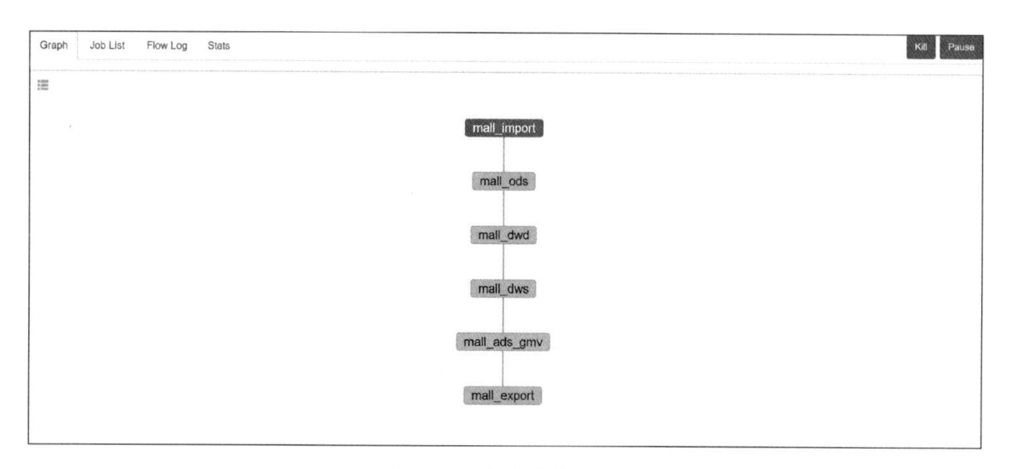

图 2-20　任务执行流程

Graph　Job List　Flow Log　Stats　Prepare Execution

Name	Type	Timeline	Start Time	End Time	Elapsed	Status	Details
mall_import	command		2021-04-16 11:24 57s	2021-04-16 11:28 26s	3m 28s	Success	Details
mall_ods	command		2021-04-16 11:28 26s	2021-04-16 11:28 45s	19 sec	Success	Details
mall_dwd	command		2021-04-16 11:28 45s	2021-04-16 11:29 27s	41 sec	Success	Details
mall_dws	command		2021-04-16 11:29 27s	2021-04-16 11:29 53s	26 sec	Success	Details
mall_ads_gmv	command		2021-04-16 11:29 53s	2021-04-16 11:30 17s	23 sec	Success	Details
mall_export	command		2021-04-16 11:30 17s	2021-04-16 11:30 35s	18 sec	Success	Details

图 2-21　监控任务执行情况

当显示所有的任务都执行完成以后，可以查询 MySQL 中的数据对导出的结果进行验证。

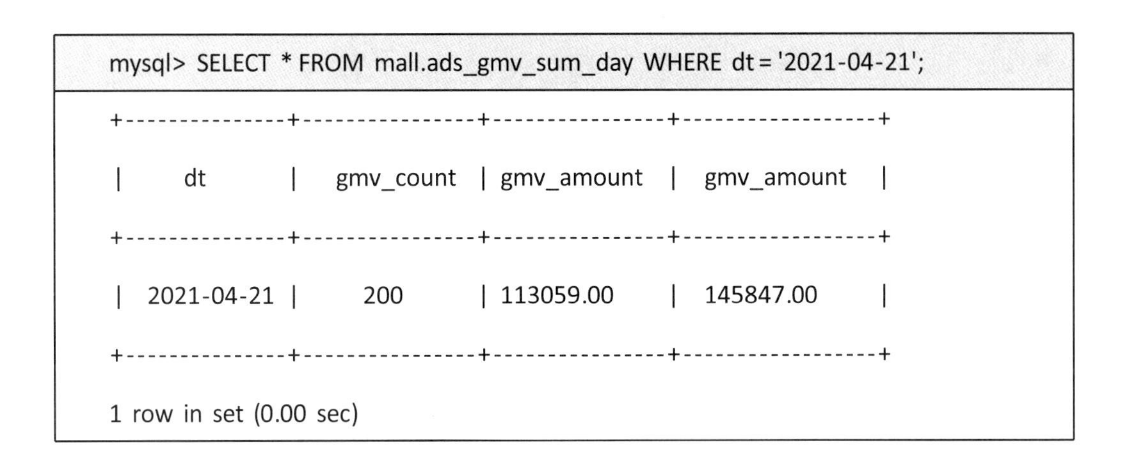

```
mysql> SELECT * FROM mall.ads_gmv_sum_day WHERE dt = '2021-04-21';
+---------------+---------------+---------------+-----------------+
|     dt        |   gmv_count   | gmv_amount    |   gmv_amount    |
+---------------+---------------+---------------+-----------------+
|  2021-04-21   |      200      | 113059.00     |   145847.00     |
+---------------+---------------+---------------+-----------------+
1 row in set (0.00 sec)
```

思考题

1. 在数据仓库建模中，举例说明星型模型和雪花模型的主要区别是什么？

2. Hive 中的分区表是如何实现的，使用分区表的优势是什么？

3. 使用 Hive SQL 和 Spark SQL 都可以对数据仓库中的数据进行分析，两者的主要区别是什么？

4. 使用 Spark SQL 进行数据分析，根据电商系统的订单明细数据分析出每天销售量最高的前 3 个商品。

5. 使用 Spark SQL 进行数据分析，根据电商系统的订单数据分析出每天 GMV 最高的前 3 个地区。

第三章 实时数据处理

第二章讲解的电商业务数据分析，侧重于对数据进行离线分析。离线分析的对象都是历史数据，数据经过一定时间的积累，数据量较大，加载数据的时间相对较长，如对前一天的订单数据进行分析。在实际的业务需求中，除了离线数据分析还会涉及实时数据分析，实时分析处理的对象是源源不断产生的数据流，数据流之间没有明显的界限。对数据流进行实时或者近似实时的计算，需要每次处理实时产生的小批量数据，将当前计算的结果和历史汇总的结果进行聚合计算，实时计算出最新的结果。如网站的点击流、电商系统中 GMV（Gross Merchandise Volume，网站成交总额）实时计算等应用场景。

本章以网站点击流数据分析为例，运用大数据实时计算的基本思想，讲解网站点击流的生成、处理和实时分析的基本流程。

- **职业功能：** 实时数据处理流程。
- **工作内容：** 通过日志监测工具对不同业务系统的后台日志文件进行监测、采集并进行实时计算。面对采集于实时记录中的系统后台日志文件，生产实时数据流，并使用 Kafka 将数据推送至各 Spark Streaming 计算节点计算。将实时数据存储至 Druid 时序数据库中进行可视化展示，实现完整实时数据处理项目。
- **专业能力要求：** 能根据数据采集需求，采集网络、业务系统、日志数据到消息中间件中；能根据系统实时触发事件编写实时数据计算作业；能使用交互式查询平台制作报表及展示图表。

- **相关知识要求：** 掌握使用 Flume 采集系统日志信息的方法。掌握 Kafka 数据推送机制；掌握配置消息中间件与计算节点、采集节点的通信；掌握配置数据主题设计方法；掌握使用 Spark Streaming 进行实时数据指标计算的方法；掌握使用 Druid 进行数据实时查询展示的方法。

第一节　实时数据处理背景

一、基本需求

用户浏览网站并点击自己感兴趣的内容，Web 服务器会以日志的形式记录用户的点击行为。为了通过日志发掘用户行为的价值，需要应用大数据技术对用户行为进行分析。一般网站系统为了应对高并发的应用场景，会使用多台 Web 服务器构建集群来处理用户请求，Web 服务器集群的入口使用反向代理服务器来实现。

反向代理服务器用来接受客户端的连接请求，然后将请求通过负载均衡策略转发给内部网络上的 Web 服务器集群，并将 Web 服务器上的响应结果返回给客户端浏览器。Nginx 是一个性能卓越的 Web 服务器/反向代理服务器及电子邮件（IMAP/POP3）代理服务器，在网站架构中实现反向代理及负载均衡的功能。

Web 服务器提供网页浏览服务，它处理反向代理服务器转发的用户请求，并将响应结果发送给反向代理服务器，本项目的 Web 服务器使用 Tomcat 实现。

在集群架构中，Web 服务器日志就分散在多个节点上。为了对日志数据进行分析，需要将日志收集到消息中间件中，消息中间件通过高效可靠的消息传输机制负责数据的收集。这一过程一般使用 Flume 和 Kafka 集成的方式实现。

Flume 是一个高可用的、高可靠的、分布式的海量日志采集、聚合和传输的系统，Flume 支持在日志系统中定制发送方和接收方，发送方收集数据经过 Flume 简单处理后，将数据写入到接收方。

Kafka 是一种高吞吐量的分布式发布订阅消息系统，用户通过开发生产者和消费者程序来实现流式数据的处理。生产者程序实现数据写入到 Kafka 中的方式，即数据来源。消费者程序实现如何对数据进行实时计算，并保持计算结果持久化。

流式数据的实时计算一般使用 Spark Streaming 实现。Spark Streaming 是 Spark 的一个核心组件，可以实现高吞吐量的、具备容错机制的实时流数据的处理。Spark Streaming 支持多种数据源的数据接入，Kafka 是常用的数据源之一。Spark Streaming 对数据流进行转换、聚合等操作以后，可以将处理结果保持到 HDFS、数据库等外部存储系统中。

本节以网站服务器日志实时分析的应用场景为例，说明从网站日志生成、收集及实时计算的整个流程，一般经过四个步骤，如图 3-1 所示。

• 用户浏览网站、点击链接等行为被记录到 Web 服务器的系统日志中。

• 使用 Flume 收集系统日志到 Kafka 分布式消息系统中。

• 使用 Spark Streaming 对 Kafka 中的数据指标进行实时计算，如实时统计网站的访问量（PV）、独立访客（UV）等。如果实时计算结果需要可视化展示，将指标聚合的结果持久化到数据库中。

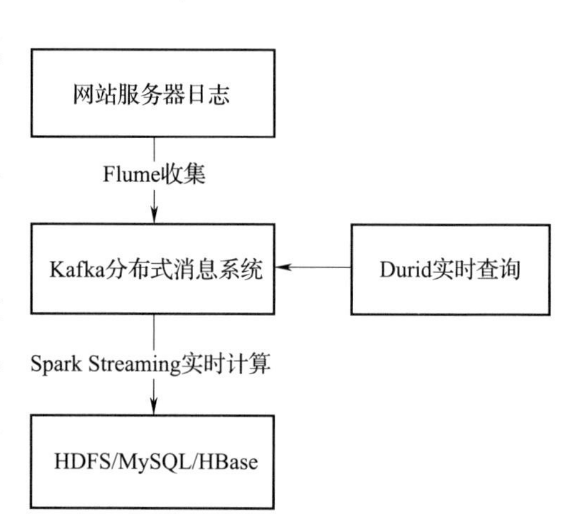

图 3-1　实时数据处理流程

• Kafka 中流式数据使用 OLAP 实时分析工具 Druid 对数据进行实时分析并以报表的形式展示出来。

二、网站日志

网站日志指的是 Web 服务器记录的和用户的 HTTP 请求的相关信息。W3C（World Wide Web Consortium，万维网联盟）组织有一个网页服务器日志文件的标准格式，添加信息的有关请求，包括客户端 IP 地址、请求时间、请求 URI、HTTP 状态码、请求的字节数、用户代理（浏览器）等。

下面是 W3C 的服务器日志文件主要的内容：

- date：发出请求时候的日期。
- time：发出请求时候的时间，默认情况下这个时间是格林威治时间。
- c-ip：客户端 IP 地址。
- cs-username：用户名，服务器上已经过验证用户的名称，匿名用户用-表示。
- s-computername：服务器的名称。
- s-ip：服务器的 IP 地址。
- s-port：为服务配置的服务器端口号。
- cs-method：请求中的 HTTP 方法，GET 或是 POST。
- cs-uri-stem：统一资源标识符 URI。
- sc-status：HTTP 协议状态码。
- sc-bytes：服务器发送的字节数。
- cs-bytes：服务器接受的字节数。
- time-taken：记录操作所花费的时间，单位是毫秒。
- cs-host：主机名。
- cs（User-Agent）：用户代理，客户端浏览器、操作系统等情况。
- cs（Referer）：引用站点，即访问来源。

三、实时分析常用指标

在本书的第二章“离线数据处理”的第二节“离线数据处理常用指标”中，我们介绍了 PV、UV 等常用的数据处理指标，这些指标也适用于实时数据分析。基于本章内容的需求，再介绍几个常用的分析指标。

• IP：独立 IP 数是指一天内使用不同 IP 地址的用户访问网站的数量。同一 IP 地址的用户无论访问了多少个页面，IP 值都记录为一次。

• 用户代理分析：用户代理一般是指用户访问网站的客户端设备，如浏览器。通过使用的浏览器进行汇总分析，可以判断用户访问网站使用的是 PC 端设备还是移动端设备，以及使用各浏览器的比例。

• 区域分析：IP 地址可以根据 IP 地址库映射为区域信息。通过对转换后的区域信息进行汇总分析，可以分析出网站在哪几个地区访问量最高。对应访问量少的地区可以有针对性地开展营销活动。

• 页面 TOP N：通过网站页面访问量进行汇总分析，可以分析出访问量最高和最低的前几个页面。针对访问量最低的几个页面分析原因，可以提升用户体验。

• 频道 TOP N：用户对网站频道的访问量进行汇总分析，可以分析出访问量最高和最低的几个频道。针对访问量最低的频道，可以有针对性地改进。

• 访问流量：网站服务器日志会记录用户请求的流量信息，单位为字节。通过对流量信息进行汇总，可以实时展示网站的流量信息。

• 异常分析：网站服务器日志可以记录 HTTP 请求的状态码信息，200 表示正常请求；如果服务器内部出现异常，会记录 500。可以根据异常状态码占所有记录的比例来判断服务器的运行状态。

第二节　网页埋点开发

为模拟网站服务器日志的生成过程，本章首先开发一个简易的新闻网站。因为网站开发不是本书的重点内容，所以网站的内容和设计都做了极大的简化。新闻网站只有两个频道——体育频道和音乐频道，每个频道下面分别有两个页面，模拟服务器的日志处理过程就可以了。

为了快速开发网站，本节使用 Java 的集成开发环境 IntelliJ IDEA 作为开发平台，基于 Spring Boot 框架进行敏捷开发。

Spring 是基于 Java 平台上的开源应用框架。它为开发者提供了一系列的解决方案，如通过依赖注入实现控制反转，从而实现管理对象生命周期容器化，以及利用面向切面编程进行声明式的事务管理、整合多种持久化技术管理数据访问、整合优秀的 Web 框架等。Spring Boot 基于 Spring 设计，继承了 Spring 框架的优秀特性，通过简单的配置极大简化了 Spring 应用的开发过程。

在项目中创建两个功能模块，网站模块和日志模块。

网站模块：为了简化网站模块的设计，本项目仅实现一个简易的新闻网站。新闻网站有两个频道，即体育频道和音乐频道，每个频道包含两个网页。页面采用静态网页形式实现。

为实现用户行为分析，需要在分析的页面中“埋点”。埋点分析是网站分析一种常用的数据采集方法，在页面中插入监视代码，收集用户行为。埋入页面的“点”，一般是指一个宽和高都为 1 像素的图片。通过精心构造埋点图片 URL 中的参数达到信息收集的目的。

日志模块：网站埋点的请求模块，网站请求会记录到服务器日志中。本项目日志模块比较简单，部署宽和高都为 1 个像素的图片，作为日志请求的 URL。

下面使用 IntelliJ IDEA 集成开发环境开发网站项目，主要由以下五个步骤组成：

• 创建项目：首先要创建一个基于 maven 的项目，项目名称为 news_site。如果有多个功能模块的话，需要在项目下创建功能模块。在本项目中需要创建两个功能模块，即网站模块和日志模块。

• 网站模块：在 news_site 项目下创建网站模块。网站模块同样基于 maven 实现。网站模块的名称为 news_front。

• 日志模块：在 news_site 项目下创建日志模块。日志模块同样基于 maven 实现。日志模块的名称为 news_log。

• 模块打包：项目开发完成后，使用 maven 的 package 命令对网站模块和日志模块分别进行打包，打包文件以 . jar 为文件后缀。

• 模块部署：将 jar 包部署到 Web 服务器 Tomcat 上，配置 Nginx 反向代理服务器，主要包括反向代理服务器配置、日志格式等。

一、创建项目

启动 IntelliJ IDEA 集成开发环境，在主窗口中点击菜单 File，打开下拉菜单，然后点击“New”打开下拉菜单，最后点击“Project...”打开“New Project”新建项目窗口，如图 3-2 所示。

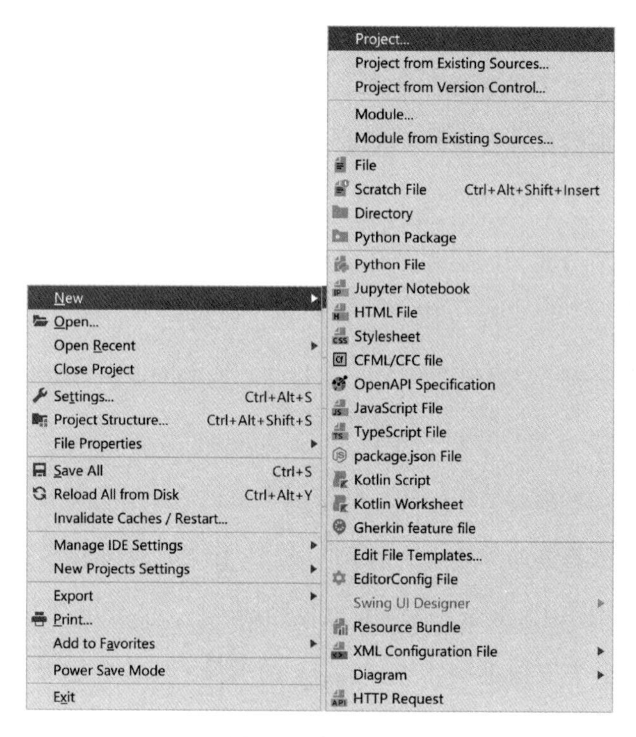

图 3-2　新建项目

在“New Project”窗口中，列出了支持的所有项目类型。本项目基于 Maven 进行构建，所以项目类型选择“Maven”，然后点击“Next”按钮进行下一步配置，如图 3-3 所示。

选择项目类型后，继续配置项目基本信息，包括项目名称和项目描述，如图 3-4 所示。在新窗口中，输入项目名称“news_site”，Location 为项目保存的位置，可以使用默认的存储位置，也可以通过“浏览”方式选择新的存储位置。确认无误后，点击“Finish”按钮完成项目创建。

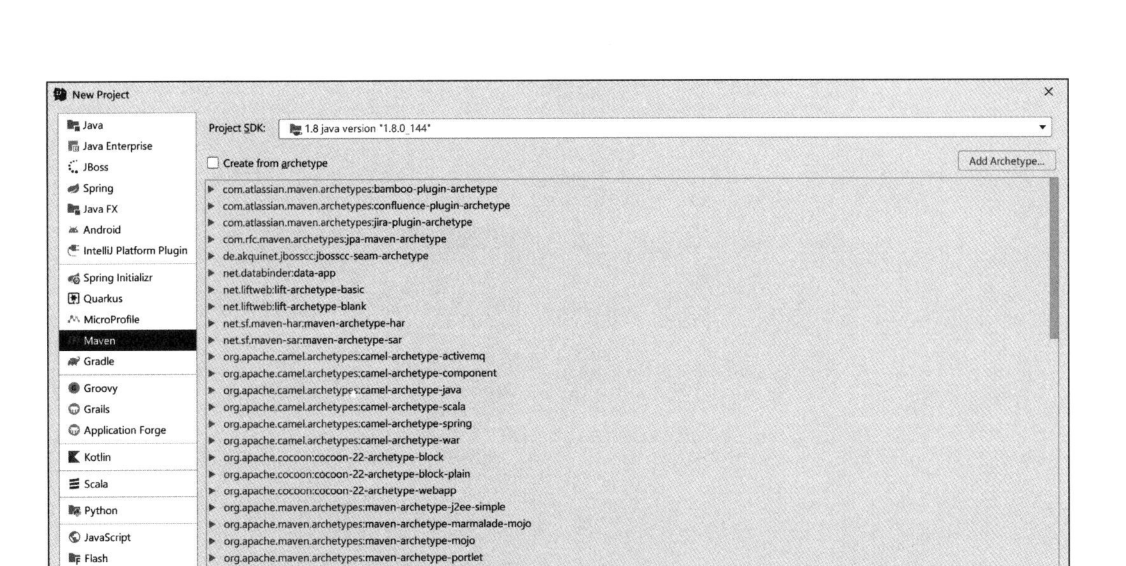

图 3-3　选择项目类型

图 3-4　项目基本信息

二、网站模块

创建网站模块：在创建完成的项目 news_site 上点击鼠标右键，打开下拉菜单，然后再点击“New”菜单打开下拉菜单，最后点击“Module...”打开新建模块窗口，如图 3-5 所示。

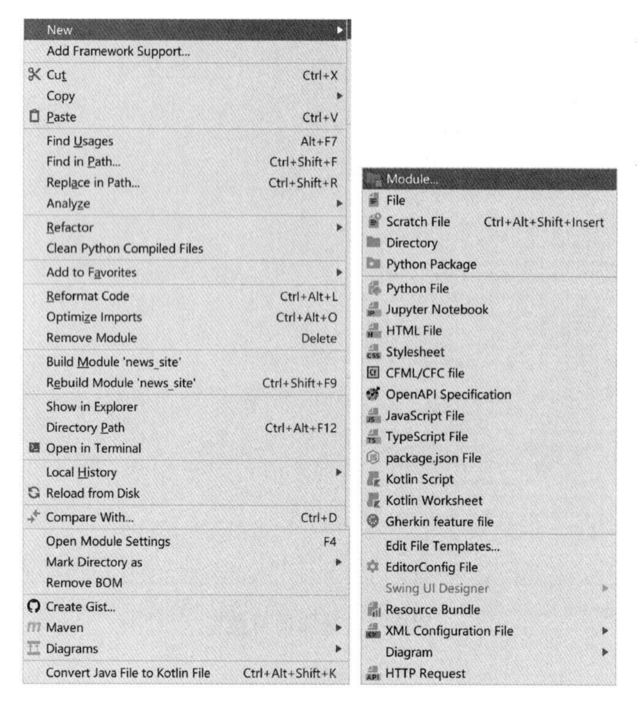

图 3-5　新建模块

在“New Module”窗口中，列出了支持的所有模块类型。本模块基于 Maven 进行构建，所以模块类型选择“Maven”，然后点击“Next”按钮，进行下一步配置，如图 3-6 所示。

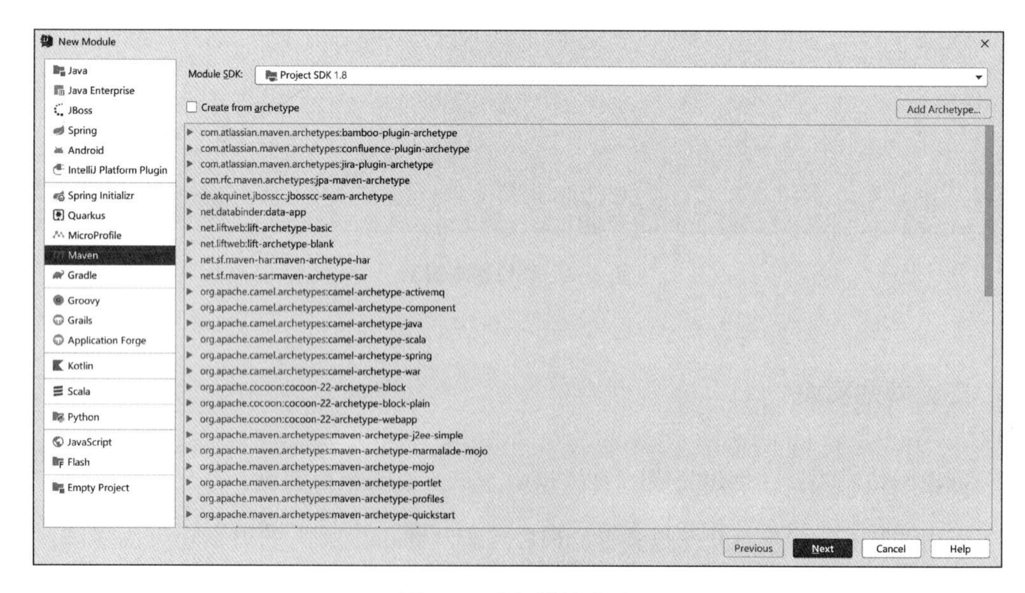

图 3-6　选择模块类型

选择模块类型后，继续配置模块基本信息，包括：模块所属的项目、模块名称和项目描述，如图 3-7 所示。

• 模块所属项目（Parent）选择 news_site。

• 模块名称："news_front"。

• Location 为项目保存的位置，可以使用默认的存储位置，也可以通过"浏览"方式选择新的存储位置。

确认无误后，点击"Finish"按钮完成项目创建。

图 3-7 模块基本信息

创建完成以后的项目框架结构，如图 3-8 所示。

• src/main/java：java 源文件的目录。

• src/main/resource：资源文件目录。

• pom. xml：maven 的配置文件。

图 3-8 网站模块结构

修改 maven 的配置文件 pom. xml，在 dependency 节点配置 Spring Boot 依赖的类库：spring-boot-starter-web。

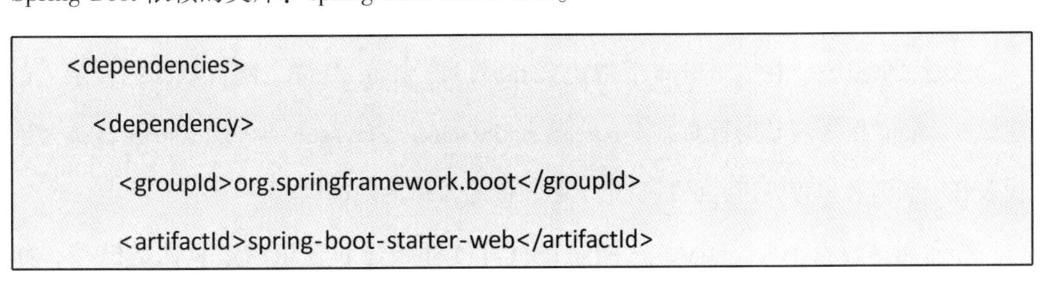

```
<dependencies>
  <dependency>
    <groupId>org.springframework.boot</groupId>
    <artifactId>spring-boot-starter-web</artifactId>
```

```
    </dependency>
</dependencies>
```

编辑 application. yml 文件，application. xml 是 Spring boot 的核心配置文件，位于 src/main/resources/文件夹下。修改 Spring Boot 应用内嵌的 Tomcat Server 的端口号，为了确保多个服务器端口号不冲突，修改端口号为 8180（用户可根据自己需要修改端口号，只要不冲突即可）。

```
server:
  port: 8180
```

使用 Java 开发 Spring Boot 的启动类。在启动类上使用@ SpringBootApplication 注解，Spring Boot 的启动类包含 Java 程序的入口：main 方法。在 main 方法中调用 Spring-Application 的 run 方法启动项目。

```
package news_site.front;

import org.springframework.boot.SpringApplication;
import org.springframework.boot.autoconfigure.SpringBootApplication;

@SpringBootApplication
public class SiteFrontApp {
    public static void main(String[] args) {
        SpringApplication.run(SiteFrontApp.class, args);
    }
}
```

网站页面开发。在 resources 下创建 static 目录。static 是静态网页默认的目录。创建 index. html 作为网站的首页，resources/static/music 和 resources/static/sport 目录分别代表音乐频道和体育频道，频道目录下的页面是具体的新闻内容。

新闻网站首页 index. html，在网站首页有体育频道和音乐频道页面的链接，如

图 3-9 所示。

```html
<!DOCTYPE html>
<html lang="en">
<head>
  <meta charset="UTF-8">
  <title>新闻网站首页</title>
</head>
<body>
<h3>体育</h3>
<ul>
  <li><a href="sport/001.html" target="_blank">体育新闻 1</a></li>
  <li><a href="sport/002.html" target="_blank">体育新闻 2</a></li>
</ul>
<hr/>
<h3>音乐</h3>
<ul>
  <li><a href="music/001.html" target="_blank">音乐新闻 1</a></li>
  <li><a href="music/002.html" target="_blank">音乐新闻 2</a></li>
</ul>
</body>
</html>
```

图 3-9　网站首页

网站内容页面，在网站频道目录下开发网站内容页面。音乐频道和体育频道下面的页面实现是类似的，下面以 sport/001. html 文件为例进行说明，如图 3-10 所示。页面展示新闻的标题和新闻的内容，页面底部引入的 js/log. js 文件实现了网页埋点的方式。

```
<!DOCTYPE html>
<html lang="en">
<head>
  <meta charset="UTF-8">
  <title>体育新闻 1</title>
</head>
<body>
<div>
  <h3>体育新闻标题 1</h3>
  <div>体育新闻内容 1</div>
</div>
</body>
<script type="text/javascript" src="js/log.js"/>
<script type="text/javascript">
  log("sport", "001");
</script>
</html>
```

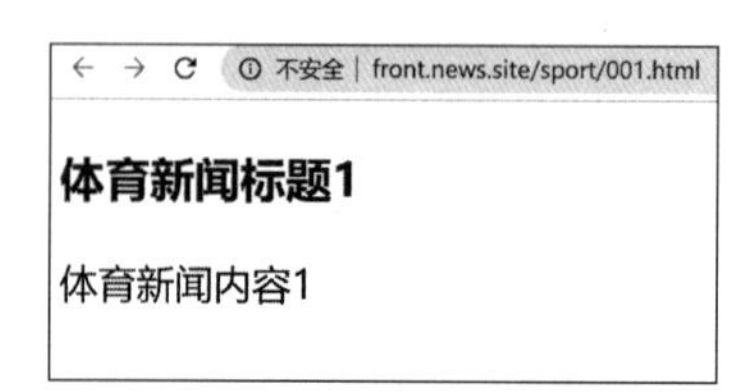

图 3-10　体育频道下的页面

网页埋点实现，log. js 主要功能是在页面中插入“埋点”信息，通过精心构造埋

点图片 URL 中的参数达到信息收集的目的，主要参数有：用户访问的频道和页面、用户客户端的操作系统、浏览器信息等。

log. js 的主要实现思路是：使用 JavaScript 动态创建 img 元素，img 元素的 URI 指向日志模块（域名为 logs. news. site）的宽和高都为 1px 的图片。URI 中与用户代理相关的参数可以通过 JavaScript 获取，如浏览器的名称和版本号。最后将 img 元素动态地加载到页面的 body 元素中。

```
<script type="text/javascript">
  function log(channel,page){
  //获取浏览器名称
  var browser=navigator.appName;
  //获取浏览器版本号
  var version=parseFloat(navigator.appVersion);
  //创建 1px*1px 的图片
  var src="http://logs.news.site/img/1.gif";
  var timestamp=(new Date()).valueOf();
  src += "?bw=" + browser + "&bv=" + version + "&channel="+channel+"&page=
"+page+"&ts="+timestamp;
  var img=document.createElement("img");
  //图片的 src
  img.src=src
  //图片设置为 1px*1px
  img.width="1px"
  img.height="1px"
  //图片动态添加到 body 中
  document.getElementsByTagName("body")[0].appendChild(img)
 }
</script>
```

网站模块实现的最终文件及目录结构如图 3-11 所示。

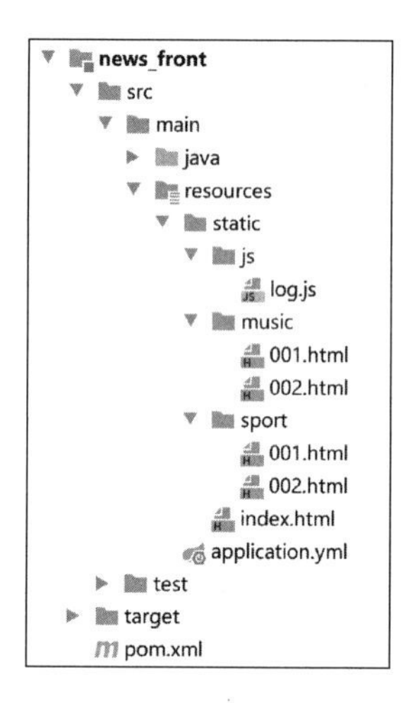

图 3-11　网站模块结构

三、日志模块

日志模块的创建过程和网站模块的创建过程是一样的，可以参考网站模块的实现过程，日志模块的名称为：news_log。

日志模块的 maven 配置文件 pom. xml 文件配置和网站模块基本上是一样的，可以参考网站模块的实现，只要将 artifactId 节点的内容修改成 news_logs 就可以了。

```
<dependencies>
  <dependency>
    <groupId>org.springframework.boot</groupId>
    <artifactId>spring-boot-starter-web</artifactId>
  </dependency>
</dependencies>
```

编辑 application. yml 文件，application. xml 是 Spring boot 的核心配置文件，位于 src/main/resources/文件夹下。修改 Spring Boot 应用内嵌的 Tomcat Server 的端口号，为了确保多个服务器端口号不冲突，修改端口号为 8280（用户可根据自己需要修改端口号，只要不冲突即可）。

```
server:
 port: 8280
```

使用 Java 开发 Spring Boot 的启动类，这部分程序和网站模块的启动类基本上是一样的，启动类包含 Java 程序的入口：main 方法。在 main 方法中调用 SpringApplication 的 run 方法启动项目。

```
package news_site.logs;
```

```
import org.springframework.boot.SpringApplication;
import org.springframework.boot.autoconfigure.SpringBootApplication;
@ SpringBootApplication
public class SiteLogsApp {

   public static void main(String[] args) {
      SpringApplication.run(SiteLogsApp.class, args);
   }
}
```

上传网页“埋点”用的图片 1. gif，实际应用的时候需要上传宽和高都为 1 像素的图片。在学习过程中，如果制作宽和高都为 1 像素图片比较困难，也可以上传一个尽可能小的图片就可以了，图片放在 resources/static/img 目录下。

日志模块实现的最终文件及目录结构如图 3-12 所示。

四、打包部署

网站打包：项目开发完成以后，使用 Maven 的 package 命令对两个模块打包，如图 3-13 所示，打包生成的 jar 文件默认会存储到当前项目的 target 目录下。

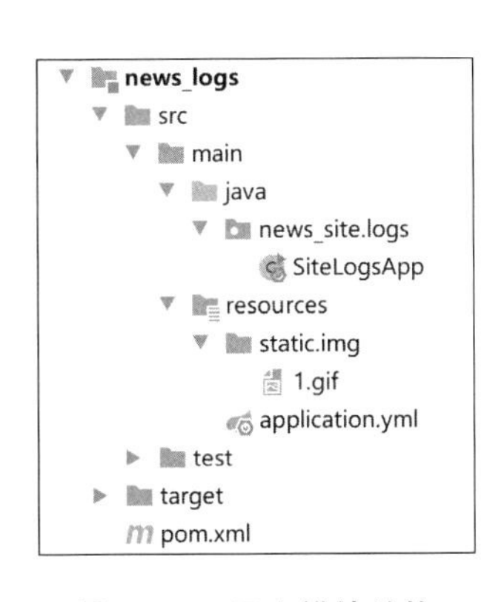

图 3-12　日志模块结构

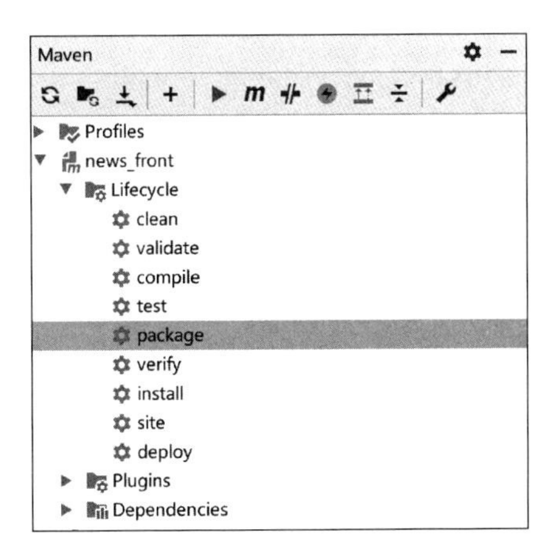

图 3-13　Maven 命令

网站部署：网站开发并打包完成以后，需要部署到服务器上运行。网站部署方式是使用 Nginx 作为反向代理服务器，将网络请求转发为 Web 服务器 Tomcat，通过 Nginx 的 access log 记录用户访问行为，如图 3-14 所示。

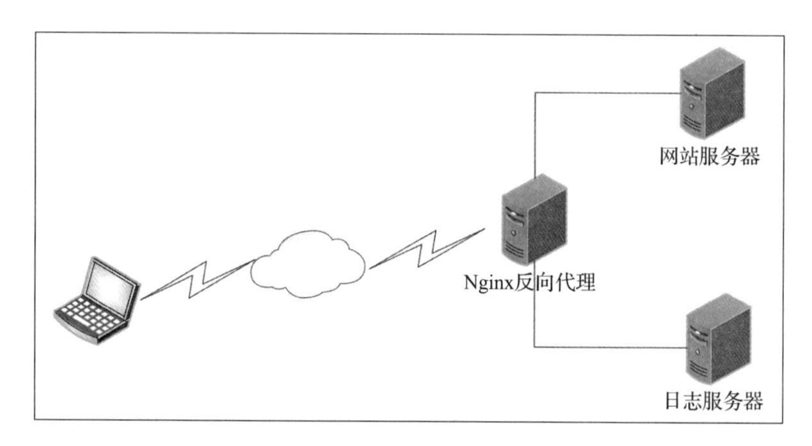

图 3-14　网站部署架构

Nginx 默认配置，Nginx 提供了一个默认的配置，实现了基本的功能，在进行配置之前，首先通过 Nginx 默认的配置文件了解 Nginx 配置文件的基本结构。

• 全局块：配置 Nginx 全局指令。其包括 Nginx 服务器的用户组、Nginx 进程 pid 存放路径、日志存放路径、允许生成 worker process 的数量等。

• events 块：配置 Nginx 服务器的网络连接。其主要有每个进程的最大连接数；选取哪种事件驱动模型处理连接请求，是否允许同时接受多个网络连接，开启多个网络连接序列化等。

• http 块：可以嵌套多个 server、配置代理、缓存、日志定义等绝大多数功能和第三方模块的配置，如文件引入、mime-type 定义、日志自定义、是否使用 sendfile 传输文件、连接超时时间、单连接请求数等。

• server 块：配置虚拟主机的相关参数，一个 http 中可以有多个 server。

• location 块：配置请求的路由，以及各种页面的处理情况。

```
worker_processes 1;
events {
    worker_connections 1024;
}
```

```
http {
  include       mime.types;
  default_type application/octet-stream;
  sendfile      on;
  keepalive_timeout 65;
  server {
    listen      80;
    server_name localhost;
    location / {
      root    html;
      index   index.html index.htm;
    }
    error_page 500 502 503 504 /50x.html;
    location = /50x.html {
      root html;
    }
  }
}
```

Nginx 日志格式：以 Nginx 的 access log（访问日志）作为实时分析的数据来源，Nginx 的日志的主要变量见表 3-1。

表 3-1　　日志变量

变量	说明
$remote_addr	记录访问网站的客户端地址
$remote_user	远程客户端用户名
$time_local	记录访问时间与时区
$request	用户的 http 请求起始行信息
$status	http 状态码，记录请求返回的状态码
$body_bytes_sent	服务器发送给客户端的响应 body 字节数

续表

变量	说明
$http_referer	记录此次请求是从哪个连接访问过来的
$http_user_agent	记录客户端访问信息
$http_x_forwarded_for	当前端有代理服务器时，设置 web 节点记录客户端地址的配置

Nginx 提供了默认的日志格式的配置，log_format 代表日志格式的配置，main 是日志格式的名称，用户可以自定义日志格式的名称。日志格式的内容由日志变量组成，可以根据需要添加或修改日志变量。

```
log_format main '$remote_addr -$remote_user [$time_local]"$request" '
'"'$status $body_bytes_sent "$http_referer" '
"$http_user_agent" "$http_x_forwarded_for"';
```

根据以上配置，网站生成的某一条默认日志，如下所示。

```
192.168.68.1 - -[30/Apr/2021:08:26:41 +0800] "GET /favicon.ico HTTP/1.1" 200 946
"http://front.news.site/sport/001.html" "Mozilla/5.0 (Windows NT 10.0; Win64; x64)
AppleWebKit/537.36 (KHTML, like Gecko) Chrome/81.0.4044.138 Safari/537.36" "-"
```

Nginx 网站的默认日志的主要特点是网站日志格式比较紧凑，节省存储空间，但是相对于 JSON 的数据格式，可读性较差，根据需要也可以将日志配置为 JSON 格式。

```
log_format main_json
'{"@timestamp":"$time_iso8601","host":"$server_addr","clientip":"$remote_addr",'
'"remote_user":"$remote_user","request":"$request","http_user_agent":"$http_user_
agent",'
'"size":"$body_bytes_sent","responsetime":"$request_time",'
'"upstreamtime":"$upstream_response_time",'"upstreamhost":"$upstream_addr",'
'"http_host":"$host","url":"$uri","domain":"$host",'"xff":"$http_x_forwarded_for",'
'"referer":"$http_referer","status":"$status"}';
```

根据 JSON 格式的配置，网站日志中 JSON 格式的日志如下所示。

```
{
    "@timestamp": "2021-04-21T10:00:45+08:00",
    "host": "192.168.68.129",
    "clientip": "192.168.68.1",
    "remote_user": "-",
    "request": "GET /img/1.gif?bw = Netscape&bv = 5&channel = sport&page = 001&ts = 1618970444859 HTTP/1.1",
    "http_user_agent": "Mozilla/5.0 (Windows NT 10.0; Win64; x64) AppleWebKit/537.36 (KHTML, like Gecko) Chrome/81.0.4044.138 Safari/537.36",
    "size": "6115",
    "responsetime": "0.007",
    "upstreamtime": "0.007",
    "upstreamhost": "127.0.0.1:8280",
    "http_host": "logs.news.site",
    "url": "/img/1.gif",
    "domain": "logs.news.site",
    "xff": "-",
    "referer": "http://front.news.site/sport/001.html",
    "status": "200"
}
```


配置 Tomcat 集群，使用 upstream 配置 Web 服务器集群，front-tomcat 为网站模块的服务器集群，logs-tomcat 为日志模块的服务器集群。

```
upstream front-tomcat {
    server 127.0.0.1:8180 weight=1;
}
upstream logs-tomcat {
```

```
        server 127.0.0.1:8280 weight=1;
    }
```

配置网站 server。

• server_name：网站模块的域名，使用虚拟的域名 front. news. site 表示新闻网站的域名。

• location：配置转发路由，将接收到的网站用户请求转发给网站模块的 tomcat 集群。

```
server {
    listen       80;
    server_name    front.news.site;
    location / {
     proxy_pass http://front-tomcat;
    }
  }
```

配置日志 server。

• server_name：日志模块的域名，使用虚拟的域名 logs. news. site 表示日志模块的域名。

• access_log：配置访问日志的路径及日志格式，main_log 是日志格式名，采用 JSON 格式的日志。

• location：配置转发路由，将接收到的网站用户请求转发给网站模块的 tomcat 集群。

```
server {
    listen       80;
    server_name logs.news.site;
     access_log logs/news_site/access.log main_json;
    location / {
```

```
            proxy_pass http://logs-tomcat;
        }
    }
```

验证 Nginx 配置，运行 Nginx 安装目录的 sbin 目录下 nginx -t 命令，验证 Nginx 配置是否正确。如果配置出错，可根据错误提示信息对配置进行修改。

```
[root@ master ~]# $NGINX_HOME/sbin/nginx -t
nginx: the configuration file /usr/local/nginx/conf/nginx.conf syntax is ok
nginx: configuration file /usr/local/nginx/conf/nginx.conf test is successful
```

Nginx 配置完成以后，需要在服务器上部署网站模块和日志模块，首先将已经打包好的文件上传到服务器指定的目录，运行 java -jar 命令启动 Web 服务，然后再启动 Nginx。主要命令如下：

上传项目 jar 包到服务器指定位置如：/home/newland/pkg 目录下，使用 cd 命令切换到部署目录。

```
[root@ master ~]# cd /home/newland/pkg
```

使用 java -jar 命令启动日志服务，news_logs-1. 0. jar 为日志模块的包。

```
[root@ master jar]# java -jar news_logs-1.0.jar
```

使用 java -jar 命令启动网站服务，news_front-1. 0. jar 为网站模块的包。

```
[root@ master jar]# java -jar news_front-1.0.jar
```

启动 nginx，执行 nginx 安装目录的 sbin 目录下的 nginx 命令。

```
[root@ master jar]# $NGINX_HOME/sbin/nginx
```

五、测试验证

在项目模块打包部署完成以后，对整个项目进行流程测试，因为使用的是虚拟域名，所以需要配置 hosts 文件。

配置网站 hosts，例如部署网站模块和日志模块的服务器 IP 地址为 192.168.68.129，配置虚拟的域名指向这个 IP 地址。

```
192.168.68.129 front.news.site
192.168.68.129 logs.news.site
```

浏览器验证网站首页 http://front.news.site/index.html，点击频道下面的文章链接，测试网站功能，保证所有的页面都可以正常打开。

查看 Nginx 的 access log 日志，使用 tail -f 命令，看是否正常生成网站日志。

```
[root@master ~]# tail -f $NGINX_HOME/logs/news_site/access.log
```

第三节　Flume 日志收集

网站部署运行以后，网站日志分散在各个服务器节点上，为了对网络日志进行分析，使用日志收集工具 Flume 将日志收集到 HDFS 或者 Kafka 中，以便进行实时的分析。本节介绍如何使用 Flume 进行日志收集。

一、Flume 快速入门

Flume 处理流程由 Source（数据源）、Channel（通道）和 Sink（暂存池）组成，如图 3-15 所示。“数据源”是指数据的来源和方式，本项目中数据来源是指定目录下的日志文件。“通道”是对数据进行缓冲的缓冲池，可以使用内存或者文件系统实现。“暂存池”定义了数据输出的方式和目的地，可以将数据输出到 HDFS、Kafka 等。

在 Flume 中，将数据抽象为 Event（事件），Flume 的对数据处理流程就是对事件的传输和转换的过程。当数据源接收到事件时，它将被存储到通道中，通道是一个缓冲事件的存储池，可以存储事件直到它被 Sink 消耗。

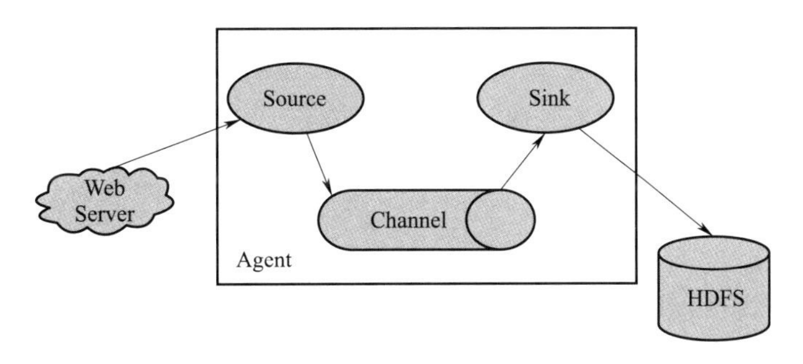

图 3-15　Flume 组件图

下面以一个简单的示例了解一下 Flume 的数据传输过程。Flume 运行依赖于指定的配置文件，这个配置文件描述了一个简单的场景。

• 启动 netcat 向指定的端口号发送网络请求，作为 Flume 的 source。netcat 是一款简单的 Unix 工具，使用 UDP 和 TCP 协议，经常用作网络的测试工具，使用它可以轻易地建立网络连接。

• 配置 memory（内存）作为 channel，将从 source 端发送的 Event 消息缓存到内存中。

• 配置 logger（日志器）作为 sink，将 channel 中缓存的 event 以日志的形式输出到控制台。

```
# Name the components on this agent
a1.sources = r1
a1.sinks = k1
a1.channels = c1

# Describe/configure the source
a1.sources.r1.type = netcat
a1.sources.r1.bind = localhost
```

```
a1.sources.r1.port = 44444

# Describe the sink
a1.sinks.k1.type = logger

# Use a channel which buffers events in memory
a1.channels.c1.type = memory

# Bind the source and sink to the channel
a1.sources.r1.channels = c1
a1.sinks.k1.channel = c1
```

二、日志收集的 Source

为实现网站日志的收集，需要选择可以自动收集日志的 Source，Flume 可以监视指定目录下的日志文件，当日志目录下的文件产生变化的时候，文件内容会被收集到指定 Sink 中，如 HDFS 或者 Kafka 中，Flume 提供了 Spool Dir 和 Tail Dir 两种 Source，以实现日志收集的过程。

（1）Spool Dir：Source 监视磁盘上的指定目录的文件变化，当目录中生成新的文件的时候，从新文件出现时开始解析数据，数据解析逻辑是可配置的。在新文件被完全读入 Channel 之后，默认会重命名该文件，在文件名后面加上“. completed”后缀，表示文件收集完成。日志文件一般是按照时间的粒度生成的，如每分钟或每小时生成一个日志文件。为了区分日志文件，生成新文件的时候文件名加上时间戳。

（2）Tail Dir：Source 监控指定目录下的文件变化，并在检测到新的一行数据产生的时候几乎实时读取它们。如果新的一行数据还没写完，Tail Dir Source 会等到这行写完后再读取。Tail Dir Source 为了保证不丢失数据，会定期地以 JSON 格式在一个专门用于定位的文件上记录每个文件的最后读取位置。如果 Flume 由于某种原因出现问题，重新启动后它可以从文件的标记位置重新开始读取。Tail Dir Source 还可以从任意指定

的位置开始读取文件。默认情况下，它将从每个文件的第一行开始读取。文件按照修改时间的顺序来读取。修改时间最早的文件将最先被读取，Tail Dir Source 不会重命名、删除或修改它监控的文件。

通过以上分析，相对于 Spool Dir，Tail Dir 具有断点续传、不会修改文件名、实时性高等优点，所以本项目选择 Tail Dir 作为 Source。

Tail Dir 的主要属性见表 3-2。

表 3-2　　Tail Dir 属性

变量	默认值	说明
channels	—	与 Source 绑定的 channel，多个用空格分开
type		组件类型，这个是 TAILDIR
filegroups		被监控的文件夹目录集合，这些文件夹下的文件都会被监控，多个用空格分隔
filegroups. <filegroup-Name>		被监控文件夹的绝对路径。正则表达式（注意不会匹配文件系统的目录）只是用来匹配文件名
positionFile	~/. flume/taildir_position. json	用来设定一个记录每个文件的绝对路径和最近一次读取位置 inode 的文件，这个文件是 JSON 格式
byteOffsetHeader	false	是否把读取数据行的字节偏移量记录到 Event 的 header 里面，这个 header 的 key 是 byteoffset
skipToEnd	false	如果在 positionFile 里面没有记录某个文件的读取位置，是否直接跳到文件末尾开始读取
idleTimeout	120 000	关闭非活动文件的超时时间（毫秒），如果被关闭的文件重新写入了新的数据行，会被重新打开
writePosInterval	3 000	向 positionFile 记录文件的读取位置的间隔时间（毫秒）
batchSize	100	一次读取数据行和写入 channel 的最大数量，通常使用默认值就很好
maxBatchCount	Long. MAX_VALUE	控制从同一文件连续读取的行数
backoffSleepIncrement	1 000	在最后一次尝试未发现任何新数据时，重新尝试轮询新数据之前的时间延迟增量（毫秒）
maxBackoffSleep	5 000	每次重新尝试轮询新数据时的最大时间延迟（毫秒）

三、日志收集配置

在确定了使用 Tail Dir 作为 Source 以后，下面使用示例实现 Flume 收集 Nginx 访问日志，通过内存作为缓冲，最终将日志保存到 HDFS 上的过程。

编辑 Flume 配置文件 taildir-hdfs. conf，配置文件保存到指定的目录中，一般将配置文件存储到 Flume 安装目录的 conf 目录下。下面对配置文件中主要的内容进行说明：

• Flume 代理的名称为 a1，可以为它配置多个 Source 和 Sink。source 的名称为 r1，sink 的名称为 k1，channel 的名称为 c1。

• Source 的类型为 TAILDIR。

• r1 的 positonFile：Tail Dir 的 Source 维护了一个 json 格式的 position File，会定期的向 position File 中更新每个文件读取到的最新的位置，因此能够实现断点续传。

• r1 的 filegroups 代表一个文件组，文件组包含多个文件，配置文件中定义了一个文件 f1，日志的路径中的 . * log. * 是一个正则表达式，表示匹配所有文件名包含 log 的文件。

• k1 的类型为 hdfs，也就是将日志内容最终存储到 HDFS 上。

• hdfs 的 path 属性，指的是 HDFS 上文件的存储路径。为了把不同时间段生成的日志存放到不同的目录中，可以使用转义字符进行配置，表 3-3 列举了常用的和时间相关的转移字符，在设置路径的时候可以灵活运用。

表 3-3　　Sink 的转义字符

转义字符	说明
%t	毫秒值的时间戳
%a	星期的缩写（Mon、Tue 等）
%A	星期的全拼（Monday、Tuesday 等）
%b	月份的缩写（Jan、Feb 等）
%B	月份的全拼（January、February 等）
%c	日期和时间
%d	月份中的天（00 到 31）
%D	日期，与%m/%d/%y 相同，如 02/09/21
%H	小时（00 到 23）
%I	小时（01 到 12）
%j	年中的天数（001 到 366）
%k	小时（0 到 23）
%m	月份（01 到 12）
%M	分钟（00 到 59）

• hdfs 的 filePrefix，指定原始文件上传到 HDFS 后重新命名后的前缀名。

• c1 的类型为 memory，使用内存作为缓冲。

• c1 的 capacity 指的是在 channel 中最多能保存多少个 event。默认是 100。

• c1 的 transactionCapacity 指的是在每次从 source 中获取数据或者将数据 sink 的一次事务操作中，最多处理的事件数，默认是 100。

```
a1.sources = r1
a1.sinks = k1
a1.channels = c1

a1.sources.r1.type = TAILDIR
a1.sources.r1.positionFile = /home/hadoop/flume/flume-position.json
a1.sources.r1.filegroups = f1
a1.sources.r1.filegroups.f1 = /usr/local/nginx/logs/news_site/.*log.*

a1.sinks.k1.type = hdfs
a1.sinks.k1.hdfs.path = hdfs://master:9000/flume/taildir/% Y% m% d/% H
#上传文件的前缀
a1.sinks.k1.hdfs.filePrefix = logs-
#是否使用本地时间戳
a1.sinks.k1.hdfs.useLocalTimeStamp = true

a1.channels.c1.type = memory
a1.channels.c1.capacity = 1000
a1.channels.c1.transactionCapacity = 100

a1.sources.r1.channels = c1
a1.sinks.k1.channel = c1
```

启动 flume-ng 命令进行测试，-f 选项指定配置文件，-n 选项指定配置文件中 agent

的名称。

```
[root@ master ~]# $FLUME_HOME/bin/flume-ng agent -c conf -f $FLUME_HOME/
conf/ taildir-hdfs.conf -n a1
```

为了验证日志文件是否被正确地收集到 HDFS 文件系统中，可以通过浏览 HDFS 上指定的文件目录进行查看。

```
[root@ master conf]# hdfs dfs -ls /flume/taildir/20210427/17
```

```
Found 5 items
-rw-r--r--   3 hadoop supergioup       1315 2021-04-27 17:04
/flume/taildir/20210427/17/logs-,1619514240412
-rw-r--r--   3 hadoop supergioup       1315 2021-04-27 17:04
/flume/taildir/20210427/17/logs-,1619514240413
-rw-r--r--   3 hadoop supergioup       1315 2021-04-27 17:04
/flume/taildir/20210427/17/logs-,1619514240414
-rw-r--r--   3 hadoop supergioup       1315 2021-04-27 17:04
/flume/taildir/20210427/17/logs-,1619514240415
-rw-r--r--   3 hadoop supergioup       1315 2021-04-27 17:04
/flume/taildir/20210427/17/logs-,1619514240416
```

四、拦截器开发

通过对日志格式进行分析，用户访问网站的信息存储在 URI 的参数中，如果对用户访问的频道（channel）和页面（page）进行分析，需要从参数中提取出来，成为 JSON 的属性，后续进行处理会更方便一些。这就需要对 Flume 收集的日志格式进行修改，增加 channel 和 page 两个属性并为其赋值。Flume 可以使用拦截器实现这一处理过程。

Flume 拦截器在运行时对数据格式进行修改，或者过滤掉指定的数据。Flume 支持链式的拦截器配置，可以在配置文件里面配置多个拦截器。

拦截器的顺序取决于它们被初始化的顺序（配置的顺序），event 按照顺序经过每一个拦截器，这就是自行拦截器的处理逻辑。

下面以 Flume 提供的时间戳拦截器为例，说明拦截器的配置方式（见表 3-4）。

时间戳拦截器：时间戳拦截器会向 event 的 header 中添加一个时间戳，key 默认是“timestamp”。也可以通过 headerName 参数重新定义名称，value 是当前时间戳，使用毫秒表示。

表 3-4　时间拦截器配置属性

变量	默认值	说明
type	—	组件类型 timestamp
headerName	Timestamp	时间戳键值对的 key 的名称
preserveExisting	False	是否保留 Event header 中已经存在的同名的时间戳

时间拦截器的配置方式如下所示，interceptors 定义拦截器的名称，这里定义的拦截器名称为 i1，并将 i1 的类型设置为 timestamp。

```
a1.sources = r1
a1.channels = c1
a1.sources.r1.channels = c1
a1.sources.r1.type = seq
a1.sources.r1.interceptors = i1
a1.sources.r1.interceptors.i1.type = timestamp
```

自定义拦截器，Flume 自带的拦截器能够实现基本的数据处理，当有更复杂的业务需求的时候，往往需要实现自定义的拦截器。如实现从 event 中解析出 JSON 数据，并增加 channel 和 page 属性，转换时间格式等。

下面说明如何编写程序实现自定义拦截器：

使用 IntelliJ IDEA 集成开发环境创建 Maven 项目模块，名称为 flume，具体实现过程可以参考网站模块的实现，创建完成后的项目模块结构如图 3-16 所示。

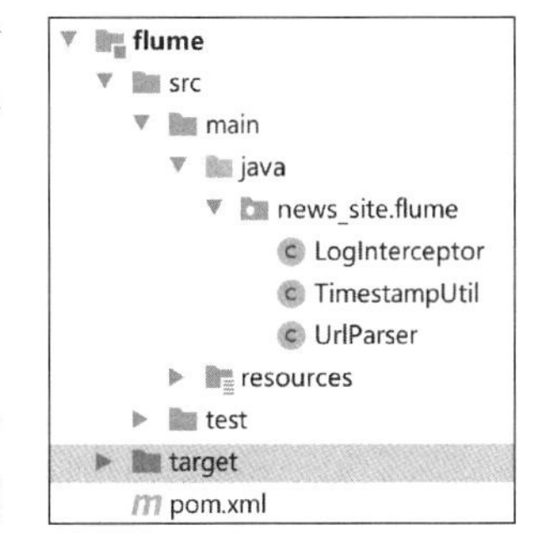

图 3-16　Flume 模块结构

修改 Maven 的 pom. xml 文件，配置 Flume 相关的依赖，flume-ng-sdk 和 flume-ng-core。自定义的拦截器功能需要对 JSON 数据格式的解析，本项目使用 fastjson 解析 JSON 格式数据，所以同时添加 fastjson 相关的依赖包。

```
    <?xml version = "1.0" encoding = "UTF-8"? >
    <project xmlns = "http://maven.apache.org/POM/4.0.0"
        xmlns:xsi = "http://www.w3.org/2001/XMLSchema-instance"
        xsi:schemaLocation = "http://maven.apache.org/POM/4.0.0
http://maven.apache.org/xsd/maven-4.0.0.xsd">

      <modelVersion>4.0.0</modelVersion>
      <artifactId>news_site_flume</artifactId>
      <version>1.0</version>
      <dependencies>
        <dependency>
          <groupId>org.apache.flume</groupId>
          <artifactId>flume-ng-sdk</artifactId>
          <version>1.7.0</version>
        </dependency>
        <dependency>
          <groupId>org.apache.flume</groupId>
          <artifactId>flume-ng-core</artifactId>
          <version>1.7.0</version>
        </dependency>
        <dependency>
          <groupId>com.alibaba</groupId>
          <artifactId>fastjson</artifactId>
          <version>1.2.47</version>
```

```
    </dependency>
  </dependencies>
</project>
```

拦截器接口：拦截器需要实现 org. apache. flume. interceptor. Interceptor 接口，接口声明如下所示。开发自定义拦截器需要实现 initialize、intercept 和 close 方法。

顾名思义，initialize 实现初始化操作，intercept 拦截 Event，并对 event 中的消息数据进行修改或过滤，close 实现资源的关闭操作。

```
package org.apache.flume.interceptor;
import java.util.List;
import org.apache.flume.Event;
import org.apache.flume.annotations.InterfaceAudience.Public;
import org.apache.flume.annotations.InterfaceStability.Stable;
import org.apache.flume.conf.Configurable;

@Public
@Stable
public interface Interceptor {
  void initialize();

  Event intercept(Event var1);

  List<Event> intercept(List<Event> var1);

  void close();

  public interface Builder extends Configurable {
    Interceptor build();
  }
}
```

自定义拦截器 LogInterceptor 的 intercept 方法，通过获取 event 的 body 消息，即 JSON 格式的字符串，从 URI 中解析出网站日志的 channel 和 page 信息，再构造一个新的 JSON 格式的字符串，channel 和 page 作为新的属性。

```
public Event intercept(Event event) {

    if (event == null) return null;
    // 通过获取 event 的 Body,转换格式
    String msg = null;
    try {
        msg = new String(event.getBody(), "UTF-8");
        logger.info("msg:" + msg);
    } catch (UnsupportedEncodingException e) {
        e.printStackTrace();
    }
    //对消息进行解析
    Map<String, Object> msgMap = JSON.parseObject(msg, Map.class);
    // 获取 URL 参数
    String urlParam = UrlParser.getRequestParam(msgMap.get("request").toString());
    // 从 URL 参数中获取参数 channel 的值
    msgMap.put("channel", UrlParser.getParamVal(urlParam, "channel"));
    // 从 URL 参数中获取参数 page 的值
    msgMap.put("page", UrlParser.getParamVal(urlParam, "page"));
    // 获取@timestamp 的值转换为毫秒为单位的时间戳
    msgMap.put("ts", TimestampUtil.convert(msgMap.get("@timestamp").toString()));

    try {
        String newMsg = JSON.toJSONString(msgMap);
```

```
        logger.info("newMsg:" + newMsg);
        event.setBody(newMsg.getBytes("UTF-8"));
    } catch (UnsupportedEncodingException e) {
        e.printStackTrace();
    }
    return event;
}
```

intercept 的批量处理方式，每次处理的是 Event 列表，也就是一个批次的 Event。对批次的 Event 进行遍历，分别调用参数为单个 Event 的 intercept 方法。

```
public List<Event> intercept(List<Event> list) {
    if (list == = null) return null;
    List<Event> events = new ArrayList<Event>();
    for (Event event : list) {
        Event intercept = intercept(event);
        events.add(intercept);
    }
    return events;
}
```

实现 Interceptor. Builder 接口的 build 方法，返回新创建的 Interceptor 实例，根据需要实现 configure 方法，从 Context 实例中获取配置信息。

```
public static class Builder implements Interceptor.Builder {
    /**
     * 创建拦截器
     * @return
     */
    public Interceptor build() {
```

```
        return new LogInterceptor();
    }
    /**
     * 配置信息
     * @param context
     */
    public void configure(Context context) {

    }
}
```

时间戳的工具类，将“yyyy-MM-dd’ T’ HH:mm:ssX”格式的时间戳转换为毫秒形式，方便后续的时间处理。如将时间 2021-04-28T11:24:30+08:00 转换为 1619580270000。

```
public class TimestampUtil {
    /**
     * 时间戳转换,将 nginx 中的时间戳转换为毫秒形式
     * @param timestamp 时间戳
     * @return 时间戳的毫秒形式
     */
    public static long convert(String timestamp){
        //时间戳的毫秒形式
        long millis = 0;
        SimpleDateFormat sdf = new SimpleDateFormat("yyyy-MM-dd'T'HH:mm:ssX");
        try {
            Date date = sdf.parse(timestamp);
            millis = date.getTime();
        } catch (ParseException e) {
```

```
            e.printStackTrace();
        }
        return millis;
    }
}
```

URI 解析工具类，实现从链接中解析出参数信息，getRequestParam 方法实现从 URI 中解析出参数字符串，getParamVal 实现根据参数的名称获取参数的值。

```
public class UrlParser {

    /**
     * 从 URL 中根据参数名称获取参数的值
     * @param urlParam URL 中的参数
     * @param paramName 参数名称
     * @return 参数的值
     */
    public static String getParamVal(String urlParam, String paramName) {
        //每个键值为一组
        String[] arrSplit = urlParam.split("[&]");
        for (String strSplit : arrSplit) {
            String[] arrSplitEqual = null;
            arrSplitEqual = strSplit.split("[ = ]");
            //解析出键值
            if (arrSplitEqual.length > 1) {
                //正确解析
                if(paramName.equals(arrSplitEqual[0])){
                    return arrSplitEqual[1];
                }
```

```
            }
        }
        return "";
    }

    /**
     * 从 URI 中获取参数字符串
     * @param requestUri URI 字符串
     * @return 参数字符串
     */
    public static String getRequestParam(String requestUri){

        String[] arrRequest = requestUri.split("\\s+");
        return arrRequest[1];
    }
}
```

五、拦截器部署

拦截器开发完成以后，需要部署到服务器上进行测试。

项目模块打包：执行 maven→package 命令打包，如图 3-17 所示，默认会在项目的 target 目录下生成打包后的文件 news_site_flume-1. 0. jar，将这个文件上传到服务器中 flume 的安装目录的 lib 目录下，本项目应用了 fastjson 对网站日志进行 JSON 解析，所以同时要将 fastjson-1. 2. 62. jar 包也传到同样的目录下。

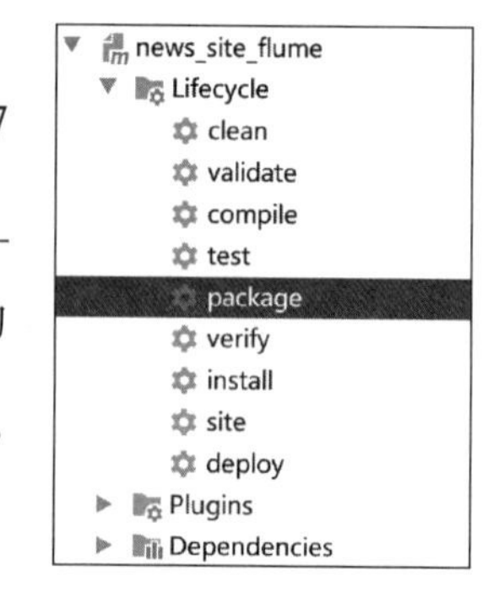

图 3-17　Flume 模块的 Maven 命令

配置拦截器：在 taildir-hdfs. conf 的配置文件中添加以下和拦截器相关的配置。定义了拦截器的名称为 i1，i1. type 配置了自定义拦截器的类及入口方法。

```
a1.sources.r1.interceptors  = i1
a1.sources.r1.interceptors.i1.type = news_site.flume.LogInterceptor $Builder
```

验证拦截器：修改配置完成以后，执行下面的命令，重新启动 Flume。重复网站日志生成的流程，浏览 HDFS 上日志收集的目录，查看消息格式是否已经发生了改变。如果新的日志中增加了 channel、page 和 ts 字段，那么证明拦截器就已经生效了。

```
[root@ master ~]# $FLUME_HOME/bin/flume-ng agent -c conf -f $FLUME_HOME/conf/ taildir-hdfs.conf -n a1
```

```
{
"request": "GET /img/1.gif?bw = Netscape&bv = 5&channel = sport&page = 001&ts = 1619580270931 HTTP/1.1",
"referer": "http://front.news.site/sport/001.html",
"channel": "sport",
"http_host": "logs.news.site",
"url": "/img/1.gif",
"http_user_agent": "Mozilla/5.0 (Windows NT 10.0; Win64; x64) AppleWebKit/537.36 (KHTML, like Gecko) Chrome/81.0.4044.138 Safari/537.36",
"remote_user": "-",
"upstreamhost": "127.0.0.1:8280",
"@timestamp": "2021-04-28T11:24:30+08:00",
"size": "6115",
"clientip": "192.168.68.1",
"domain": "logs.news.site",
"host": "192.168.68.129",
"responsetime": "0.005",
"xff": "-",
"page": "001",
```

```
  "upstreamtime": "0.005",
  "status": "200",
  "ts": 1619580270000
}
```

第四节　Kafka 消息队列

一、Kafka 简介

Kafka 是由 Apache 软件基金会开发的一个开源流处理平台。Kafka 是一种高吞吐量的分布式发布订阅消息系统，它可以处理消费者在网站中的所有动作流数据。Kafka 的主要特性如下：

- 高吞吐量、低延迟：Kafka 每秒可以处理几十万条消息，它的延迟最低只有几毫秒，每个主题可以分为多个分区，consumer group 对分区进行 consume 操作。
- 可扩展性：Kafka 集群支持热扩展。
- 持久性、可靠性：消息被持久化到本地磁盘，并且支持数据备份防止数据丢失。
- 容错性：允许集群中节点失败（若副本数量为 n，则允许 $n-1$ 个节点失败）。
- 高并发：支持数千个客户端同时读写。

二、Kafka 的主要概念

为了更好理解 Kafka 的工作机制，下面介绍一下 Kafka 中主要的概念。

• 生产者：可以将数据发布到所选择的主题中。生产者负责将记录分配到主题的某个分区中。

• 消费者：使用一个“消费组”名称来进行标识，发布到主题中的每条记录被分配给订阅消费组中的一个消费者实例。消费者实例可以分布在多个进程中或者多个机器上。如果所有的消费者实例在同一消费组中，消息记录会负载平衡到每一个消费者实例。如果所有的消费者实例在不同的消费组中，每条消息记录会广播到所有的消费者进程。

• Topic（主题）：就是数据主题，是数据记录发布的地方，可以用来区分业务系统。Kafka 中的 Topics 是多订阅者模式，一个主题可以拥有一个或者多个消费者来订阅它的数据。

• 消费者组：对于同一主题同一分区，同组消费者只有一个消费者消费消息。一个消费者可以订阅主题的多个分区，如图 3-18 所示。

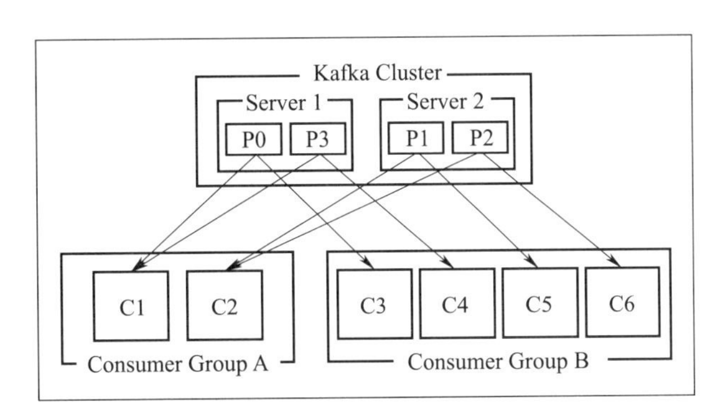

图 3-18　Kafka 生产者和消费者

• 分区日志：对于每一个 topic，Kafka 集群都会维持一个分区日志，如图 3-19 所示。

每个分区都是有序且顺序不可变的记录集，并且不断地追加到结构化文件中。分区中的每一条记录都会分配一个 id 号来表示顺序，我们称之为 offset（偏移量），offset 用来唯一地标识分区中每一条记录。

Kafka 集群保留所有发布的记录，无论是否已被消费——并通过一个可配置的参数——保留期限来控制。例如，如果保留策略设置为 2 天，一条记录发布后两天内，

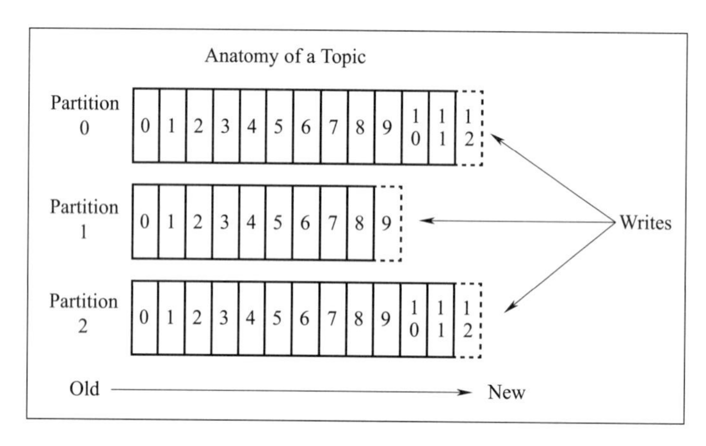

图 3-19　分区日志原理

可以随时被消费；两天过后这条记录会被自动删除并释放磁盘空间。Kafka 的性能和数据大小无关，所以长时间存储数据没有什么问题。

• offset：在每一个消费者中唯一保存的元数据是偏移量，即消费在 log 中的位置。偏移量由消费者所控制，通常在读取记录后，消费者会以线性的方式增加偏移量，如图 3-20 所示。但是实际上，由于这个位置由消费者控制，所以消费者可以采用任何顺序来消费记录。例如，一个消费者可以重置到一个旧的偏移量，从而重新处理过去的数据；也可以跳过最近的记录，从“现在”开始消费。

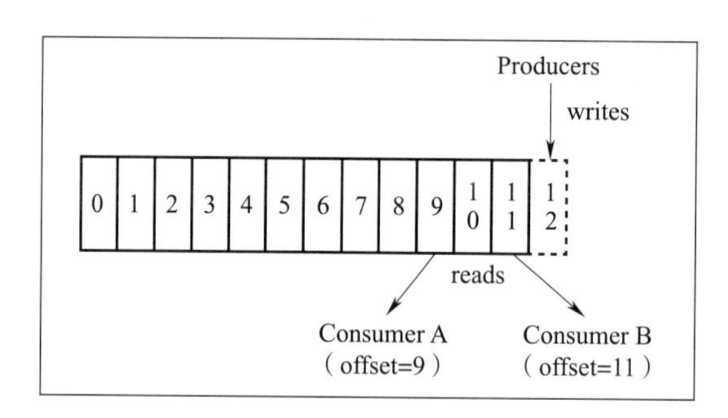

图 3-20　Kafka 的消费位移

三、Kafka 基本操作

创建主题，创建一个名为 news-site 的主题。其中指定分区个数为 3，副本个数为 3。主要参数说明：

--zookeeper：连接 ZooKeeper 的地址；

--create：创建主题的操作；

--replication-factor：副本因子，即副本的数量；

--partitions 3：分区数量；

--topic：主题的名称。

```
[root@ master ~]# kafka-topics.sh --zookeeper localhost:2181 --create --replication-factor 3 --partitions 3 --topic news-site
```

查看主题列表，显示 Kafka 中的所有的主题。主要参数说明：

--zookeeper：连接 ZooKeeper 的地址；

--list：主题列表操作。

```
[root@ master ~]# kafka-topics.sh --zookeeper localhost:2181 --list
```

控制台消费者，从指定的主题 news-site 中消费消息。主要参数如下：

--zookeeper：连接 ZooKeeper 的地址；

--topic：主题的名称。

```
[root@ master ~]# kafka-console-consumer.sh --zookeeper localhost:2181 --topic news-site
```

控制台生成者，向指定的主题发送消息。主要参数如下：

--broker-list：连接 broker 的地址；

--topic：主题的名称。

```
[root@ master ~]# kafka-console-producer.sh --broker-list localhost:9092 --topic news-site
```

输入 JSON 格式的网站日志消息进行测试。启动控制台生产者，通过控制台生产者向 Kafka 中写入消息，启动控制台消费者查看消息是否正常输出。

```
{
  "request": "GET /img/1.gif?bw = Netscape&bv = 5&channel = sport&page = 001&ts = 1619580270931 HTTP/1.1",
```

```
    "referer": "http://front.news.site/sport/001.html",
    "channel": "sport",
    "http_host": "logs.news.site",
    "url": "/img/1.gif",
    "http_user_agent": "Mozilla/5.0 (Windows NT 10.0; Win64; x64) AppleWebKit/537.36 (KHTML, like Gecko) Chrome/81.0.4044.138 Safari/537.36",
    "remote_user": "-",
    "upstreamhost": "127.0.0.1:8280",
    "@timestamp": "2021-04-28T11:24:30+08:00",
    "size": "6115",
    "clientip": "192.168.68.1",
    "domain": "logs.news.site",
    "host": "192.168.68.129",
    "responsetime": "0.005",
    "xff": "-",
    "page": "001",
    "upstreamtime": "0.005",
    "status": "200",
    "ts": 1619580270000
}
```


四、Kafka 与 Flume 集成

网站日志最终通过 Flume 收集到 Kafka 中，Kafka 与 Flume 的集成可以采用两种方式实现：一种方式是 Kafka 作为 Flume 的通道，这种情况下，Flume 的配置不需要再配置 Sink，因为这种方式配置最简单，推荐使用这种方式进行配置；另一种配置方式是 Kafka 作为 Flume 的 Sink 实现。

（一）Kafka 作为通道与 Flume 集成

编辑配置文件 taildir-kafka. conf，可以使用 taildir-hdfs. conf 文件为模板进行修改，保留 taildir-hdfs. conf 的 source 的配置，修改 channel 相关的配置。

• channel 的名称为 c1。

• c1. type 配置为 org. apache. flume. channel. kafka. KafkaChannel，使用 KafkaChannel 作为 Channel。

• c1. kafka. bootstrap. servers：配置 Kafka 连接的地址。

• c1. kafka. topic：配置 Kafka 的主题。

```
a1.sources = r1
a1.channels = c1

a1.sources.r1.type = TAILDIR
a1.sources.r1.positionFile = /home/hadoop/flume/flume-position.json
a1.sources.r1.filegroups = f1
a1.sources.r1.filegroups.f1 = /usr/local/nginx/logs/news_site/.*  log.*

a1.sources.r1.interceptors  = i1
a1.sources.r1.interceptors.i1.type = news_site.flume.LogInterceptor $Builder

a1.channels.c1.type = org.apache.flume.channel.kafka.KafkaChannel
# kafka 连接
a1.channels.c1.kafka.bootstrap.servers = localhost:9092
# kafka 主题
a1.channels.c1.kafka.topic = news-site
a1.channels.c1.parseAsFlumeEvent = false

a1.sources.r1.channels = c1
```

运行以下命令启动 Flume，启动的配置文件为 taildir-kafka. conf。

```
[root@ master ~]# $FLUME_HOME/bin/flume-ng agent -c conf -f $FLUME_HOME/
conf/ taildir-kafka.conf -n a1
```

启动控制台消费者，测试整个数据处理流程，刷新新闻网站体育频道或音乐频道的页面，从 Kafka 消费者控制台能够查看输出的网站日志消息。

```
[root@ master ~]# kafka-console-consumer.sh --zookeeper localhost:2181 --topic news-site
{"request":"GET /img/1.gif? bw = Netscape&bv = 5&channel = sport&page = 001&ts =
1619533963091 HTTP/1.1","referer":"http://fro
nt.news.site/sport/001.html","channel":"sport","http_host":"logs.news.site","url":"/img/
1.gif","http_user_agent":"M
ozilla/5.0 (Windows NT 10.0; Win64; x64) App LeWebKit/537.36 (KHTML, like Gecko)
Chrome/81.0.4044.138 Safari/537.36"
,"remote_user";"-","upstreamhost":"127.0.0.1:8280","@ timestamp":"2021-04-27T22:
32:42+08:00","size":"6115","clientip
":"192.168.68.1","domain":"logs.news,site","host":"192.168.68.129","responsetime":
"0.004","xff":"-","page":"001","u
pstreamtime":"0.004","status":"200","ts":1619533962}
{"request":"GET /img/1.gif? bw = Netscape&bv = 5&channel = sport&page = 002&ts =
1619534057098 HTTP/1.1","referer":"http://fro
nt.news.site/sport/002.html","channel":"sport","http_host":"logs.news.site","url":"/img/
1.gif","http_user_agent":"M
ozilla/5.0 (Windows NT 10.0; Win64; x64) App LeWebKit/537.36 (KHTML, like Gecko)
Chrome/81.0.4044.138 Safari/537.36"
,"remote_user";"-","upstreamhost":"127.0.0.1:8280","@ timestamp":"2021-04-27T22:
34:16+08:00","size":"6115","clientip
":"192.168.68.1","domain":"logs.news,site","host":"192.168.68.129","responsetime":
"0.004","xff":"-","page":"002","u
pstreamtime":"0.004","status":"200","ts":1619534056}"
```

（二）Kafka 作为 Sink 与 Flume 的集成方式，除配置文件不同以外，启动和测试流程是一样的，下面说明一下配置文件的内容

• Sink 的名称为 k1。

• k1. type 配置为 org. apache. flume. sink. kafka. KafkaSink，使用 KafkaSink 作为 Sink。

• k1. kafka. bootstrap. servers：配置 Kafka 连接的地址。

• k1. kafka. topic：配置 Kafka 的主题。

```
a1.sources = r1
a1.sinks = k1
a1.channels = c1

# source
a1.sources.r1.type = TAILDIR
a1.sources.r1.positionFile = /home/hadoop/flume/flume-position.json
a1.sources.r1.filegroups = f1
a1.sources.r1.filegroups.f1 = /usr/local/nginx/logs/news_site/.* log.*

a1.sources.r1.interceptors  = i1
a1.sources.r1.interceptors.i1.type = news_site.flume.LogInterceptor#Builder

# sink
a1.sinks.k1.type = org.apache.flume.sink.kafka.KafkaSink
# kafka 连接
a1.sinks.k1.kafka.bootstrap.servers = localhost:9092
# kafka 主题
a1.sinks.k1.kafka.topic = news-site

a1.channels.c1.type = memory
```

```
a1.channels.c1.capacity = 1000
a1.channels.c1.transactionCapacity = 100

a1.sources.r1.channels = c1
a1.sinks.k1.channel = c1
```

第五节　Spark Streaming 实时计算

将网站数据流源源不断地发送给 Kafka 以后，可以对数据流使用 Spark Streaming 进行数据流的实时分析。本节说明如何使用 Spark Streaming 实时处理 Kafka 中的数据。

一、Spark Streaming 简介

Spark Streaming 是一个对实时数据流进行高通量、容错处理的流式处理系统框架。Spark Streaming 支持多种数据源的数据接入，常用的数据源包括 Kafka、Flume 等。Spark Streaming 对数据流进行转换、聚合等操作以后，可以将处理结果保持到 HDFS、数据库等外部存储系统中。

Spark Streaming 的主要特点有：

- 易于使用：Spark Streaming 通过使用高级别的算子构建流式应用，Spark 中的算子都可以应用到 Spark Streaming 中，开发人员可以编写批处理作业的方式编写流式作业，同时它支持使用 Java、Scala 和 Python 编写程序。
- 容错性：基于 Spark 的 RDD 容错机制，Spark Streaming 在没有额外代码和配置

的情况下可以恢复丢失的数据。

• 易于整合：Spark Streaming 可以在 Spark 上运行，并且还允许重复使用相同的代码进行批处理。也就是说，实时处理可以与离线处理相结合，实现交互式的查询操作。

二、Spark Streaming 的 API

Spark Streaming 是 Spark 早期基于 RDD（Resilient Distributed Dataset，弹性分布式数据集）开发的流式系统，用户使用 DStream API 来编写代码，支持高吞吐和良好的容错。其背后的主要模型是 Micro Batch（微批处理），也就是将数据流切成等时间间隔（Batch Interval）的小批量任务来执行。Spark Streaming 是将流式计算分解成一系列短小的批处理作业。这里的批处理引擎是 Spark Core，也就是把 Spark Streaming 的输入数据按照 batch size 拟量时间题（如 1 s）分成一段一段的数据（Discretized Stream），每一段数据都转换成 Spark 中的 RDD。然后将 Spark Streaming 中对 DStream 的转换操作变为针对 Spark 中对 RDD 的转换操作，将 RDD 经过操作变成中间结果保存在内存中。整个流式计算根据业务的需求，可以对中间的结果进行叠加，或者存储到外部设备。

Structured Streaming 则是在 Spark 2.0 加入的，经过重新设计的全新流式引擎。它的模型十分简洁，易于理解。一个流的数据源从逻辑上来说就是一个不断增长的动态表格，随着时间的推移，新数据被持续不断地添加到表格的末尾，用户可以使用 Dataset/Dataframe 或者 SQL 来对这个动态数据源进行实时查询。

Structured Streaming 和其他系统的显著区别主要如下：

• 增量查询模型：Structured Streaming 将会在新增的流式数据上不断执行增量查询，同时代码的写法和批处理 API，基于 Dataframe 和 Dataset API 完全一样，而且这些 API 非常简单。

• 支持端到端应用：Structured Streaming 和内置的连接器使“端到端”的程序写起来非常简单，可以更好地与外部系统集成。

• 复用 Spark SQL 执行引擎，Spark SQL 执行引擎做了非常多的优化工作，如执行计划优化、内存管理等。这也是 Structured Streaming 取得高性能和高吞吐的一个原因。

三、Spark 与 Kafka 集成

本节使用结构化 API 开发 Spark Streaming 程序，实现与 Kafka 的集成。主要开发过程如下所示：

• 使用 Spark SQL 等方式读入数据，转换为 DataSet 或 DataFrame 类型的对象。

• 使用 DataSet 或 DataFrame 类型的 API 对输入数据进行处理，或者使用 Spark SQL 进行转换操作，得到新的 DataSet 或 DataFrame 类型数据。

• 对数据执行 action 操作，如 count、collect、持久化操作等，Spark 任务开始执行。

• Kafka 作为 source 与 Spark Streaming 集成，Kafka 中消息直接输出到控制台，运行程序测试，查看控制台的输出，验证 Kafka 和 Spark 的集成结果。

Spark Streaming 程序使用 Scala 实现，在 IntelliJ IDEA 集成开发环境中首先需要安装 Scala 插件，点击“File”→“Settings...”菜单，打开设置窗口，点击右侧“Plugins”打开插件窗口，在这个窗口中搜索 Scala 插件并安装，如图 3-21 所示。

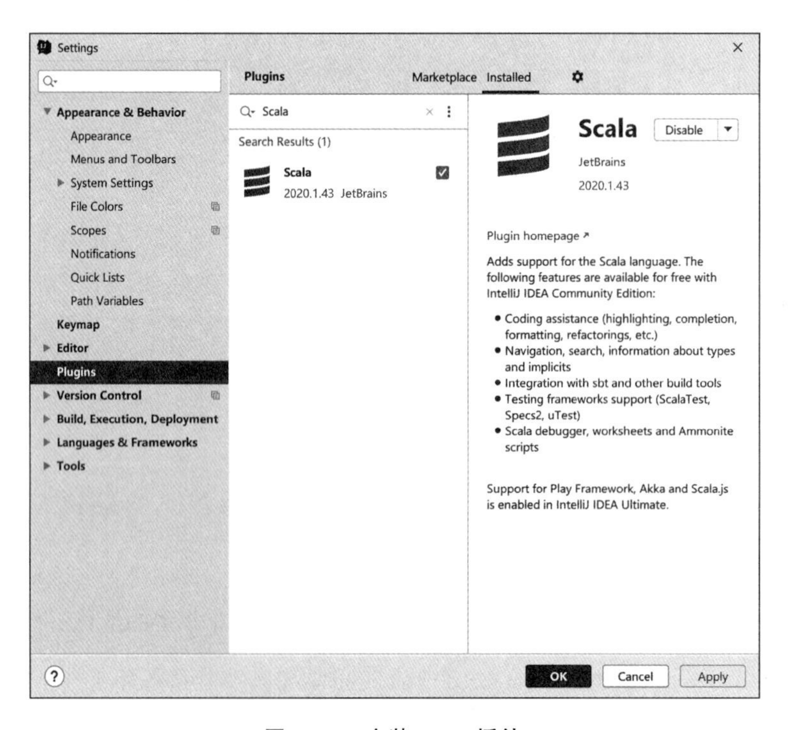

图 3-21　安装 Scala 插件

Scala 插件安装完成以后，在项目中创建新的 Maven 模块，实现 Spark Streaming 连接 Kafka 的功能，pom. xml 文件的主要的依赖项如下：

```
<dependencies>
    <dependency>
        <groupId>org.apache.spark</groupId>
        <artifactId>spark-core_2.12</artifactId>
        <version>2.4.0</version>
    </dependency>
    <dependency>
        <groupId>org.apache.spark</groupId>
        <artifactId>spark-sql_2.12</artifactId>
        <version>2.4.0</version>
    </dependency>
    <dependency>
        <groupId>org.apache.spark</groupId>
        <artifactId>spark-hive_2.12</artifactId>
        <version>2.4.0</version>
    </dependency>
    <dependency>
        <groupId>org.apache.spark</groupId>
        <artifactId>spark-streaming_2.12</artifactId>
        <version>2.4.0</version>
    </dependency>
    <dependency>
        <groupId>org.apache.spark</groupId>
        <artifactId>spark-sql-kafka-0-10_2.12</artifactId>
```

```
        <version>2.4.0</version>
    </dependency>
    <dependency>
        <groupId>mysql</groupId>
        <artifactId>mysql-connector-java</artifactId>
        <version>5.1.47</version>
    </dependency>
    <dependency>
        <groupId>com.thoughtworks.paranamer</groupId>
        <artifactId>paranamer</artifactId>
        <version>2.8</version>
    </dependency>
</dependencies>
```

Spark 连接 Kafka 的程序如下，创建 SparkSession 实例并读取 Kafka 流式数据，并将读取的数据输出到控制台。

```
object KafkaSource {

 def main(args: Array[String]): Unit = {

  val spark = SparkSession.builder()
   .appName("KafkaSource")
   .master("local[*]")
   .getOrCreate()
  val kafkaDF:DataFrame =  spark.readStream.format("kafka")
   //kafka server
   .option("kafka.bootstrap.servers", "master:9092")
   // kafka 主题
```

```
    .option("subscribe", "news-site")
    .load()
  //控制台输出
  val writeStream = kafkaDF
    .writeStream
    .format("console")
    .outputMode("append")
    .trigger(Trigger.ProcessingTime(5*1000))
    .start()

  writeStream.awaitTermination()
 }
}
```

四、结构化 API 应用

Spark 连接 Kafka 后，使用结构化 API 从 Kafka 中读取日志消息，进行实时的聚合计算，下面程序实现了按照网站频道和时间（粒度为小时）进行 PV 指标的聚合，时间的格式为“yyyyMMddHH”。

```
val spark = SparkSession.builder()
    .appName("KafkaSource")
    .master("local[*]")
    .getOrCreate()

  val ds = spark.readStream.format("kafka")
    .option("kafka.bootstrap.servers", "master:9092") //kafka server
    .option("subscribe", "news-site") // kafka 主题
    .load()
```

```
    import spark.implicits._
    //构建 schema
    val schema = StructType(List(
      StructField("channel", StringType),
      StructField("ts", StringType)
    )
    )

    val df = ds.select(from_json('value.cast("string"), schema) as "value").select("value.*")
    df.createTempView("channel_hour_pv")
    val ds2 = spark.sql("select from_unixtime(ts/1000,'yyyyMMddHH') as hour,channel,
count(channel) as pv from channel_hour_pv group by hour,channel")
```

每小时 PV 的计算结果导出到 MySQL 数据库中，对于 Stream 中的 Row 对象进行遍历，读取时间、频道和 PV 值。下面的程序实现了连接 MySQL 的过程，其首先要定义 JDBC 的连接信息和 SQL 语句。

```
  //定义 JDBC 连接相关的信息
    var conn: Connection = _
    var selectStmt: PreparedStatement = _
    var insertStmt: PreparedStatement = _
    var updateStmt: PreparedStatement = _

    val url = "jdbc:mysql://localhost:3306/spark_demo"
    val user = "root"
    val password = "123456"

    val selectSql = "select pv from channel_hour_pv where hour = ? and channel = ?"
    val insertSql = "insert into channel_hour_pv (hour,channel,pv) values (?,?,?)"
```

```
    val updateSql = "update channel_hour_pv set hour = ?,channel = ?,pv = ? where hour = ?
and channel = ? "
```

实现 open 方法。用 DriverManager. getConnection 方法创建数据库的连接，prepareStatement 会先初始化 SQL，再把 SQL 语句提交到数据库中进行预处理。

```
def open(partitionId: Long, version: Long): Boolean = {
    //获取 JDBC 连接
    conn = DriverManager.getConnection(url, user, password)
    selectStmt = conn.prepareStatement(selectSql)
    insertStmt = conn.prepareStatement(insertSql)
    updateStmt = conn.prepareStatement(updateSql)

    true
  }
```

用 process 方法更新实时分析的结果，如果数据库中不存在当前时间的记录（时间粒度为小时），那么就先执行插入操作。

```
def process(record: Row) = {

    val hour = record.getString(0)
    val channel = record.getString(1)
    var pv = record.getLong(2)
    selectStmt.setString(1, hour)
    selectStmt.setString(2, channel)
    val rs = selectStmt.executeQuery()

    var srcPv = 0L
    if (rs.next()) {
     srcPv = rs.getLong(1)
```

```
    }
    pv = pv + srcPv
    // 执行更新语句
    updateStmt.setString(1, hour)
    updateStmt.setString(2, channel)
    updateStmt.setLong(3, pv)
    updateStmt.setString(4, hour)
    updateStmt.setString(5, channel)
    updateStmt.execute()
    // 如果没有更新数据,那么执行插入操作
    if (updateStmt.getUpdateCount = = 0) {
     insertStmt.setString(1, hour)
     insertStmt.setString(2, channel)
     insertStmt.setLong(3, pv)
     insertStmt.execute()
    }
}
```

关闭数据流操作需要关闭 JDBC 资源连接，如数据库连接，需要在 close 方法中实现这一过程。

```
def close(errorOrNull: Throwable): Unit = {
    selectStmt.close()
    insertStmt.close()
    updateStmt.close()
    conn.close()
 }
```

一、Druid 简介

Apache Druid 是为大型数据集上进行联机分析处理查询设计的工具。Druid 通常用作为 GUI 分析应用程序提供动力的数据存储，或者用作需要快速聚合的高并发 API 的后端。Druid 的常用应用领域包括：

- 点击流分析（web 和移动分析）。
- 网络遥测分析（网络性能监控）。
- 服务器指标存储。
- 供应链分析（制造指标）。
- 应用程序性能度量。
- 数字营销/广告分析。
- 商业智能/联机分析处理。

Druid 的核心架构结合了数据仓库、时间序列数据库和日志搜索系统的创意。Druid 的主要特点是：

- 列式存储格式。Druid 使用面向列的存储，这意味着它只需要加载特定的查询所需的精确列。这为仅查看几列的查询提供了巨大的速度提升。此外，每列都针对其特定数据类型进行了优化，支持快速扫描和聚合。

- 可扩展的分布式系统 Druid 通常部署在数十到数百台服务器的集群中，可以提供数百万条记录/秒的摄取率，保留数万亿条记录，以及亚秒级到几秒钟的查询延迟。

• 大规模并行处理。Druid 可以在整个集群中并行处理查询。

• 实时或批量采集。Druid 可以实时流式采集数据（采集的数据可立即用于查询）或批量采集。

• 自愈，自平衡，易于操作。作为运营商，要将群集扩展或缩小，只需添加或删除服务器，群集将在后台自动重新平衡，无须任何停机时间。如果任何 Druid 服务器发生故障，系统将自动绕过损坏路由，直到可以更换这些服务器。Druid 旨在全天候运行，无须任何原因计划停机，包括配置更改和软件更新。

• 云本机，容错架构，不会丢失数据。一旦 Druid 采集了数据，副本就会安全地存储在深层存储（通常是云存储，HDFS 或共享文件系统）中。即使每个 Druid 服务器都出现故障，数据也可以从深层存储中恢复。对于仅影响少数 Druid 服务器的更有限的故障，复制可确保在系统恢复时仍可查询。

• 用于快速过滤的索引。Druid 使用 CONCISE 或 Roaring 压缩 bitmap 索引来创建索引，这些索引可以跨多个列进行快速过滤和搜索。

• 基于时间的分区。Druid 首先按时间划分数据，并且可以基于其他字段进行额外划分。这意味着基于时间的查询将仅访问与查询的时间范围匹配的分区，使得基于时间的数据性能显著改进。

• 近似算法。Druid 包括用于近似 count-distinct 的算法，近似排序以及近似直方图和分位数的计算的算法。这些算法提供有限的内存使用，并且通常比精确计算快得多。对于精度比速度更重要的情况，Druid 还提供精确的 count-distinct 以及精确的排序。

• 在采集时自动汇总。Druid 可选择在采集时支持数据汇总。提前预聚合数据，可以节省大量存储成本并提高性能。

二、加载数据

启动服务，运行 imply 安装目录的 bin 目录下的 supervise 命令启动服务，-c 参数为执行启动的配置文件。

```
[root@master imply]# bin/supervise supervise -c conf/supervise/quickstart.conf
```

如图 3-22 所示，在 Data 菜单，点击右侧“+Load data”按钮，加载数据，进行下一步配置。

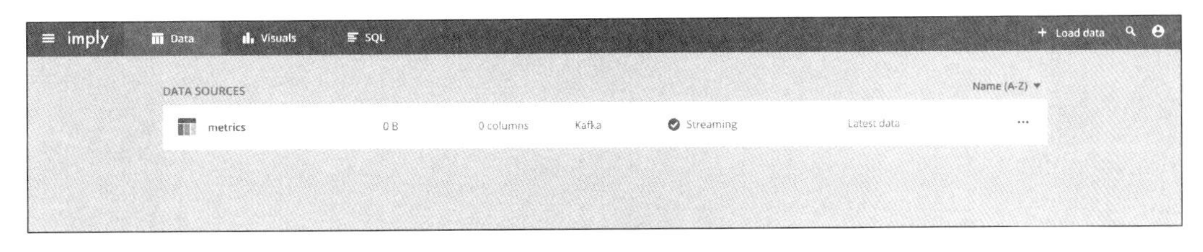

图 3-22　Druid 配置数据

连接数据源，Druid 支持 Kafka、AWS、HTTP 等多种数据源，本项目待分析的流式数据来源于 Kafka，所以选择 Apache Kafka，如图 3-23 所示。

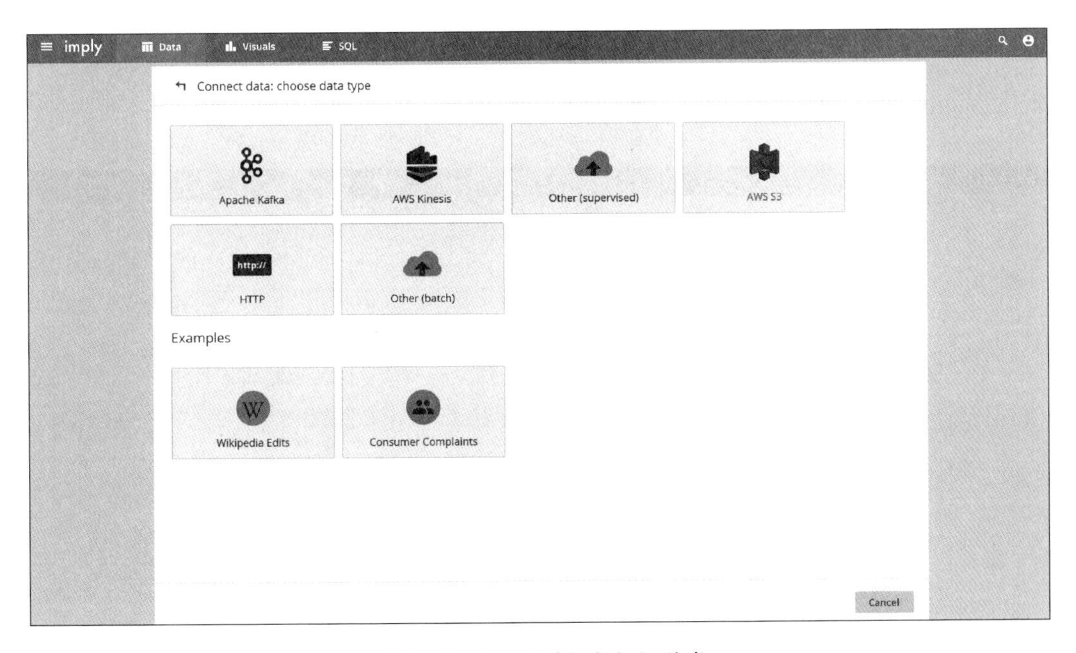

图 3-23　Druid 选择数据源种类

连接数据源，选择 Apache Kafka，配置 Kafka 的 Brokers、Topic 和消息格式，选择 JSON 格式，点击“Sample and continue”按钮对数据进行采样，如图 3-24 所示。

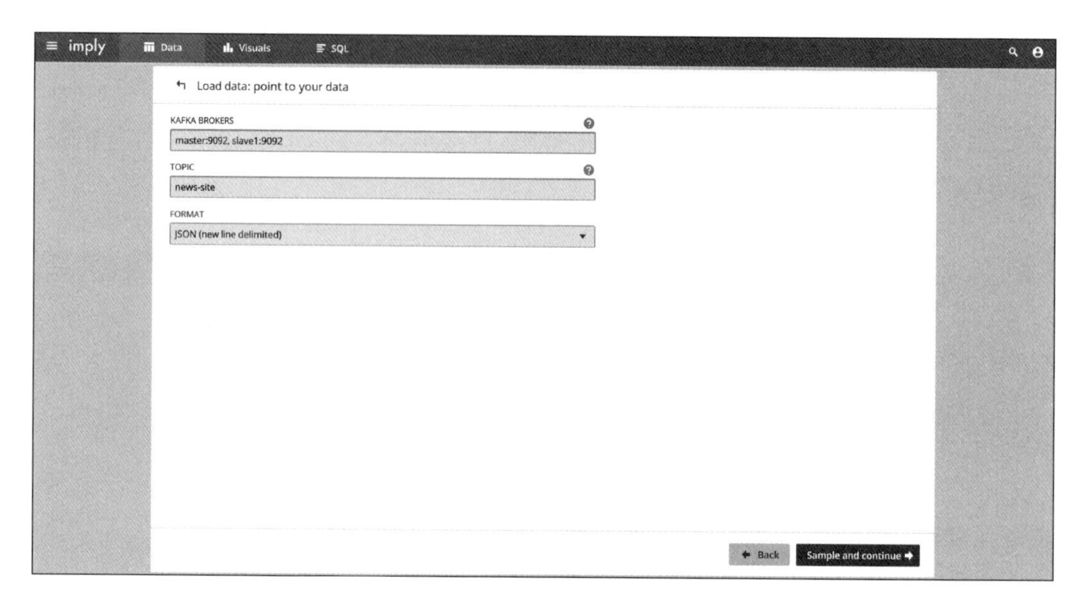

图 3-24 Druid 数据采样

查看样本数据，样本数据的字段和 JSON 的属性是一致的。确认没有问题后，点击“Yes this is the data I wanted”按钮确认，如图 3-25 所示。

imply　Data　Visuals　SQL

Load data: review sample

request	referer	http_host	uri	http_user_agent	remo
GET /img/1.gif?bw=Netscape...	http://front.news_site/sport/...	logs.news_site	/img/1.gif	Mozilla/5.0 (Windows NT 10....	-
GET /img/1.gif?bw=Netscape...	http://front.news.site/sport/...	logs.news.site	/img/1.gif	Mozilla/5.0 (Windows NT 10....	-
GET /img/1.gif?bw=Netscape...	http://front.news.site/sport/...	logs.news.site	/img/1.gif	Mozilla/5.0 (Windows NT 10....	-
GET /img/1.gif?bw=Netscape...	http://front.news.site/sport/...	logs.news.site	/img/1.gif	Mozilla/5.0 (Windows NT 10....	-
GET /img/1.gif?bw=Netscape...	http://front.news.site/sport/...	logs.news.site	/img/1.gif	Mozilla/5.0 (Windows NT 10....	-
GET /img/1.gif?bw=Netscape...	http://front.news.site/sport/...	logs.news.site	/img/1.gif	Mozilla/5.0 (Windows NT 10....	-
GET /img/1.gif?bw=Netscape...	http://front.news.site/sport/...	logs.news.site	/img/1.gif	Mozilla/5.0 (Windows NT 10....	-
GET /img/1.gif?bw=Netscape...	http://front.news.site/sport/...	logs.news.site	/img/1.gif	Mozilla/5.0 (Windows NT 10....	-
GET /img/1.gif?bw=Netscape...	http://front.news.site/sport/...	logs.news.site	/img/1.gif	Mozilla/5.0 (Windows NT 10....	-
GET /img/1.gif?bw=Netscape...	http://front.news.site/sport/...	logs.news.site	/img/1.gif	Mozilla/5.0 (Windows NT 10....	-
GET /img/1.gif?bw=Netscape...	http://front.news.site/sport/...	logs.news.site	/img/1.gif	Mozilla/5.0 (Windows NT 10....	-
GET /img/1.gif?bw=Netscape...	http://front.news.site/sport/...	logs.news.site	/img/1.gif	Mozilla/5.0 (Windows NT 10....	-
GET /img/1.gif?bw=Netscape...	http://front.news.site/sport/...	logs.news.site	/img/1.gif	Mozilla/5.0 (Windows NT 10....	-

Previous step　Yes this is the data I wanted

图 3-25 Druid 查看数据样本与确认

配置主要的时间列，选择“@ timestamp”，时间格式（FORMAT）选择 iso，点击“Configure columns”继续配置列信息，如图 3-26 所示。

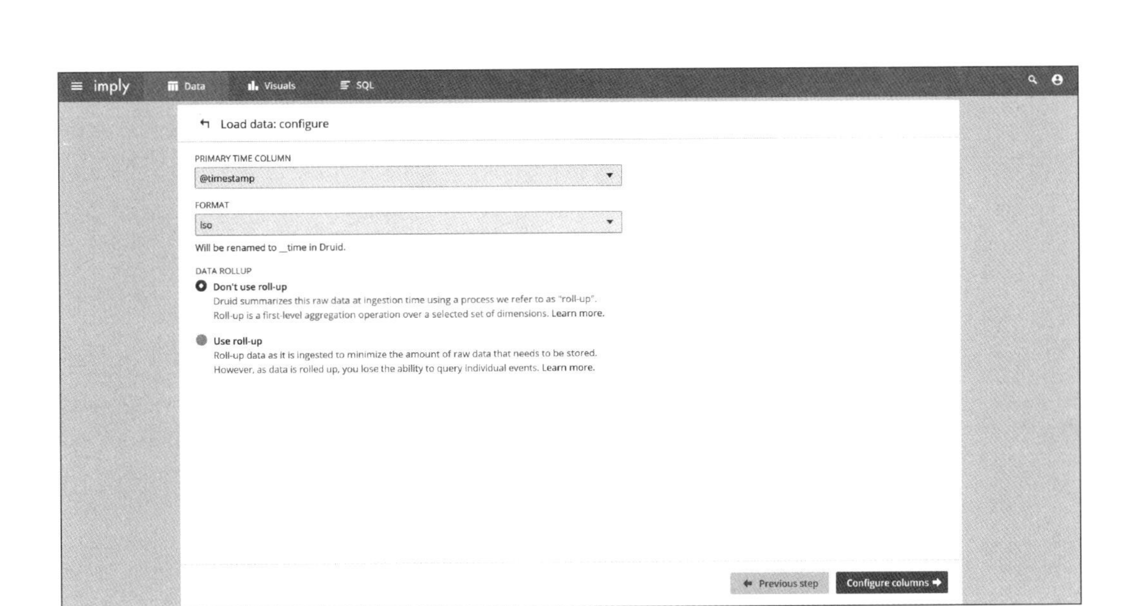

图 3-26　Druid 配置主要的时间列

配置列信息，可以根据需求编辑或删除日志信息中的列，点击“Additional config”继续配置额外信息，如图 3-27 所示。

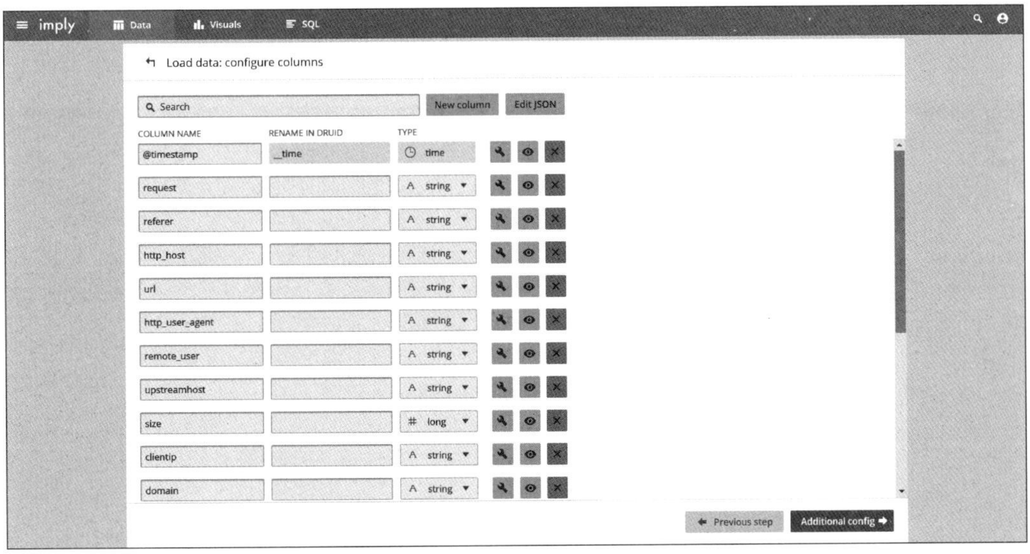

图 3-27　Druid 配置列信息

配置数据源的名称 news-site，点击“Review config”预览配置，如图 3-28 所示。

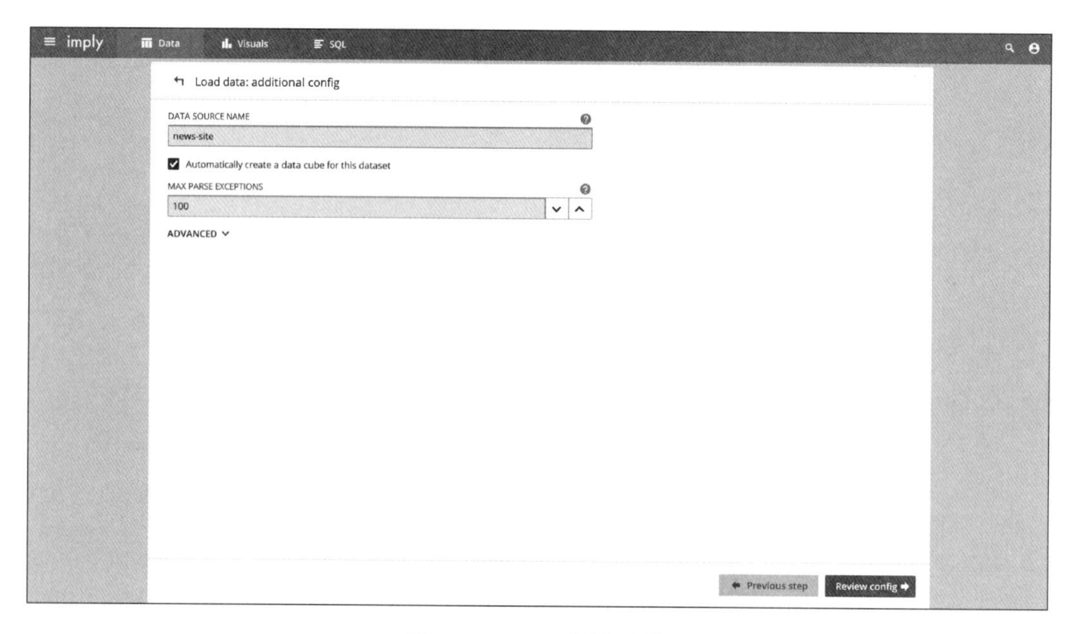

图 3-28　Druid 预览配置

预览没有问题后，点击“Start loading data”按钮开始加载数据。加载的过程可能有一定时间的延迟，可以通过点击“Data”菜单进行刷新，查看数据加载的结果，如图 3-29、图 3-30 所示。

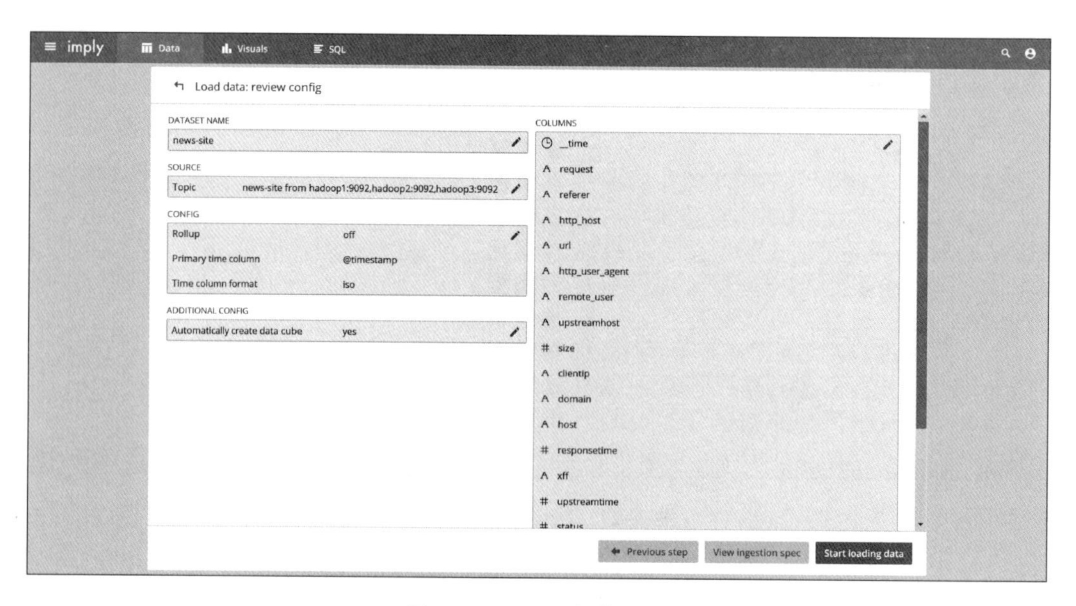

图 3-29　Druid 加载数据

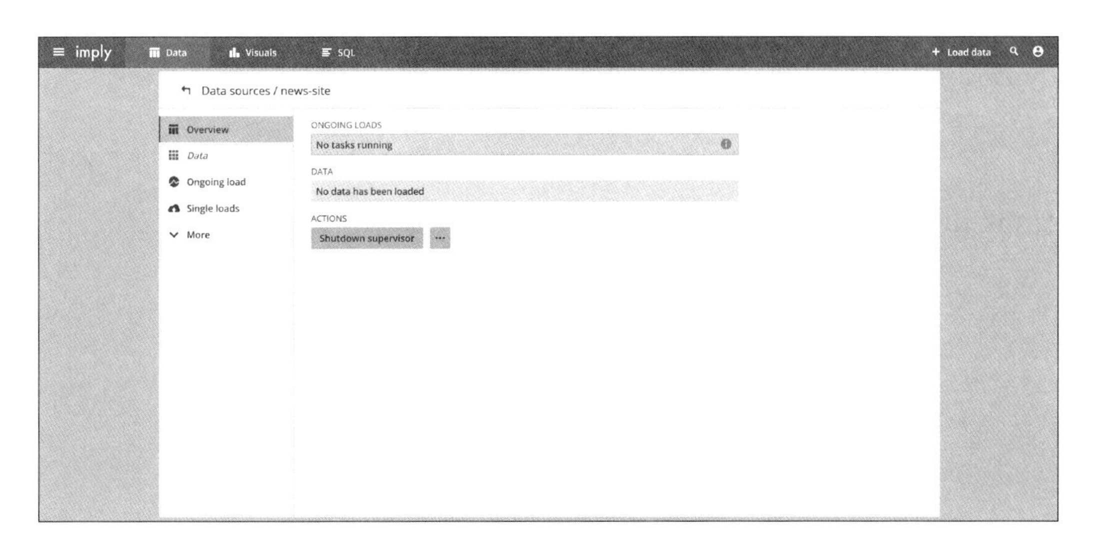

图 3-30　Druid 查看加载结果

数据加载成功后，点击“Data”菜单可以查看数据源。news-site 为新加载的数据源，点击 news-site 数据源，可以查看当前任务的执行情况，如图 3-31、图 3-32 所示。

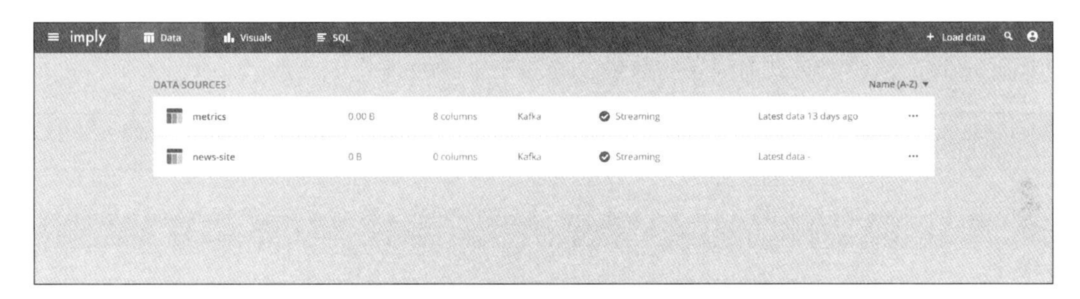

图 3-31　Druid 查看加载的数据源

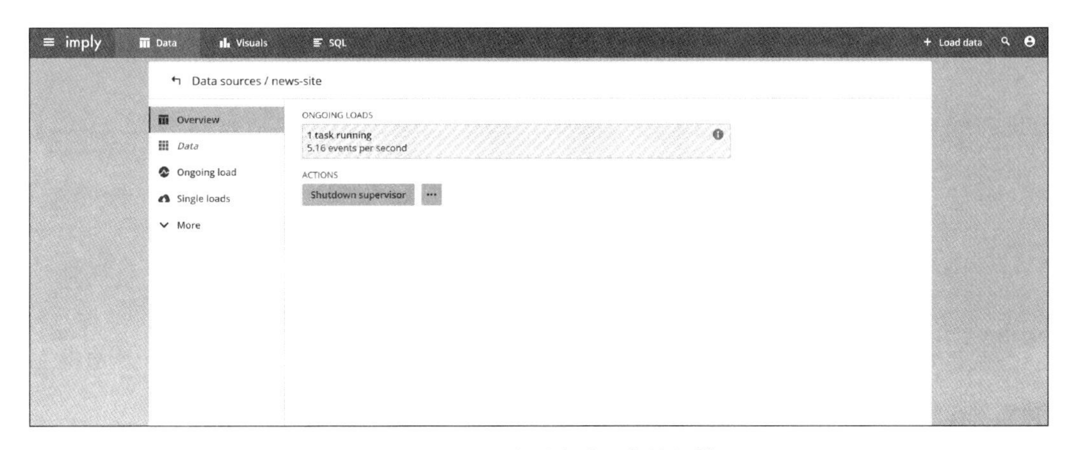

图 3-32　Druid 查看当前任务执行情况

三、实时分析

为了测试 Druid 实时分析流程，多次刷新网站不同频道下不同的页面，页面刷新会生成网站日志，网站日志经过 Flume 收集会发送到 Kafka 中，如图 3-33 所示。

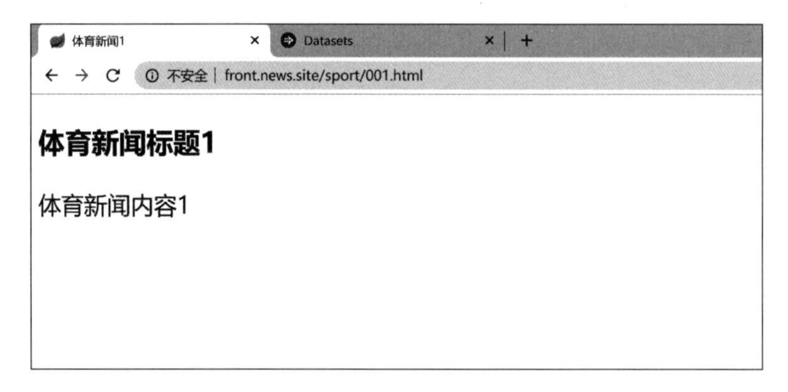

图 3-33　网站示例

执行 SQL 语句，点击“SQL”菜单，在“SQL Query”中输入 SQL 语句后，点击“Run again”按钮实时查询消息的数量，如图 3-34 所示。

```
select count(*) from “news-site”;
```

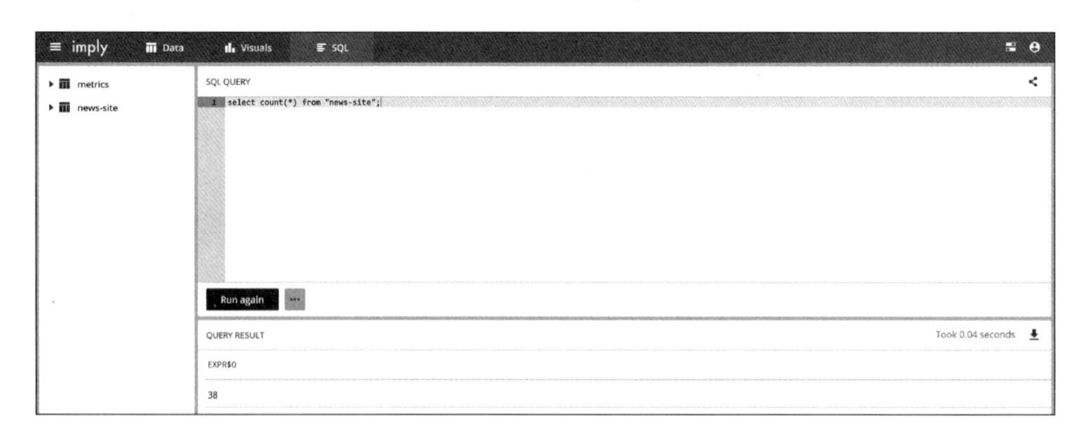

图 3-34　查询实时消息数量

统计每小时每个频道下页面的 PV 值，执行 SQL 语句查看结果，并按照 PV 值由大到小排序，显示 PV 值最大的前 3 条记录，如图 3-35 所示。

```
select TIME_FORMAT(__time,'YYYYMMddHH') as time_hour, channel, count(channel) as pv from "news-site" group by TIME_FORMAT(__time,'YYYYMMddHH'), channel order by pv desc limit 3;
```

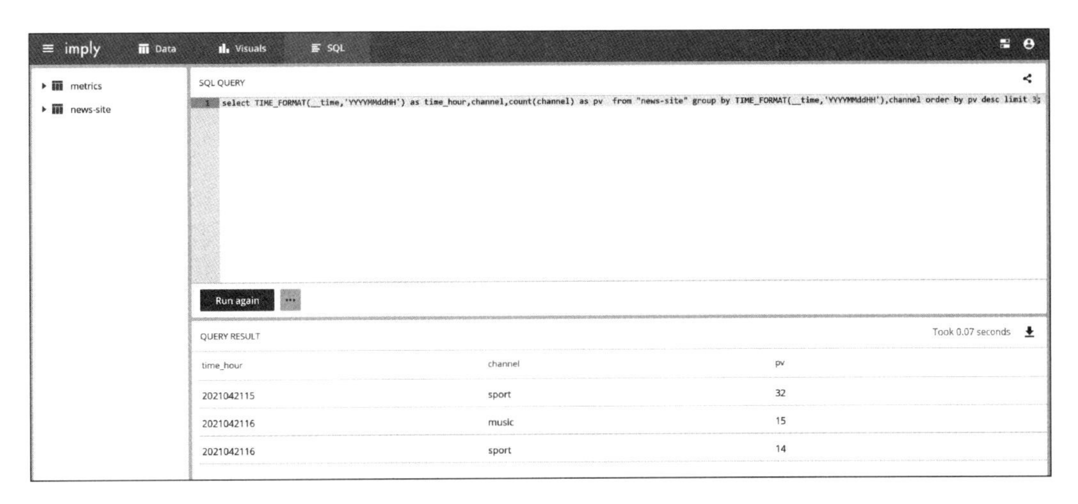

图 3-35　显示前 3 条记录

四、可视化

Druid 实时分析的结果，可以通过可视化的报表和图表的形式展示出来，用户可以创建“数据立方体”从不同的维度展示数据。“数据立方体”是指多维度的数据模型，是为了满足从多角度、多层次进行数据查询和分析的需求而建立起来的基于事实和维度的数据模型，其中每个维度对应于模式中的一个或一组属性，而每个单元存储的是聚合的度量值。数据立方体提供数据的多维视图，并允许预计算和快速访问汇总数据。

主要的实现步骤如下：

点击“Visuals”按钮，然后点击“Create new data cube”按钮创建新的数据立方，如图 3-36 所示。

选择数据源“news-site”，点击“Next：Create data cube”按钮创建数据立方，如图 3-37 所示。

编辑数据立方，主要包括名称、描述、数据源等，点击右上角的“Save”按钮，保存相关的设置，如图 3-38 所示。

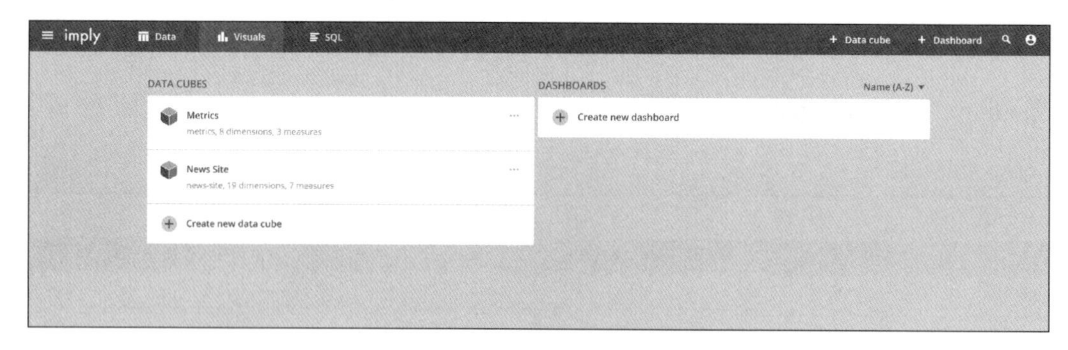

图 3-36　创建数据立方界面

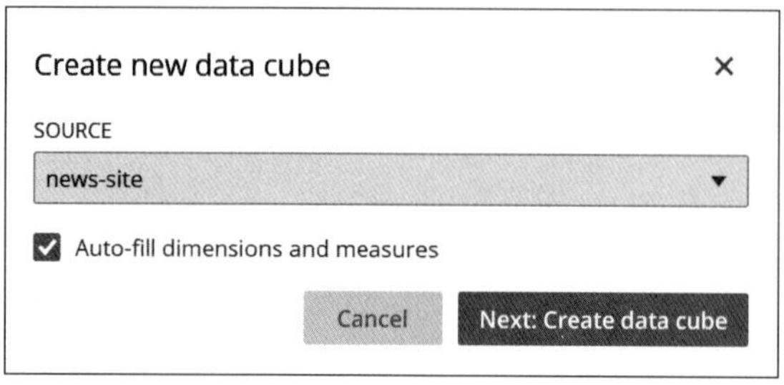

图 3-37　创建新的数据立方

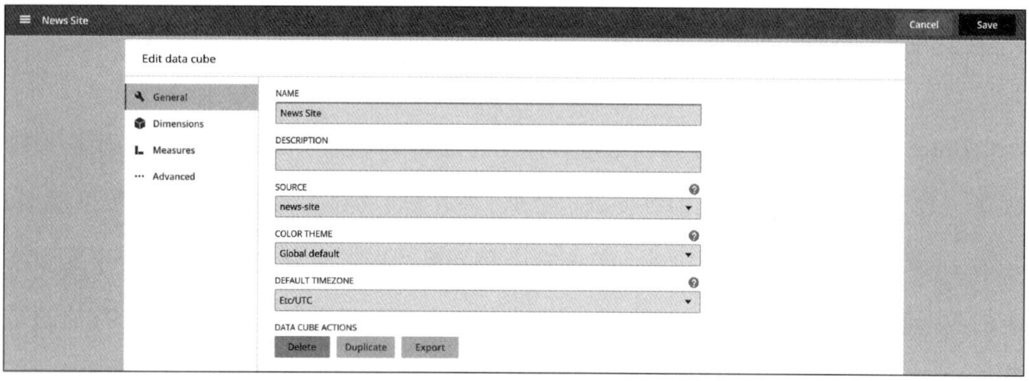

图 3-38　设置数据立方属性

数据立方创建完成以后，查看消息数量，当前 Kafka 中没有过滤的日志消息有 61 条，如图 3-39 所示。

按照频道对消息进行过滤，在左侧的菜单中点击“channel”菜单，如图 3-40 所示。

选择“channel”的下拉菜单，点击“sport”选中体育频道，只显示体育频道的日志消息，显示体育频道的消息有 46 条，如图 3-41、图 3-42 所示。

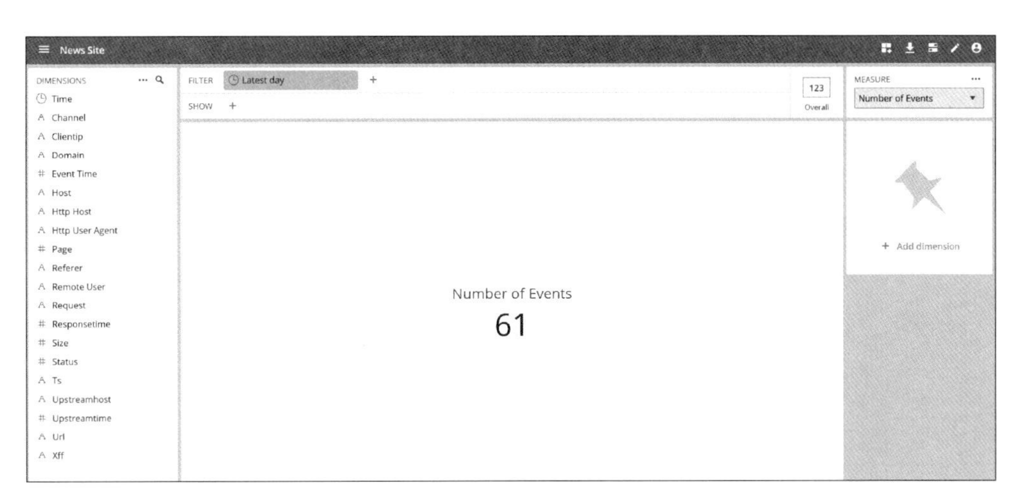

图 3-39　查看消息数量

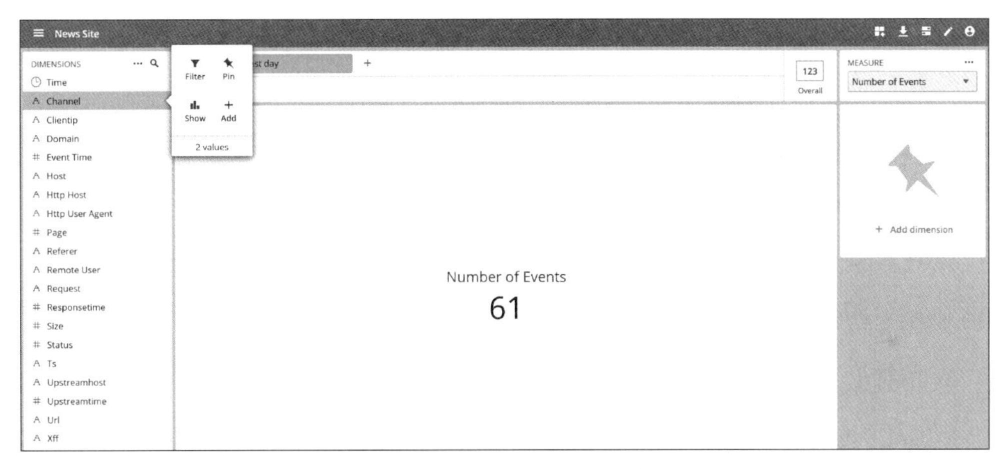

图 3-40　channel 菜单弹出选项

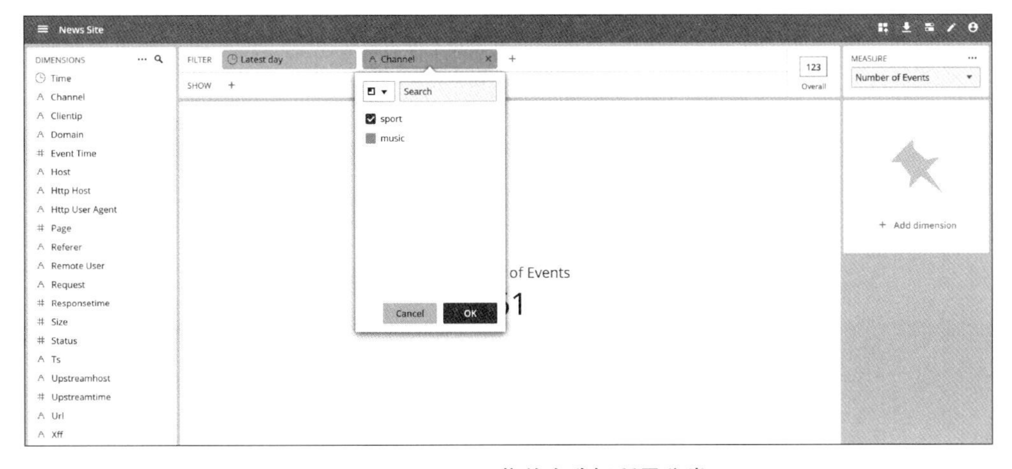

图 3-41　channel 菜单中选择所需分类

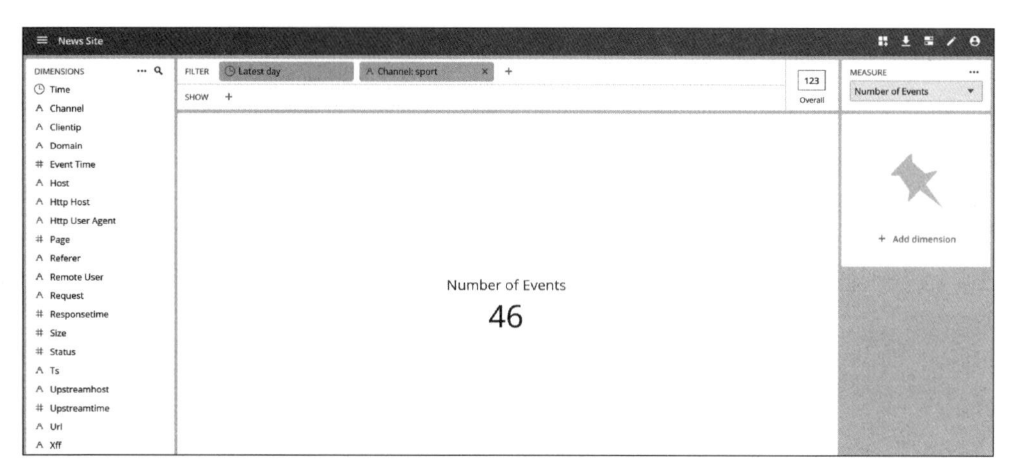

图 3-42　显示对应分类 event 数量

思考题

1. 离线数据处理和实时数据处理的主要区别是什么?

2. 在 Nginx 的访问日志中，如何根据用户代理（浏览器）进行 PV 值的分析?

3. 在 Nginx 的访问日志中，通过 IP 地址库可以将 IP 地址转换为区域信息，思考如何对访问者的区域进行分析?

4. 相对于 Spark 的 DStream API，Spark Streaming 结构化 API 的优点是什么?

5. Druid 的主要应用场景是什么?

第四章 交互式数据处理

前几章讲解了 Hive、Spark SQL 在项目中的应用，这些工具的共同点是开发工程师编写类似 SQL 的语句对数据仓库中的数据进行查询，以简易的交互方式获取查询结果，这类技术统称为 SQL on Hadoop 引擎。SQL on Hadoop 技术的普遍应用降低了用户使用 Hadoop 大数据平台的难度。随着企业大数据交互式查询的实时性要求越来越高，企业期望能够在高并发、大数据量的情况下，数据聚合查询的时间可以达到毫秒级，针对这一应用场景 Kylin 应运而生。

Kylin 是真正由中国人自己主导、自主研发、最后发布到 Apache 开源社区的顶级开源项目。它基于 Hadoop 大数据平台的开源 OLAP 引擎进行架构，利用空间换时间的方法，把很多分钟级别乃至小时级别的大数据查询速度提升到了亚秒级别，极大地提高了大数据分析的效率。Kylin 提供了标准 SQL 查询接口，支持大多数的 SQL 函数，同时也支持 ODBC/JDBC 的方式和主流的 BI 产品无缝集成。

本章重点讲解使用 Kylin 对 Hive 中的数据进行实时聚合查询的方式，及 Kylin 对 Kafka 中的流式数据进行实时集合分析的方式。

- **职业功能：** 交互式数据处理流程。
- **工作内容：** 本项目通过使用 MOLAP 系统创建数据立方并进行数据查询，项目主要面对使用 Kylin 获取基于 Hive 的数据，并创建数据模型和数据立方，实现对数据的预计算，计算结果使用图表方式进行展示，最终实现完整交互式数据处理流程。

- **专业能力要求：** 能根据业务需求对不同数据源的数据进行整合；能通过交互式查询需求，编写交互查询命令；能根据数据平台构建联机事物分析系统并进行即席查询；能使用交互式查询工具创建数据接口，并提供对外服务接口；能使用交互式查询平台制作报表及展示图表。
- **相关知识要求：** 掌握数据模型及数据立方的构造方法；掌握基于数据立方的数据查询原理；掌握基于 OLAP 系统进行数据查询方法；掌握数据可视化展示方法。

第一节　交互式数据处理背景

一、需求定位

本章的数据来源于第二章的电商数据仓库和第三章的网站点击流。在第二章电商数据仓库项目中，在 Hive 中已经创建了电商业务相关的数据表，使用 Kylin 连接 Hive 中的数据源进行聚合分析，按照不同的维度进行“预计算”，将预计算的结果存储到 HBase 中。在第三章的网站点击流项目中，用户浏览网站的行为通过 Nginx 访问日志的形式记录到服务器中，Flume 收集网站日志到 Kafka 中，使用 Kylin 对 Kafka 中网站数据流进行聚合分析。

在本章中实现两个基本的需求，一是使用 Kylin 对 Hive 中电商系统 ODS 层的订单表和区域表的数据进行聚合分析，对订单数据按照二级区域进行汇总，显示订单金额最高的前几个区域，即每日订单金额最高的前几个城市。二是使用 Kylin 对 Kafka 中的网站点击流进行聚合分析，以频道和时间为维度，计算网站的 PV 值。

二、概念理解

• 维度：简单来讲，维度是观察数据的角度。例如，第二章的电商系统的订单数据，可以从时间的维度来观察，汇总每天的订单金额；也可以进一步细化，从时间和区域的维度来观察，即每天、每个省（自治区）的订单金额。维度一般是一组离散的值，例如，时间维度上的每一个独立的日期，或者区域维度上的每一个独立的区域。

因此统计时可以把维度值相同的记录聚合在一起，然后应用聚合函数做累加、平均、重复计数等聚合计算。

• 度量：就是被聚合的统计值，也是聚合运算的结果，它一般是连续的值，如电商系统中订单的数量、订单的金额。通过比较和测算度量，可以对数据进行评估，例如，今天 10:00 的订单数量与今天 9:00 的订单数量相比是否有增长，一天内哪个时间段用户下订单数量最多？有了维度和度量的区分，数据表字段就可以分类了，它们或者是维度，或者是度量。

• 事实表（Fact Table）：是指存储有事实记录的表，如系统日志、销售记录等；事实表的记录在不断地动态增长，所以它的体积通常远大于其他表。

• 维度表（Dimension Table）或维表：有时也称查找表（Lookup Table），是与事实表相对应的一种表；它保存了维度的属性值，可以跟事实表关联；相当于将事实表上经常重复出现的属性抽取、规范出来，用一张表进行管理。

• Cube（或 Data Cube）：即数据立方体，是一种常用于数据分析与索引的技术；它可以对原始数据建立多维度索引。通过 Cube 对数据进行分析，可以大大加快数据的查询效率。

• Cuboid：在 Kylin 中特指在某一种维度组合下所计算的数据。

• Cube Segment：是指针对源数据中的某一个片段，计算出来的 Cube 数据。通常数据仓库中的数据数量会随着时间的增长而增长，而 CubeSegment 也是按时间顺序来构建的。

• OLAP（Online Analytical Process）：联机分析处理，以多维度的方式分数据，而且能够弹性地提供上卷（Roll-up）、下钻（Drill-down）和透视分析（Pivot）等操作，它是呈现集成性决策信息的方法，多用于决策支持系统、商务智能或数据仓库。其主要的功能在于方便大规模数据分析及统计计算，可对决策提供参考和支持。

• MOLAP（Multidimensional Online Analytical Processing）：它将 OLAP 分析所用到的多维数据物理上存储为多维数组的形式，形成“立方体”的结构。维的属性值被映射成多维数组的下标值或下标的范围，而总结数据作为多维数组的值存储在数组的单元中。

三、Kylin 工作原理

Kylin 能够实现在亚秒级别延迟的情况下，对 Hadoop 上的大规模数据集进行交互式查询。Kylin 之所以能够实现高效率的查询，是因为它采用了“空间换时间”的设计思想，通过预计算的方式，根据不同维度对数据集进行聚合计算，聚合结果提前存储到 HBase 中。原有的基于行的关系模型被转换成基于键值对的列式存储，数据集中的维度组合作为 HBase 的 Rowkey（主键），在查询访问时不再需要对 Hive 中的数据进行聚合计算，而是根据各个维度组合成的主键，直接从 HBase 中查询结果。这就实现了对数据集的快速聚合分析。

Kylin 的工作原理本质上是 MOLAP Cube，也就是多维立方体分析。对数据模型进行 Cube 预计算，并利用计算的结果加速查询，具体工作过程如下：

- 指定数据模型，定义维度和度量。
- 预计算 Cube，计算所有 Cuboid 并保存为物化视图。
- 执行查询时，读取 Cuboid，运算，产生查询结果。

由于 Kylin 的查询过程不会扫描原始记录，而是通过预计算预先完成表的关联、聚合等复杂运算，并利用预计算的结果来执行查询。因此相比非预计算的查询技术，其速度一般要快 1~2 个数量级，这点在超大的数据集上优势更明显。

四、Kylin 架构

Kylin 的架构主要由 REST Server、查询引擎、路由器、元数据管理工具、任务引擎几个组件组成，各组件之间的关系如图 4-1 所示。

（一）REST Server

REST Server 是一套面向应用程序开发的入口点，实现针对 Kylin 平台的应用开发工作。应用程序可以提供查询、获取结果、触发立方体构建任务、获取元数据以及获取用户权限等，另外可以通过 Restful 接口实现 SQL 查询。

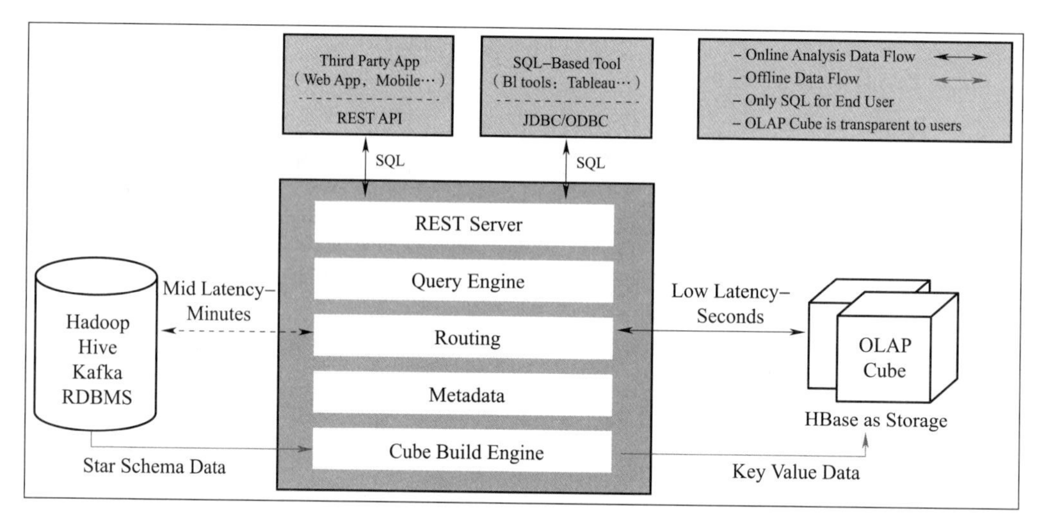

图 4-1　Kylin 架构

（二）查询引擎（query engine）

当数据立方准备就绪后，查询引擎就能够获取并解析用户查询。它随后会与系统中的其他组件进行交互，从而向用户返回对应的结果。

（三）路由（routing）

Kylin 的设计者在最初设计时曾考虑过将 Kylin 不能执行的查询引导去 Hive 中继续执行，但在实践后发现 Hive 与 Kylin 的速度差异过大，大多数查询可能几秒内就返回结果了，而有些查询则要等几分钟到几十分钟，用户体验非常差。这个路由功能在发行版中默认关闭。

（四）元数据管理工具（metadata management）

Kylin 是元数据驱动型应用程序。元数据管理工具是一大关键性组件，用于对保存在 Kylin 当中的所有元数据进行管理，其中包括最为重要的数据立方元数据。其他全部组件的正常运作都需以元数据管理工具为基础。Kylin 的元数据存储在 HBase 中。

（五）任务引擎（cube build engine）

任务引擎的设计目的在于处理所有离线任务，其中包括 shell 脚本、Java API 以及 MapReduce 任务等。任务引擎对 Kylin 当中的全部任务加以管理与协调，从而确保每一项任务都能得到切实执行并解决其间出现的故障。

第二节　Kylin 基本应用

一、创建项目

（一）启动 Kylin

需要启动 Hive 和 Hbase。因为 HBase 依赖于 ZooKeeper，Hive 依赖于 Hadoop，所以启动 Kylin 要先将 Hadoop、ZooKeeper、HBase 启动起来。

（二）创建项目

Kylin 默认的端口号为 7070，在浏览器中访问 http://master:7070/kylin，显示登录页面，默认的账号/密码为：ADMIN/KYLIN，输入账号和密码登录系统，如图 4-2 所示。

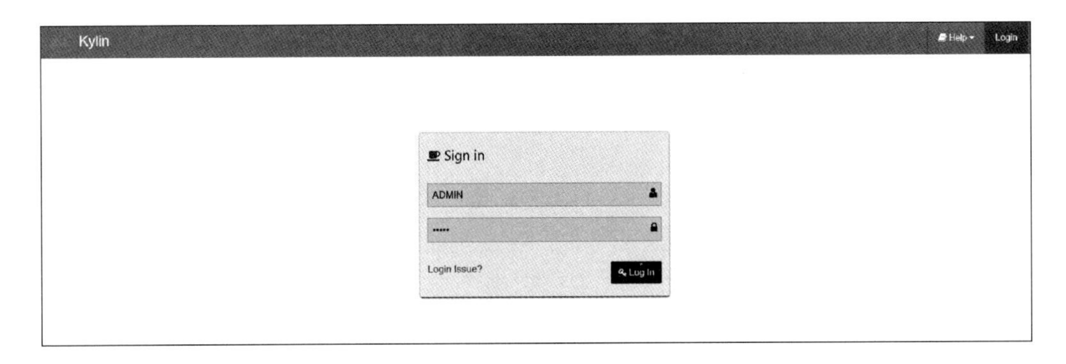

图 4-2　登录页面

如图 4-3 所示，登录后进入主页面，点击左上角“+”（Add Project）添加项目按钮，打开项目信息输入的页面，进一步填写项目信息。

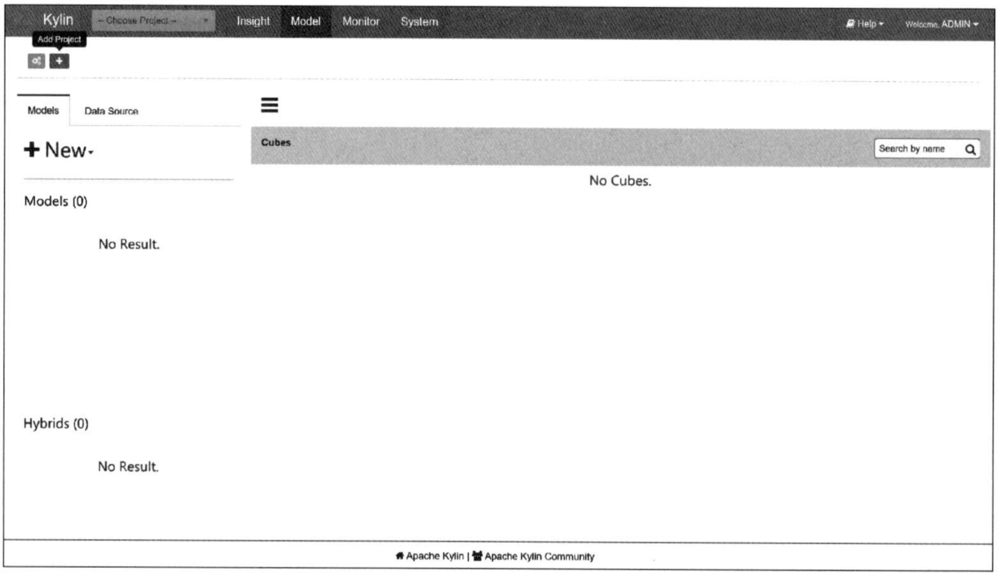

图 4-3　添加项目

如图 4-4 所示，输入“Project Name”（项目名称）：mall 和“Project Description”（项目描述）。如果需要配置项目的属性，可以点击“+Property”按钮添加属性，在本项目中不需要配置属性，点击“Submit”按钮提交项目信息。

图 4-4　项目基本信息

如图 4-5 所示，在“Model”的主页面点击左上角“Manage Project”按钮，管理项目，打开项目列表的页面。

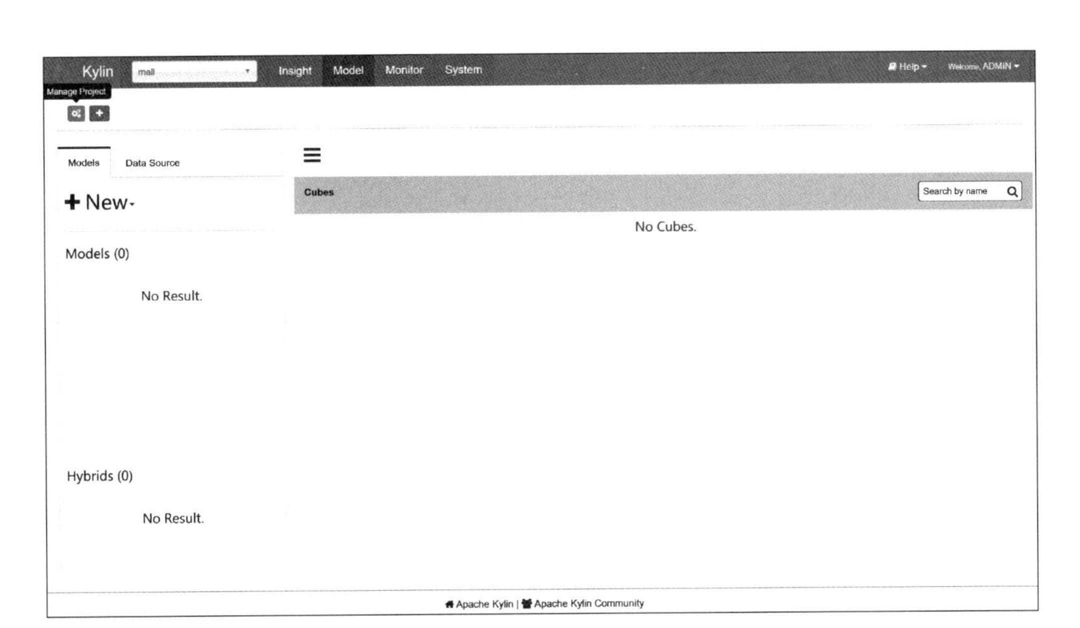

图 4-5　Model 主页面

如图 4-6 所示，在项目列表页面，可以查看到新创建的 mall 项目，在列表的最后一列“Actions”列，可以对项目进行编辑或者删除。

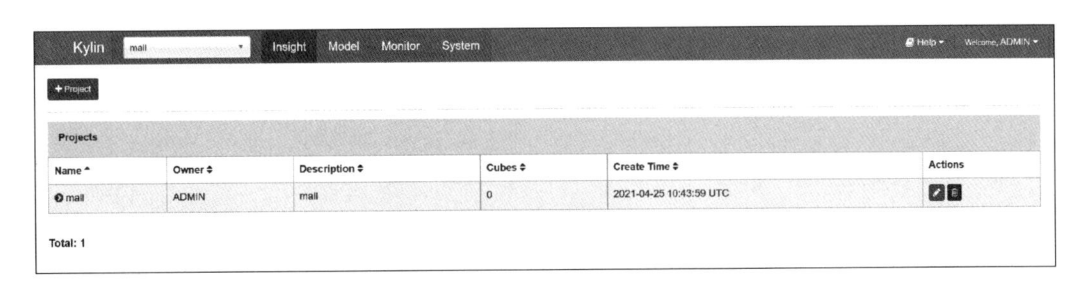

Name	Owner	Description	Cubes	Create Time	Actions
mall	ADMIN	mall	0	2021-04-25 10:43:59 UTC	

Total: 1

图 4-6　项目列表页面

如图 4-7 所示，如需编辑项目信息，选择“Edit”（编辑），显示项目编辑页面。

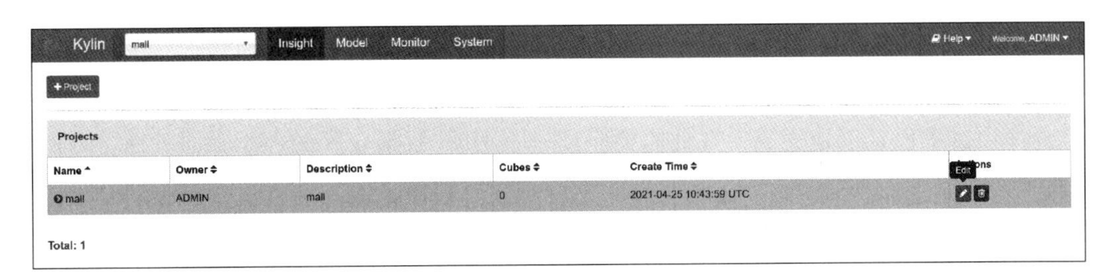

Name	Owner	Description	Cubes	Create Time	Actions
mall	ADMIN	mall	0	2021-04-25 10:43:59 UTC	

Total: 1

图 4-7　编辑项目按钮

如图 4-8 所示，在项目编辑页面，可以对项目的名称和项目描述的内容进行修改，修改完成后点击“Submit”（提交）按钮提交修改结果。

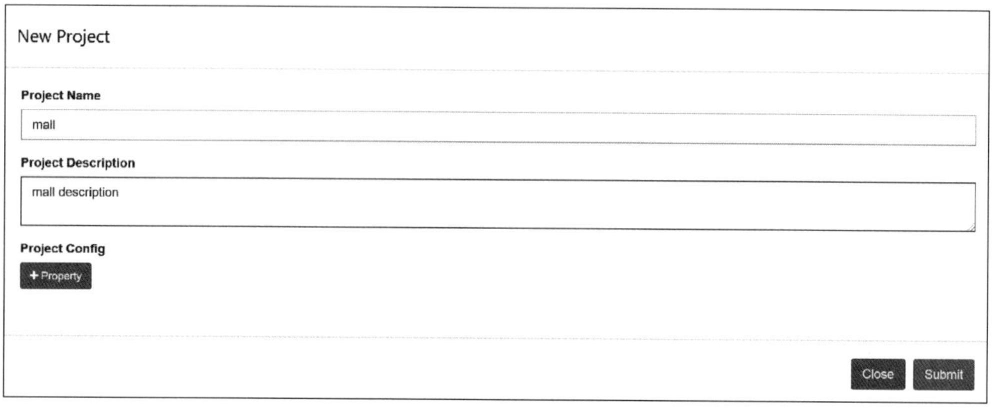

New Project
Project Name
mall
Project Description
mall description
Project Config
+ Property
Close
Submit

图 4-8　编辑项目信息

项目信息修改并提交完成后，会返回到项目管理的列表页面，如图 4-9 所示。列表页面显示了所有的项目信息。

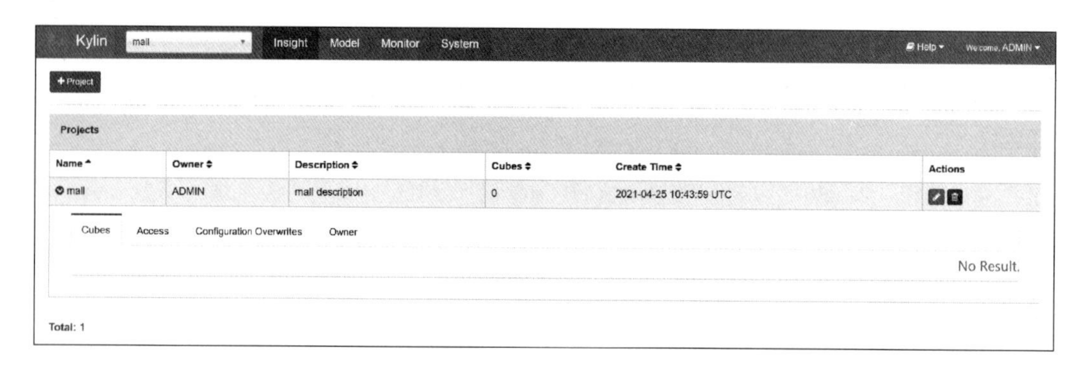

图 4-9　项目列表页面

（三）准备数据

Kylin 交互式查询的数据源是 Hive 中的电商业务数据，数据表在第二章的电商数据仓库项目中已经创建完成，在此需要验证一下 Hive 数据仓库的数据是否正常。开启 Hive 客户端，执行 Hive SQL 查询数据，验证准备连接的数据表中的数据是否存在。本章使用的是电商数据仓库中的 ODS 层的订单表和区域表，订单表作为事实表，区域表作为维度表。

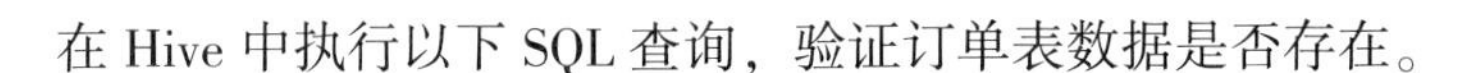

在 Hive 中执行以下 SQL 查询，验证订单表数据是否存在。

```
hive (default)> select * from hive_mall.ods_order_info limit 5;
OK
ods_order_info.id  ods_order_info.order_status  ods_order_info.user_id  ods_order_
info.area3_id  ods_order_i
nfo.create_time  ods_order_info.operate_time  ods_order_info.consignee  ods_or-
der_info.consignee_tel  ods
_order_info.total_amount  ods_order_info.payment_way  ods_order_info.order_
comment  ods_order_info.out_
trade_no  ods_order_info.trade_body  ods_order_info.expire_time  ods_order_
info.tracking_no  ods
_order_info.parent_order_id  dos_order_info.img_url  ods_order_info.delivery_ad-
dress  ods_order_info.dt
12  16  90  2021-04-19  06:47:49.0  2021-04-20  12:09:52.0  ZqDVRx
13749429970  118  2  u
jJUwzjttNJUEnAPxQPB  2468283359  null  null  NULL  null  rZZXPiuzmMXEfKla-
tReW  2021-04-19
22  82  6  2021-04-19  18:11:03.0  2021-04-20  16:09:58.0  cbYRlE
13381487014  103  2  T
usCLYlvddhCoNYEcwdb  9636426789  null  null  NULL  null  gUcFSxKkSIPZ-
COkLZOWr  2021-04-19
32  65  94  2021-04-19  17:47:49.0  2021-04-21  10:50:17.0  WQpaiQ
13546096429  890  2  Y
ucdkNnYdyisrDRyRQEw  4944600408  null  null  NULL  null  TLYJBCihmolKUqXNZ-
IsQ  2021-04-19
43  32  23  2021-04-19  06:53:30.0  2021-04-21  06:32:56.0  HnsYPb
13805970977  533  1  c
```

```
yjyRMjJUwycQXqKFUJz    5455043037    null    null    NULL    null    sFXVNdbXKFYZa-
hITvxZF    2021-04-19
53    6    47    2021-04-19    14:02:09.0    2021-04-20    04:20:43.0    tHcrzA
13069034341    543    2    P
cReWukNlSJCTKWBTPss    7566394494    null    null    NULL    null    vTkrgDyKdjOrrKynTE-
sY    2021-04-19
Time taken:  0.077 seconds, Fetched: 5 row(s)
```

在 Hive 中执行以下 SQL 查询，验证一级区域表数据是否存在。

```
hive (default)> select * from hive_mall.ods_base_area1 limit 5;
OK
ods_base_area1.id    ods_base_area1.code    ods_base_area1.name    ods_base_
area1.dt
1110000    北京市    2021-04-19
2120000    天津市    2021-04-19
3130000    河北省    2021-04-19
4140000    山西省    2021-04-19
5150000    内蒙古自治区    2021-04-19
Time taken:  0.058 seconds, Fetched: 5 row(s)
```

在 Hive 中执行以下 SQL 查询，验证二级区域表是否正常。

```
hive (default)> select * from hive_mall.ods_base_area2 limit 5;
OK
ods_base_area2.id    ods_base_area2.code    ods_base_area2.name    ods_base_area2.
area1_code    ods_base_area2.dt
1110101    东城区    110000    2021-04-19
2110102    西城区    110000    2021-04-19
```

```
3110105 朝阳区 110000 2021-04-19
4110106 丰台区 110000 2021-04-19
5110107 石景山区 110000 2021-04-19
Time taken: 0.057 seconds, Fetched: 5 row(s)
```

在 Hive 中执行以下 SQL 查询，验证三级区域表是否正常。

```
hive (default)> select * from hive_mall.ods_base_area3 limit 5;
```

```
OK
ods_base_area3.id ods_base_area3.code ods_base_area3.name ods_base_area3.area2_code ods_base_area3.dt
1130102 长安区 130100 2021-04-19
2130103 桥东区 130100 2021-04-19
3130104 桥西区 130100 2021-04-19
4130105 新华区 130100 2021-04-19
5130107 井陉矿区 130100 2021-04-19
Time taken: 0.042 seconds, Fetched: 5 row(s)
```

添加数据源。点击主菜单上方的“Model”菜单，然后点击页面左侧的“Data Source”选项卡，显示已经连接的数据源。当前还没有设置数据源，显示“No Result”信息，如图 4-10 所示。

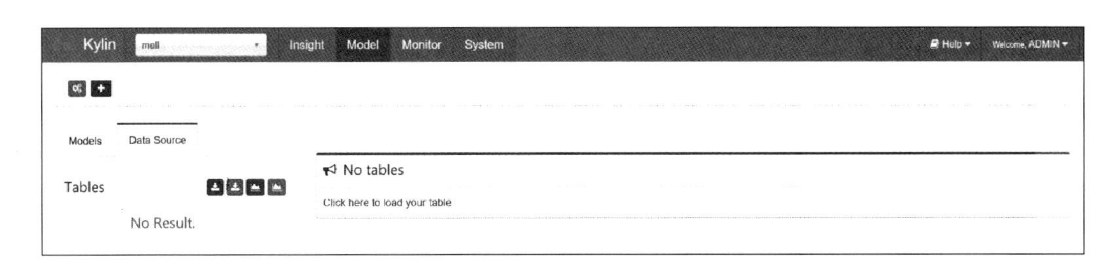

图 4-10 Model 页面 Data Source 选项卡

点击“Load Table From Tree”（从树中加载表）按钮，如图 4-11 所示，打开选择 Hive 表元数据的页面，从 Hive 中加载数据表。

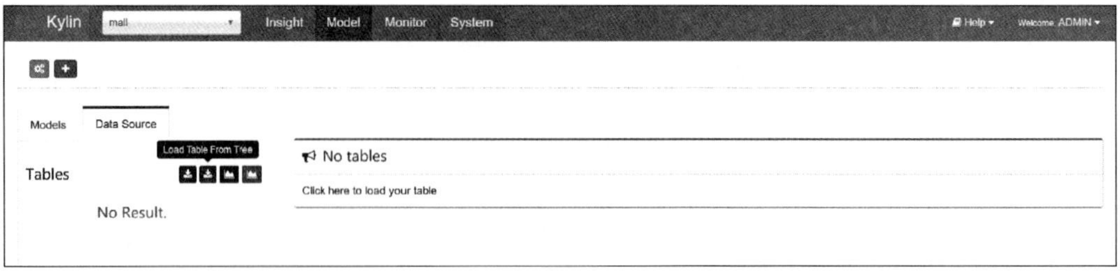

图 4-11　Model 页面 Data Source 选项卡加载表

如图 4-12 所示，在“Load Table Metadata From Tree”（从树中加载表元数据）页面中点击“hive_mall”数据库，点击 hive_mall 节点展开所有的数据表。

图 4-12　加载元数据页面

使用鼠标点击选择数据表，各表对应关系为：①hive_mall. ods_base_area1：一级区域表；②hive_mall. ods_base_area2：二级区域表；③hive_mall. ods_base_area3：三级区域表；④hive_mall. ods_order_info：订单表。

如图 4-13 所示，选择完成后，点击“Sync”（同步）按钮，加载数据。

数据加载完成后，Data Source 选项卡会显示加载的表，如图 4-14 所示。已经加载的表有订单表、一级区域表、二级区域表和三级区域表。

在“Data Source”选项卡，点击左侧的数据表，页面显示数据表的 Schema 信息，如图 4-15 所示。如果数据表的元数据发生了变化，可以点击“Reload Table”（加载表）按钮重新加载 Hive 表的元数据。

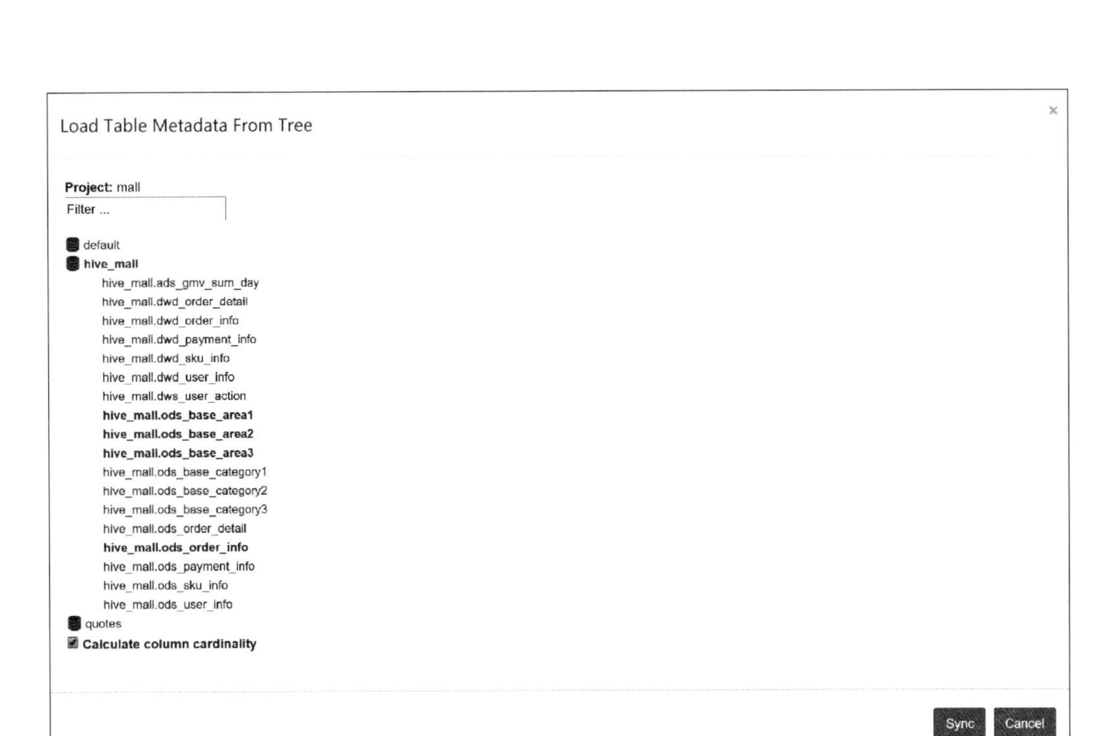

图 4-13　选择数据表

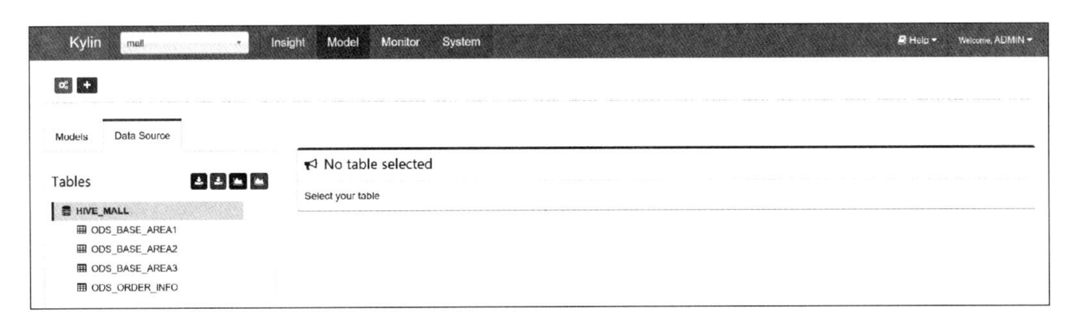

图 4-14　数据表加载完成

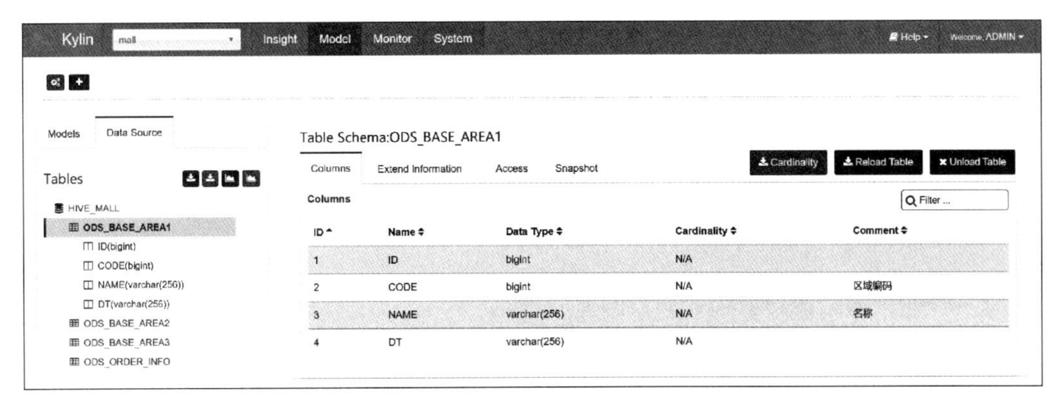

图 4-15　数据表 Schema 信息

二、创建模型

点击“Model”菜单，在页面左侧点击“Models”选项卡，如图 4-16 所示。点击“+New”菜单，打开子菜单。

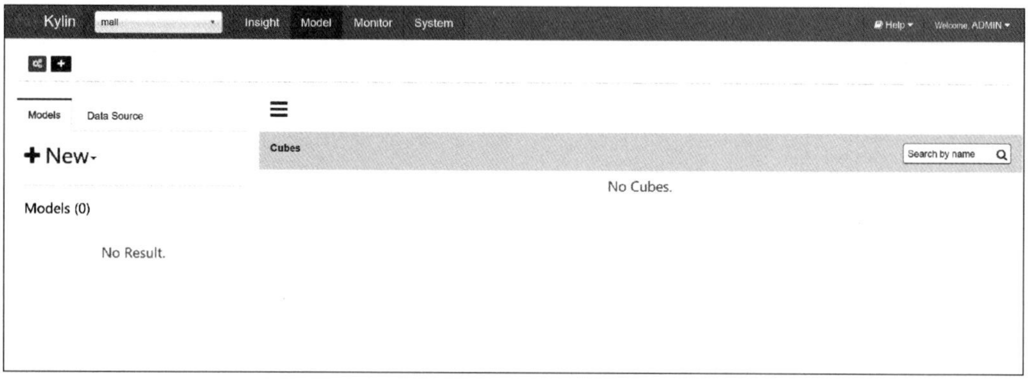

图 4-16　Model 主页面

在“+New”子菜单中，点击“New Model”（新建模型），打开“Model Designer”（模型设计器）页面，如图 4-17 所示。

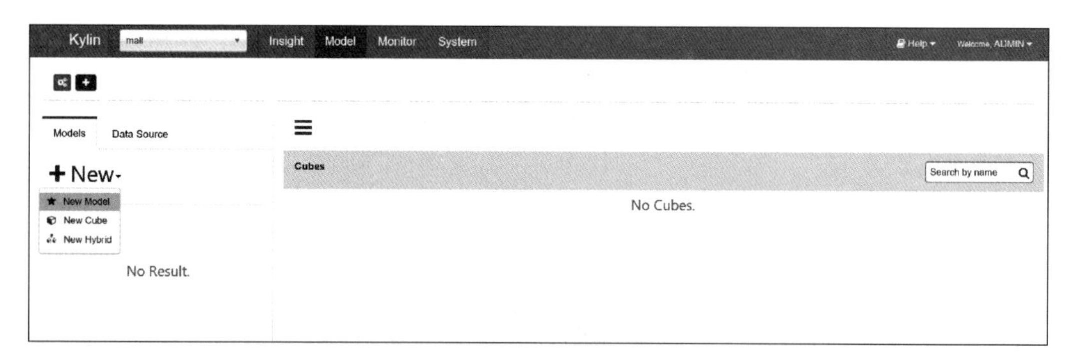

图 4-17　创建 Model 页面

在模型设计器的第一个页面，输入模型信息，如图 4-18 所示。

- Model Name：模型名称，order_model。
- Description：模型描述，输入简要的模型说明。

输入完成后，点击“Next→”按钮，进入“Data Model”（数据模型）页面。

如图 4-19 所示，在“Data Model”页面，选择事实表。选择订单表作为事实表，

订单表的名称为：HIVE_MALL_ODS_ORDER_INFO。

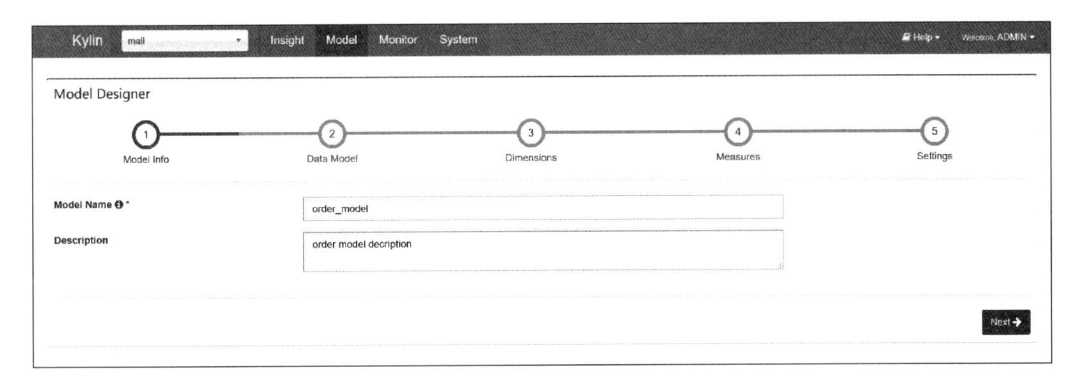

图 4-18　Model 基本信息

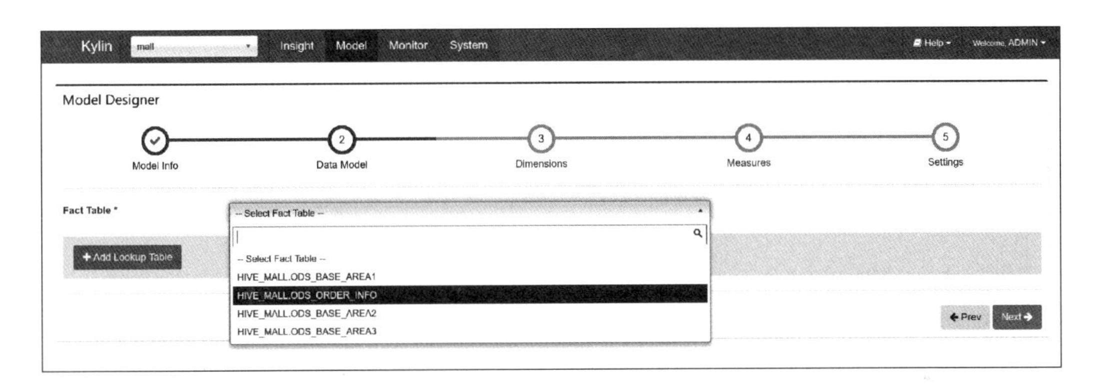

图 4-19　选择事实表

点击“Add Lookup Table”（添加 Lookup 表）按钮，添加与订单表关联的表，如图 4-20 所示。

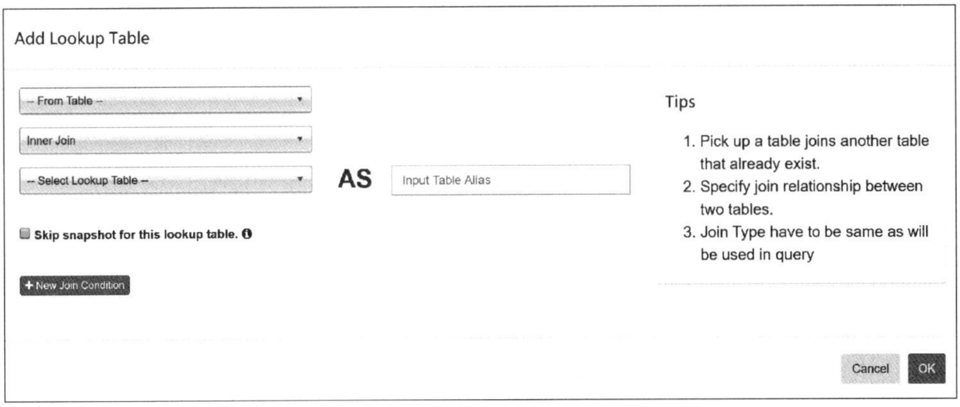

图 4-20　添加 Lookup 表

在“Add Lookup Table”（添加 Lookup 表）页面添加以下关联表信息后，点击“OK”按钮确认，如图 4-21 所示。

• --From Table--：选择 ODS_ORDER_INFO 为事实表。

• 连接方式：可以选择两种方式，Left Join 和 Inner Join。使用 Left Join 关键字会从左表 ODS_ORDER_INFO 那里返回所有的行，即使在右表 ODS_BASE_AREA3 中没有匹配的行。使用 Inner Join 关键字会选择左表 ODS_ORDER_INFO 和右表 ODS_BASE_AREA3 同时都匹配的行，在当前的应用场景中，希望保留订单表的所有行，所以连接方式选择左连接 Left Join。

• --Select Lookup Table--：选择 ODS_BASE_AREA3 作为关联表。

图 4-21　选择关联表

点击“+New Join Condition”按钮，添加关联关系，如图 4-22 所示。

ODS_ORDER_INFO 表的 AREA3_ID 字段和 ODS_BASE_AREA3 的 ID 字段关联，两个字段都是指三级区域的 ID。

选择完成后，点击“OK”按钮确认。

点击“Next→”按钮，进入 Dimensions（维度）页面，设置维度表，如图 4-23 所示。

选择维度列，设置维度信息，如图 4-24 所示。

• ODS_ORDER_INFO：选择 AREA3_ID（三级区域 ID）列和 DT（日期）列。

• ODS_BASE_AREA3：选择 AREA2_CODE（二级区域编码）列和 ID 列。

设置完成点击“Next→”按钮，进入度量字段设置页面。

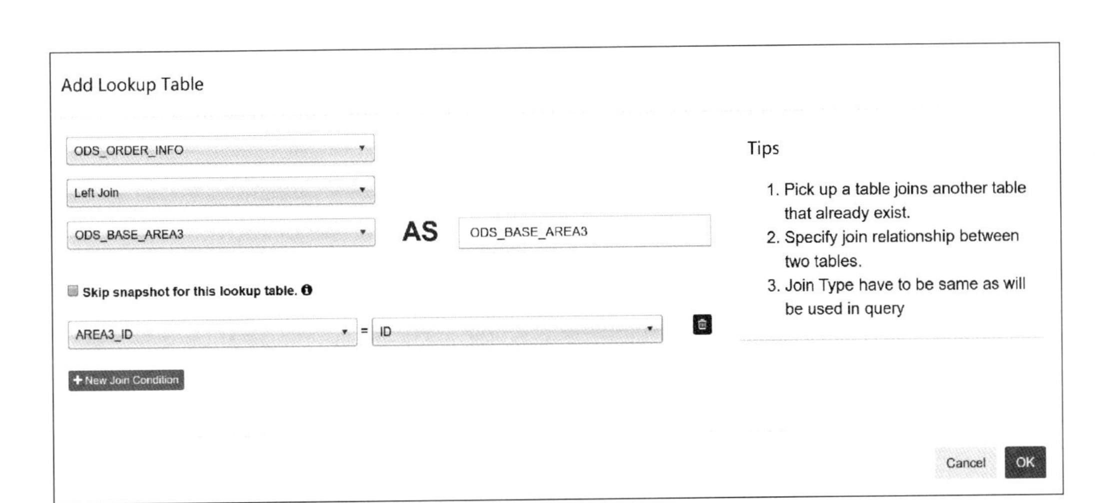

图 4-22　设置关联字段

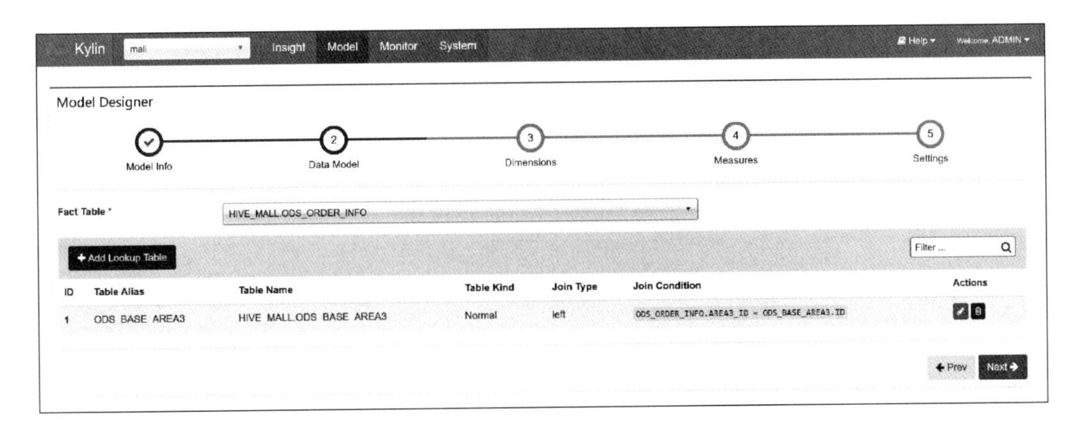

图 4-23　设置维度表

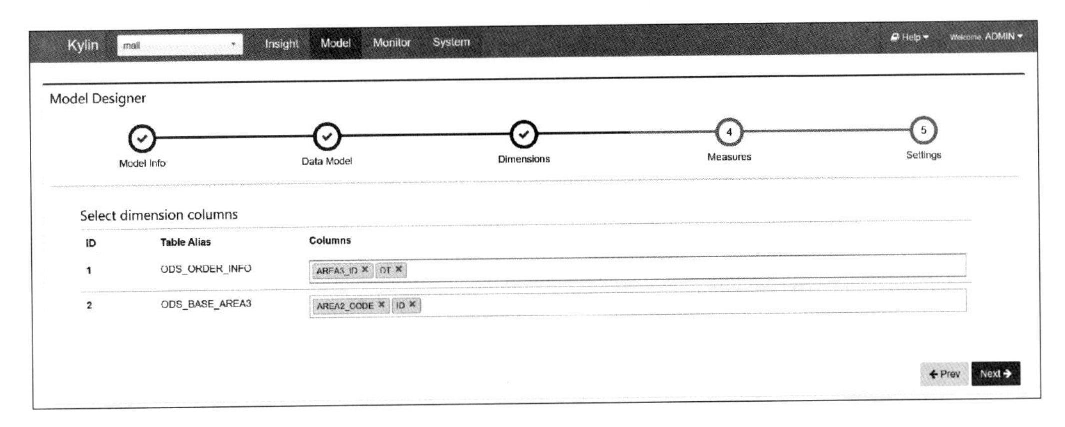

图 4-24　设置维度列

选择度量字段，度量字段只能从事实表中选，选择 TOTAL_AMOUNT（总金额）作为汇总字段，如图 4-25 所示，点击“Next→”按钮进入 Settings（设置）页面。

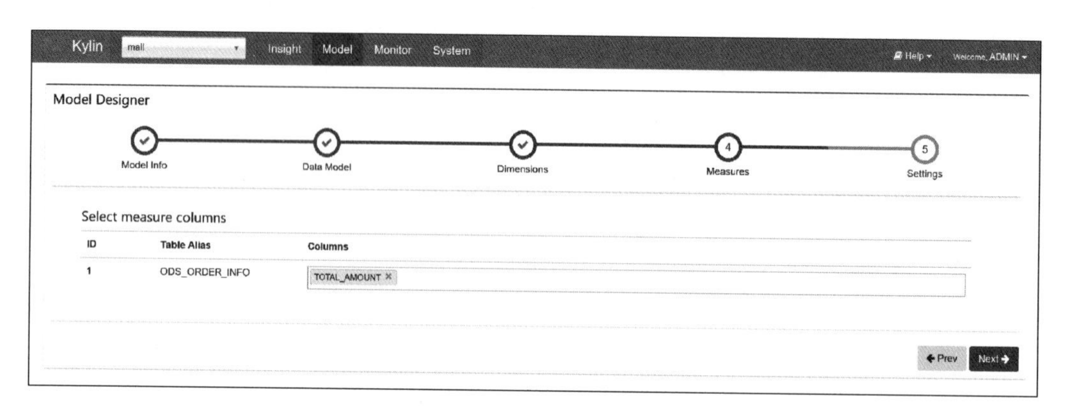

图 4-25　设置度量字段

Settings（设置）页面，主要设置分区和过滤相关的内容。这里先不进行设置，点击“Save”按钮保存模型，提示确认保存。确认无误后，点击“Yes”按钮确认保存模型设置；否则点击“Cancel”按钮取消保存，重新修改设置，如图 4-26 所示。

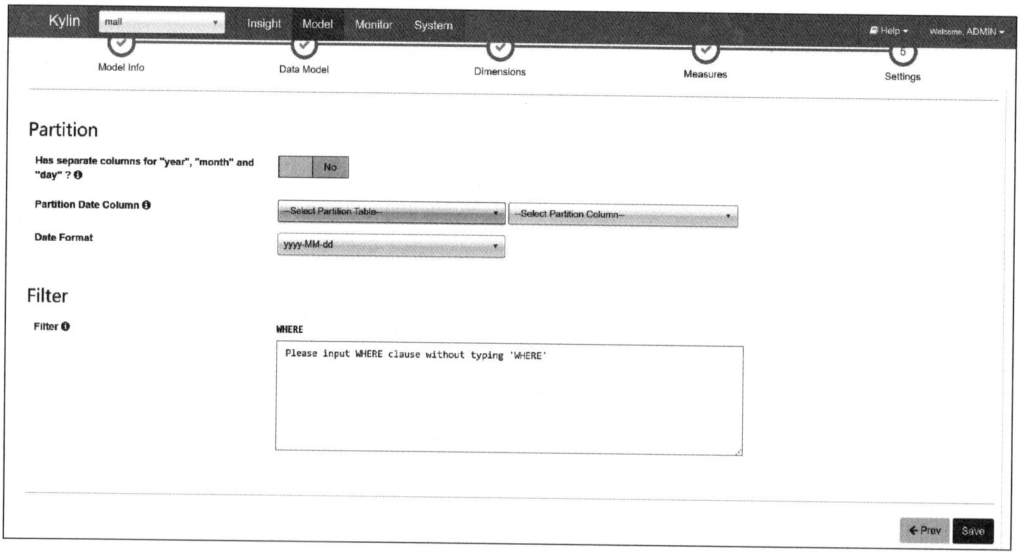

图 4-26　设置页面

模型创建完成后，在主页面左侧的“Models”选项卡会显示新创建的模型 order_model，如图 4-27 所示。至此，模型的创建过程就完成了。

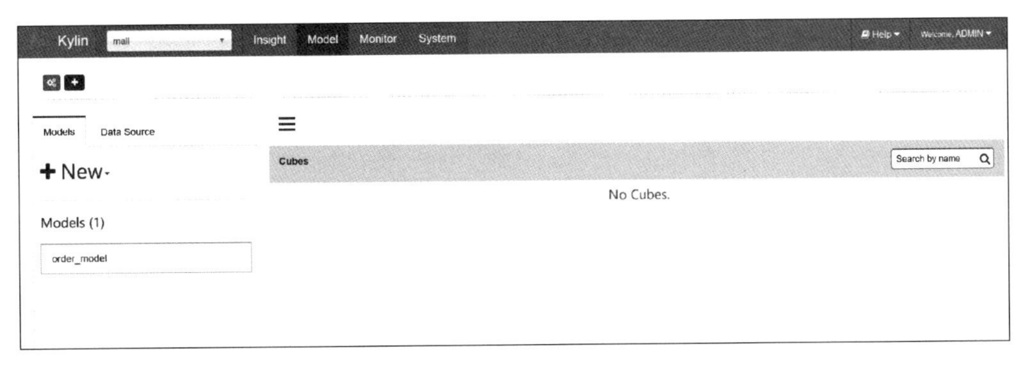

图 4-27　Model 主页面

三、创建 Cube

模型创建完成后，继续创建 Cube。

点击“Model”菜单，在页面左侧点击“Models”选项卡，点击“+New”菜单，打开子菜单。在“+New”子菜单中，点击“New Model”按钮，打开 Cube Designer（Cube 设计器）页面，如图 4-28 所示。

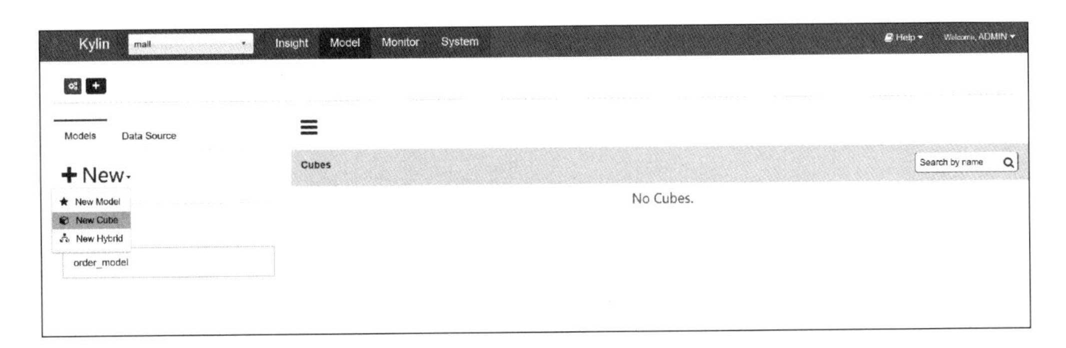

图 4-28　创建 Cube

Cube Info（Cube 信息）：配置 Cube 信息页面，如图 4-29 所示。

- Model Name：选择已经创建好的模型 order_model。
- Cube Name：输入 cube 的名称 order_cube。

点击“Next→”按钮进行下一步设置。

Dimensions（维度）：维度配置页面，如图 4-30 所示，点击“Add Dimentions”（添加维度）按钮，打开维度编辑页面。

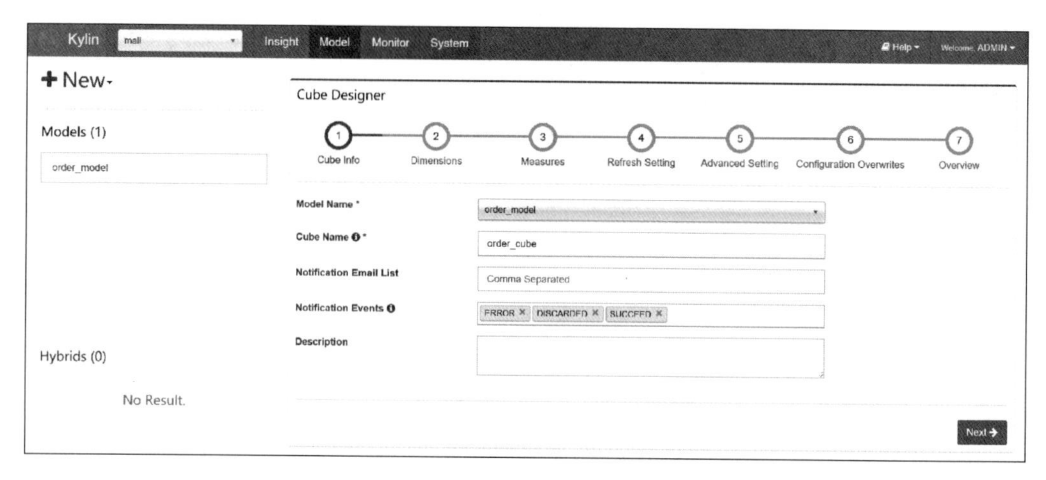

图 4-29　Cube 信息页面

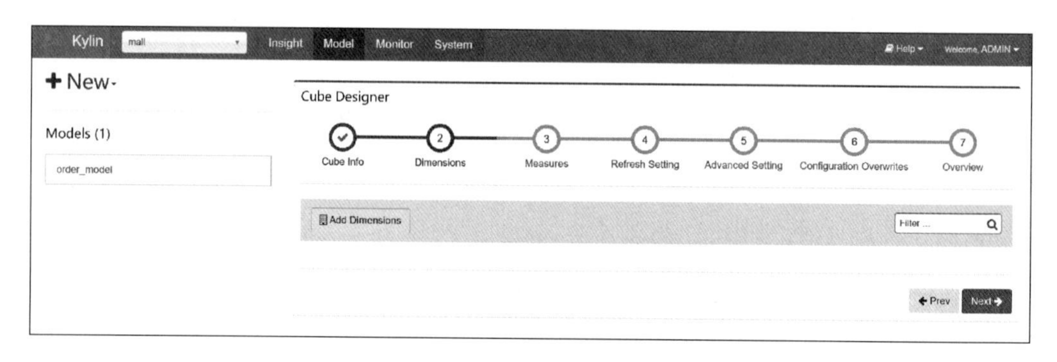

图 4-30　添加维度页面

如图 4-31 所示，在维度编辑页面，根据需要选择事实表和关联表中的维度字段，确认无误后，点击“OK”按钮确认选择。如果需要重新修改，点击“Cancel”按钮取消当前设置。

如图 4-32 所示，在维度列表的列表页面，可以对维度进行修改或者删除。如果无须修改，直接点击“Next→”按钮进行下一步设置。如果需要编辑维度，点击“Actions”列中的“编辑”按钮，打开编辑维度的页面。

如图 4-33 所示，在编辑维度页面，可以对维度的名称进行修改。修改完成后，点击“OK”按钮确认。如果放弃修改，点击“Cancel”按钮取消修改。

设置度量，系统默认会有一个名称为_COUNT_的度量，统计事实表数量。如图 4-34 所示，点击“+Measure”按钮，添加新的度量。

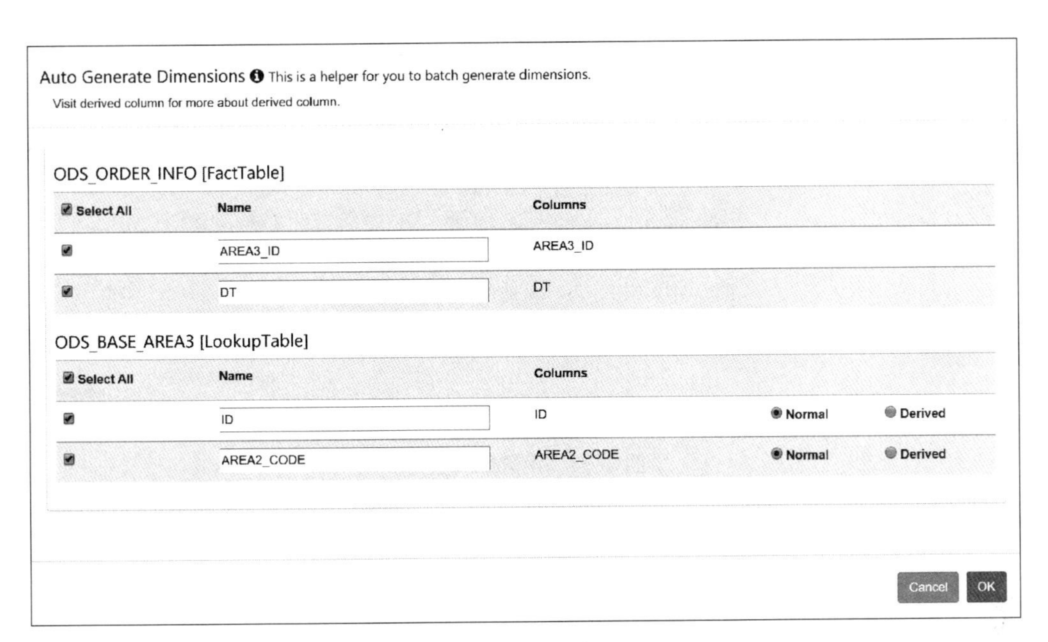

Auto Generate Dimensions This is a helper for you to batch generate dimensions.
Visit derived column for more about derived column.
ODS_ORDER_INFO [FactTable]
Select All
Name
Columns
AREA3_ID
AREA3_ID
DT
DT
ODS_BASE_AREA3 [LookupTable]
Select All
Name
Columns
ID
ID
Normal
Derived
AREA2_CODE
AREA2_CODE
Normal
Derived
Cancel
OK

图 4-31　维度编辑页面

Kylin
mall
Insight
Model
Monitor
System
Help
Welcome, ADMIN
New
Models (1)
order_model
Hybrids (0)
No Result.
Cube Designer
Cube Info
Dimensions
Measures
Refresh Setting
Advanced Setting
Configuration Overwrites
Overview
Add Dimensions
Filter ...
ID
Name
Table Alias
Type
Column
Actions
1
AREA3_ID
ODS_ORDER_INFO
normal
AREA3_ID
2
DT
ODS_ORDER_INFO
normal
DT
3
ID
ODS_BASE_AREA3
normal
ID
4
AREA2_CODE
ODS_BASE_AREA3
normal
AREA2_CODE
Prev
Next

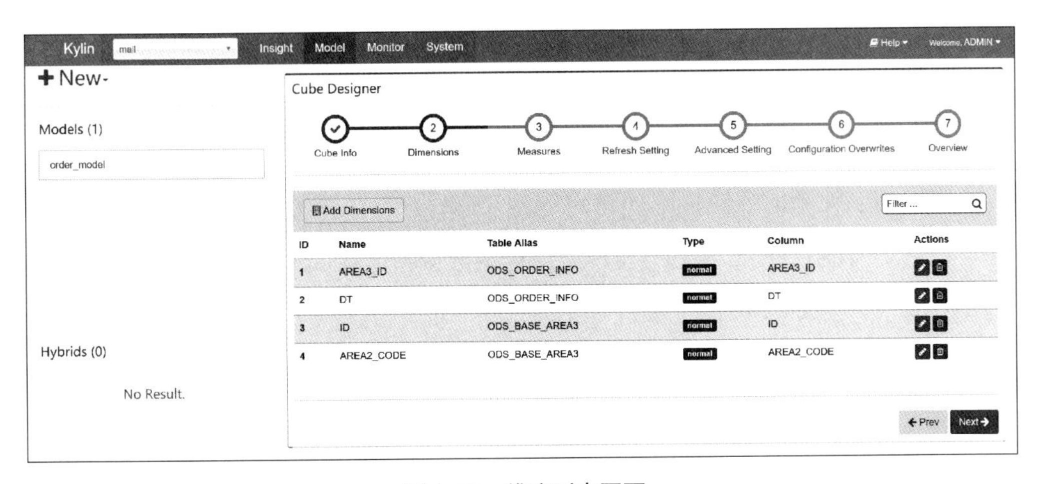

图 4-32　维度列表页面

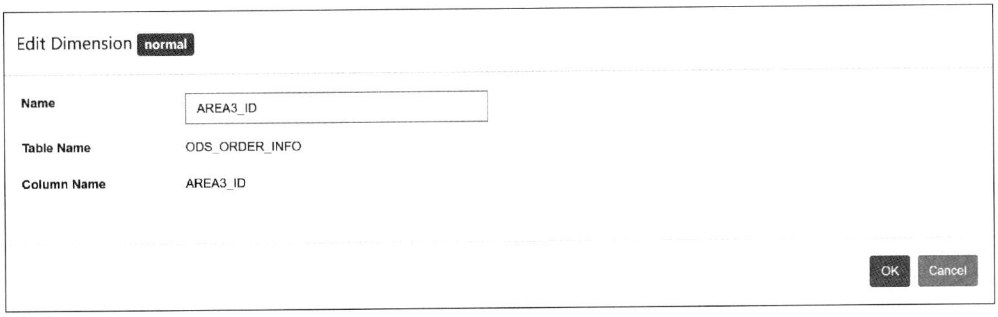

Edit Dimension normal
Name
AREA3_ID
Table Name
ODS_ORDER_INFO
Column Name
AREA3_ID
OK
Cancel

图 4-33　编辑维度页面

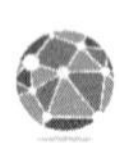

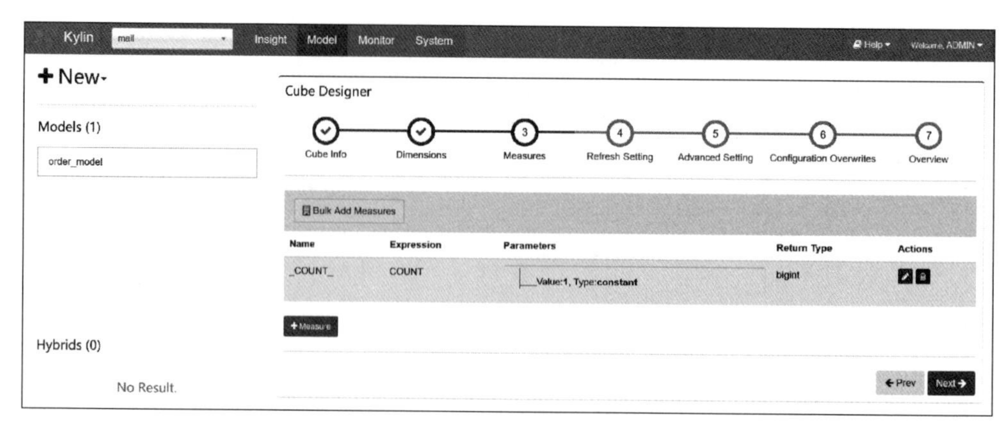

图 4-34　设置维度页面

如图 4-35 所示，编辑度量，按照订单金额进行汇总。

• Name：度量的名称 sum_amount。

• Expression：支持的表达式有：

- SUM：加和汇总；

- MIN：最小值；

- MAX：最大值；

- COUNT：记录的数量；

- COUNT_DISTINCT：去掉重复的记录后的数量；

- TOP_N：前 N 条记录；

- EXTENDED_COLUMN：扩展字段；

- PERCENTILE：代表了百分比，值越大错误就越少；

因为是按照金额进行汇总，所以表达式选择“SUM”。

• Param Type：参数类型，选择 column，按照“列”进行汇总。

• Param Value：参数的值，选择 ODS_ORDER_INFO_TOTAL_AMOUNT，即度量字段。

如图 4-36 所示，度量设置完成后，点击“Next→”按钮进行下一步设置。

• Refresh Setting（刷新设置）。

• Auto Merge Thresholds：自动合并设置，默认设置为每 7 天进行一次小合并，每 28 天进行一次大合并。

如图 4-37 所示，点击“Next→”按钮，进入 Advanced Setting（高级设置）页面。

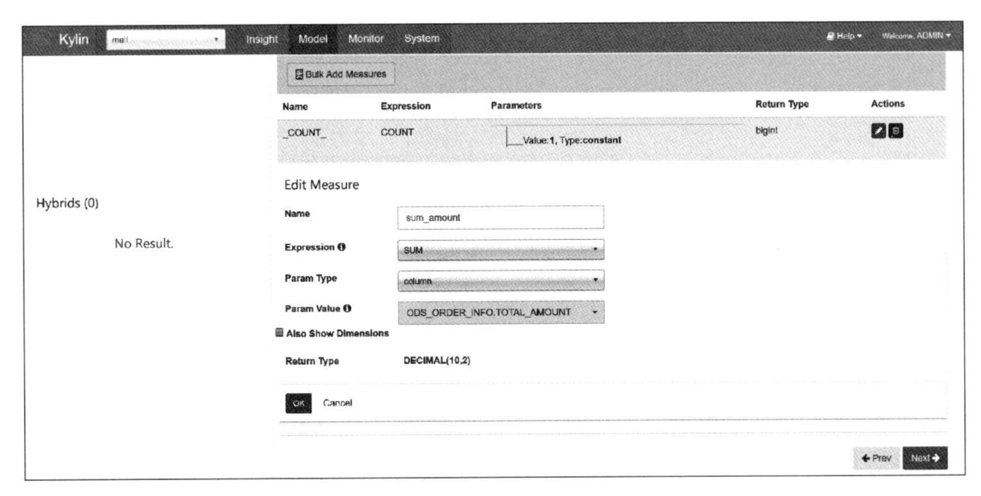

图 4-35　编辑维度页面

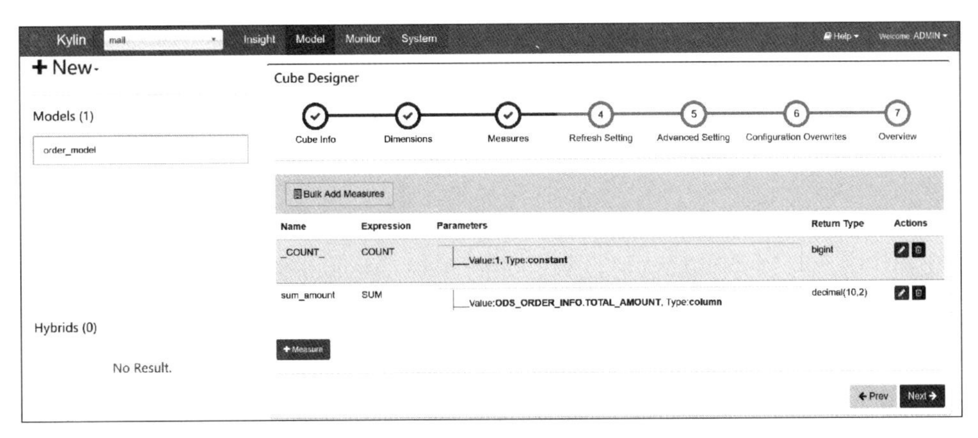

图 4-36　维度列表页面

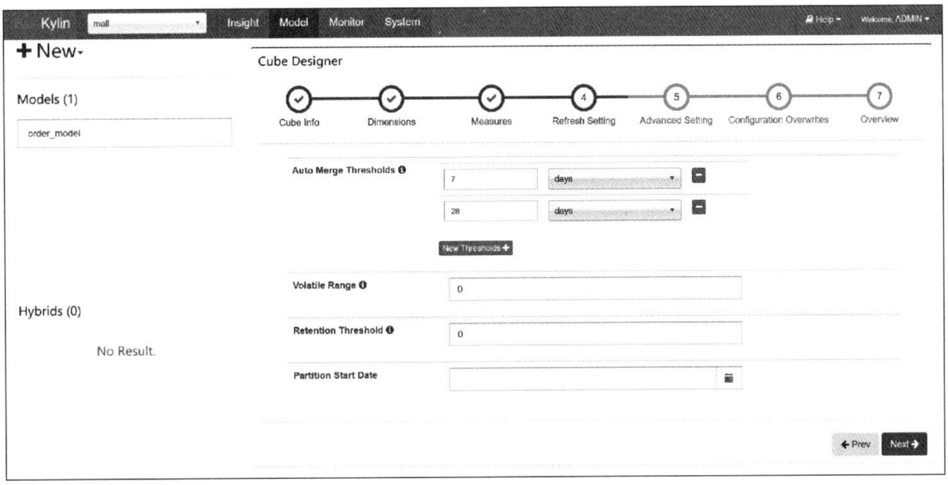

图 4-37　刷新设置页面

设置 Advanced Setting（高级设置），保持默认设置，如图 4-38 所示，直接点击“Next→”按钮进入下一步设置 Configuration Overwrites（配置重写）页面。

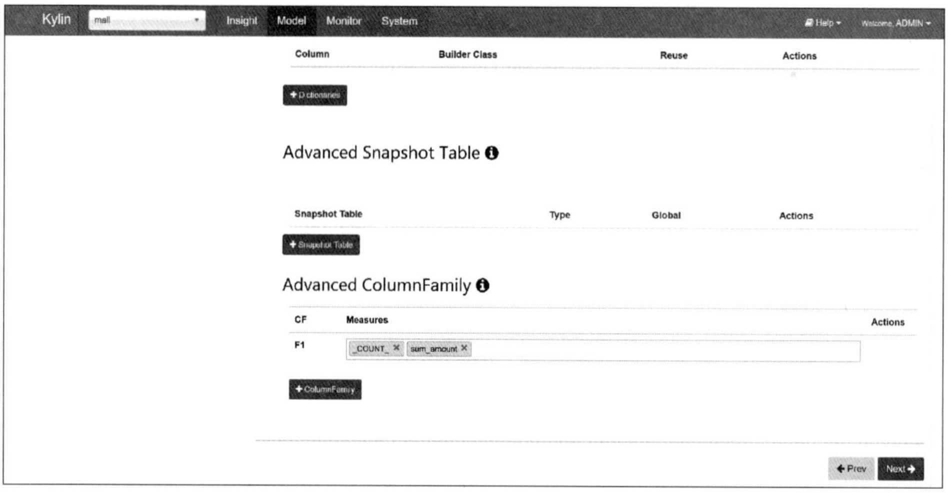

图 4-38　高级设置页面

在 Configuration Ovewrites（配置重写）页面，对 Kylin 默认的配置进行修改。在进行优化操作时，可以修改默认的设置。如图 4-39 所示，这里保留默认设置，点击“Next→”按钮进入 Overview（预览）页面。

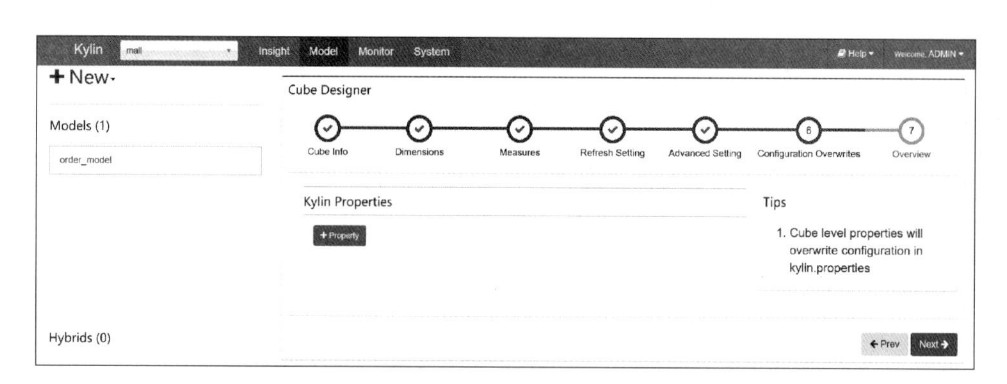

图 4-39　配置页面

如图 4-40 所示为 Overview（预览）页面，验证没有问题后，点击“Save”按钮保存设置。如果需要修改，可以点击“Prev”按钮返回进行修改。

cube 保存成功后，返回 cube 的列表页面，如图 4-41 所示。根据需要在 Actions 列可以对 cube 进行编辑、删除、构建等操作。

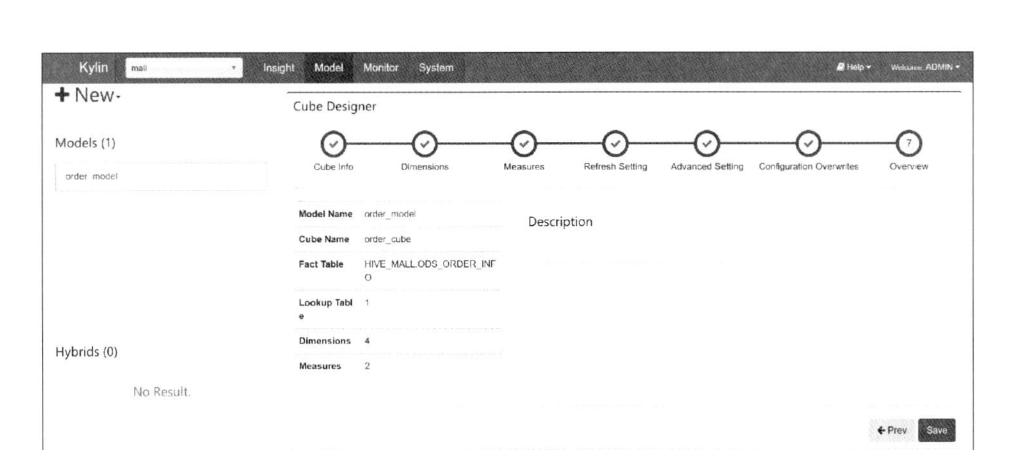

图 4-40　预览页面

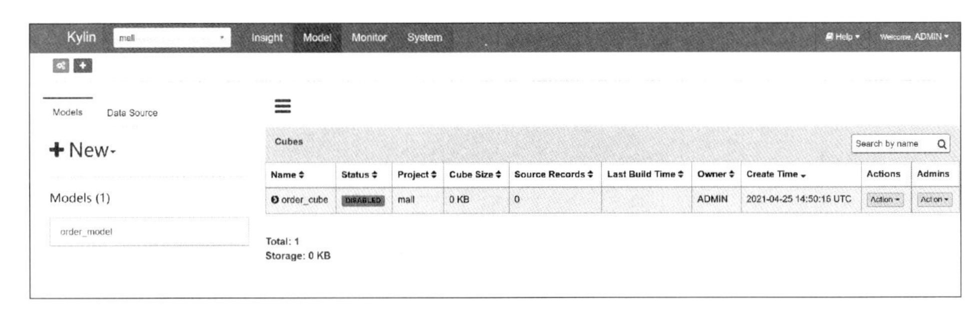

图 4-41　cube 列表页面

点击 cube 所在的行，点击“Planner”按钮可以查看执行计划。如图 4-42 所示，这个页面展示了 cuboid 分布的基本信息。

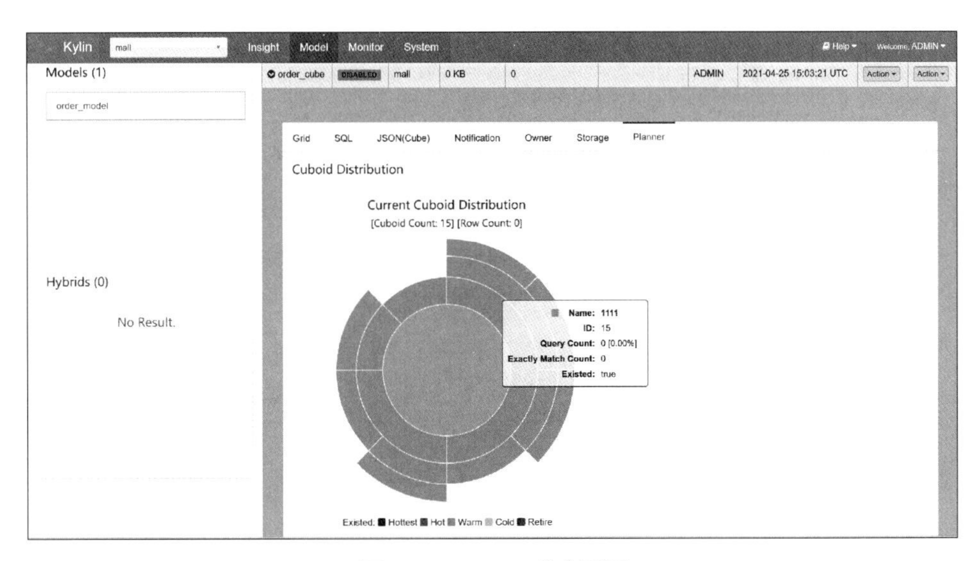

图 4-42　cuboid 分布页面

四、构建一个 Cube

cube 创建完成以后，在使用前需要进行 build 操作，如图 4-43 所示，在 Actions 列中，点击 Build 功能，对 cube 进行构建。

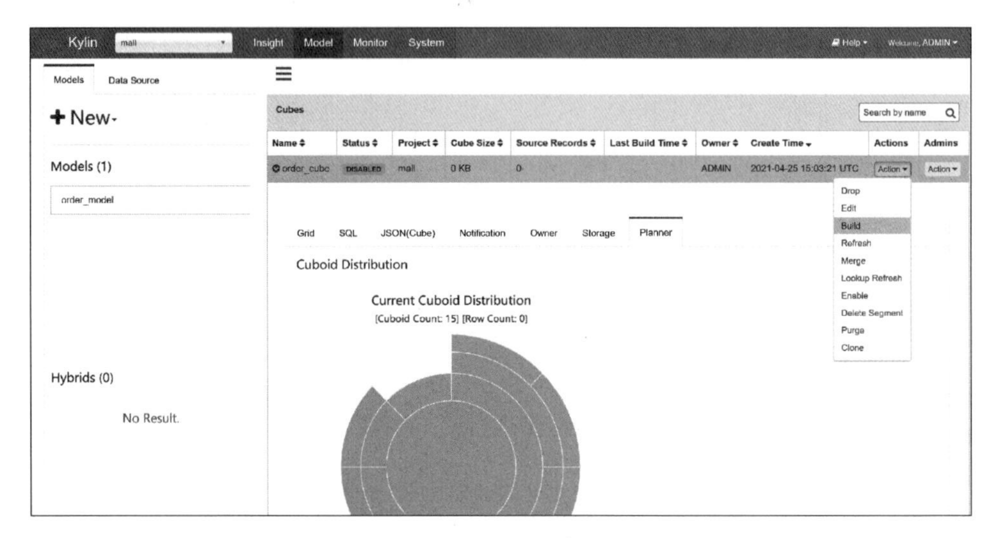

图 4-43　Cube 列表页面

点击“Monitor”菜单，默认显示“Jobs”选项卡的内容，如图 4-44 所示。点击 Jobs 列表右侧的“刷新”按钮，可以刷新当前 Job 的进度，当 Job 的 Progress 显示 100%的时候，构建的过程就完成了。

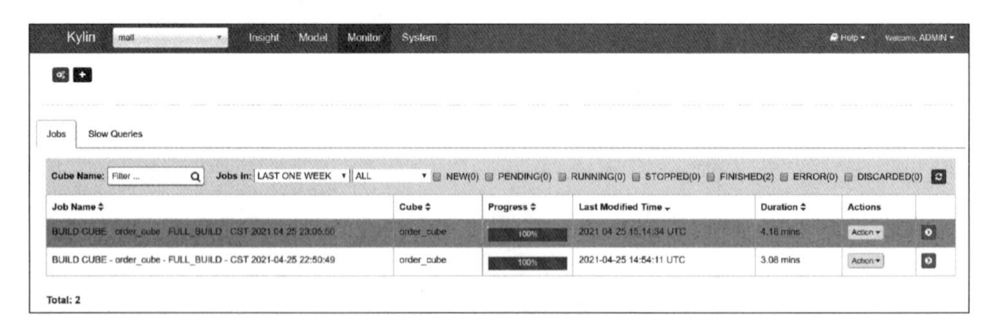

图 4-44　构建页面

五、执行查询

cube 构建完成以后，可以使用 SQL 进行查询。

点击“Insight”菜单，打开页面，如图 4-45 所示。页面左侧显示数据源 HIVE_MALL 的信息，页面右侧显示 SQL 查询相关的页面，默认显示“New Query”选项卡；在输入框的右下角有一个 Limit 字段，如果 SQL 中没有 Limit 子句，那么这里默认会拼接 limit 50000；如果 SQL 中有 Limit 子句，那么这里将以 SQL 中的为准。如果想去掉 Limit 限制，可以在 SQL 中不加 Limit 的同时将右下角的 LIMIT 输入框中的值也改为 0。

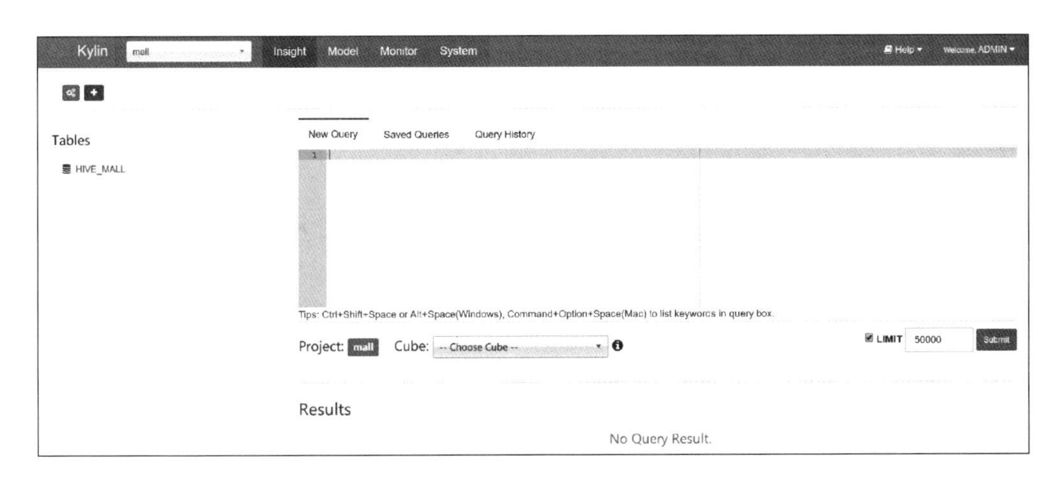

图 4-45　新建查询页面

编写如下所示的 SQL 语句，根据订单表中的二级区域进行分组，汇总订单的金额，如图 4-46 所示。Cube 选择 order_cube，点击“Submit”按钮进行查询。

```
select ods_base_area3.area2_code,sum(ods_order_info.total_amount) as total_amount
from ods_order_info left join ods_base_area3 on ods_order_info.area3_id = ods_base_area3.id group by ods_base_area3.area2_code;
```

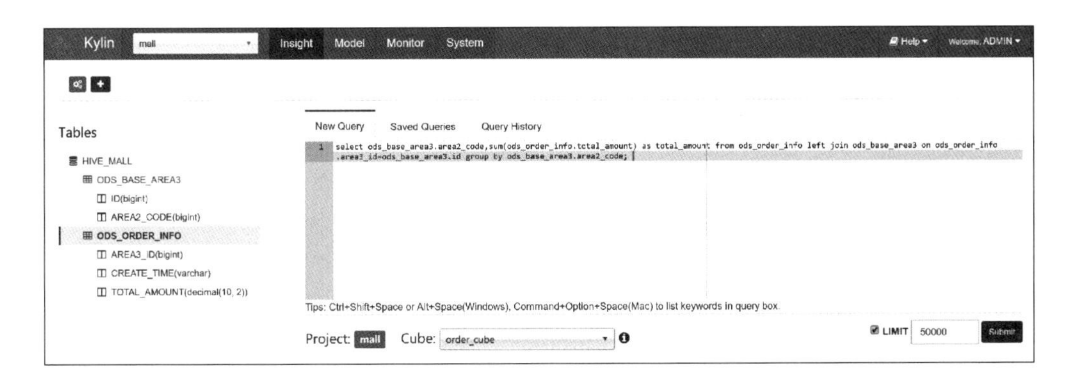

图 4-46　查询页面

如图 4-47 所示，Results 显示查询结果，含二级区域编码和订单汇总金额。

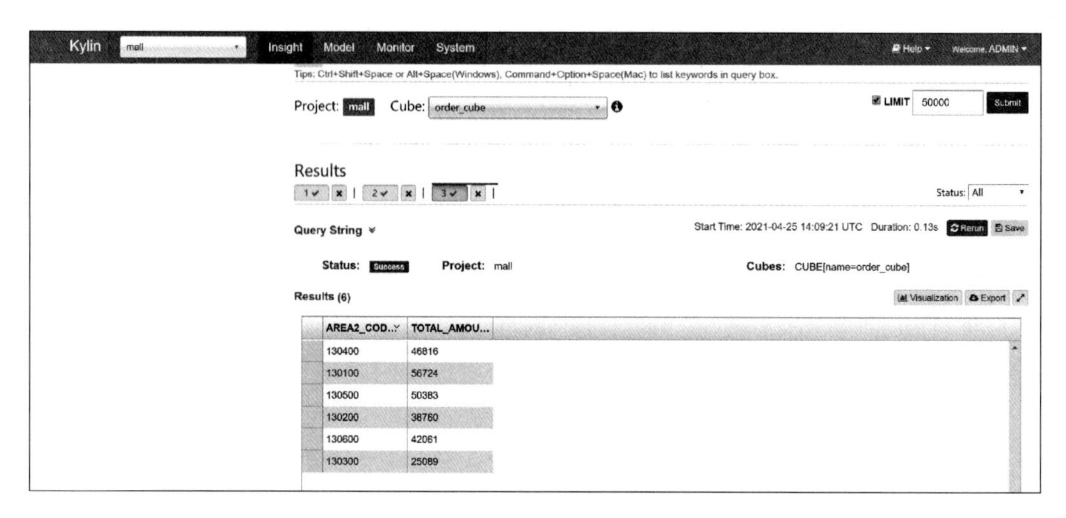

图 4-47 查询结果

保存查询的 SQL 语句，点击“Save”按钮，显示“Save Query”（保存查询）页面。如图 4-48 所示，输入完成后，点击“Save”按钮，保存 SQL 语句。

- Name：对查询语句进行命名，query_order_by_area2。
- Description：描述查询语句。

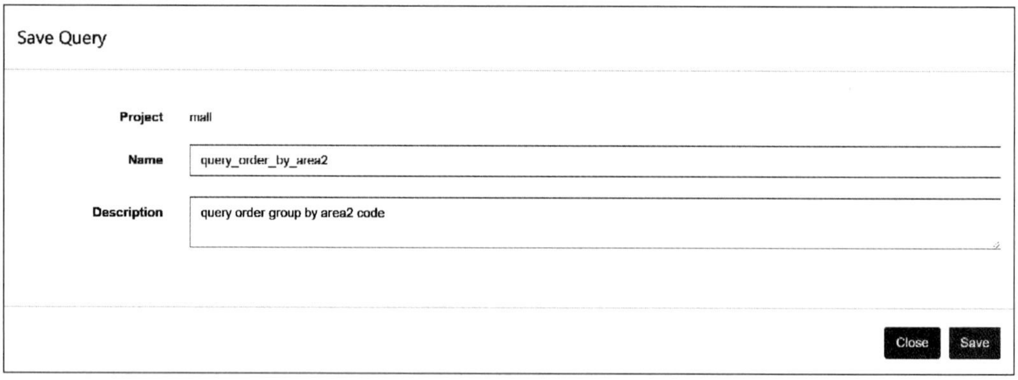

Save Query

Project mall

Name query_order_by_area2

Description query order group by area2 code

Close Save

图 4-48 保存查询

如图 4-49 所示，保存成功后的 SQL 可以在“Saved Queries”选项卡中查询；如果需要重新进行查询，可以点击“Resubmit”按钮重新提交查询。

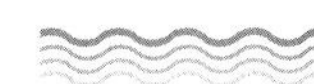

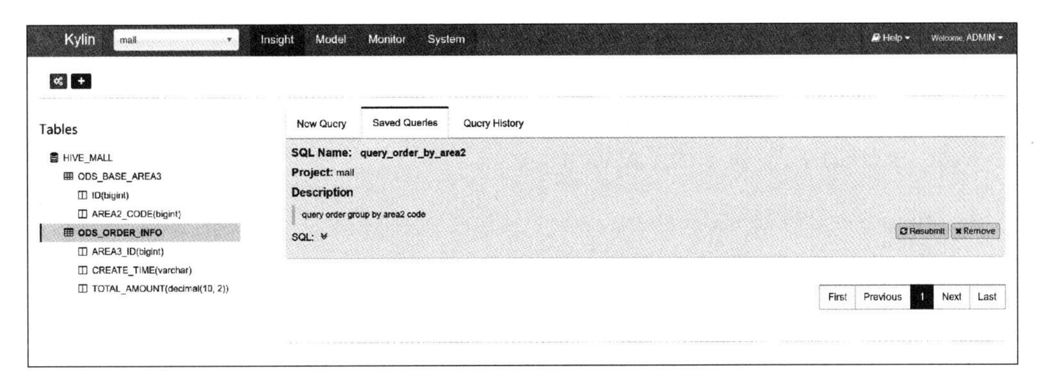

图 4-49　保存查询结果

第三节　Kylin 流式应用

一、准备数据

在第三章网站点击流分析项目中，实现了将网站日志通过 Flume 收集到 Kafka 的基本流程。Kylin 可以对 Kafka 中的流式数据进行聚合分析。为了简化数据采集的流程，本章使用 Kafka 的控制台生产者发送消息。消息格式使用网站日志的 JSON 格式数据，通过 Kafka 的控制台消费者验证消息。

（一）启动 Kafka 集群

Kafka 依赖于 ZooKeeper，所以启动 Kafka 之前先启动 ZooKeeper。

（二）创建 Kafka 的主题

执行以下命令：

zookeeper localhost:2181：连接 ZooKeeper 的地址；

create：创建主题；

replication-factor 3：副本因子设置为 3；

partitions 3：分区数为 3；

topic kylin-news-log：主题名称为 kylin-news-log。

```
[root@ master ~]# kafka-topics.sh --zookeeper localhost:2181 --create --replication-factor 3 --partitions 3 --topic kylin-news-log
```

（三）查看主题列表，确认主题创建成功

--zookeeper localhost:2181：连接 ZooKeeper 的地址；

--create：显示主题列表。

```
[root@ master ~]# kafka-topics.sh --zookeeper localhost:2181 --list
```

（四）启动控制台生成者，向 kylin-news-log 主题发送 JSON 格式的消息，消息采用本书第三章中的 Nginx access log 格式的消息

```
[root@ master ~]# kafka-console-producer.sh --broker-list localhost:9092 --topic kylin-news-log
```

```
{"request":"GET /jmg/1.gif?
bw = Netscape&bv = 5&channel = music&page = 002&ts = 1619581726653
HTTP/1.1","referer":"http://front.news.site/music/002.html","channel":"music","h
ttp_host":"logs.news.site","url":"/jmg/1.gif","http_user_agent":"Mozilla/5.0
(windows NT 10.0; Win64;x64) AppLeWebKit/537.36 (KHTML, like Gecko)
Chrome/81.0.4044.138 Safari/537.36",
"remote_user":"-
","upstreamhost":"127.0.0.1:8280","@ timestamp":"2021-04-
28T11:48:46+08:00","size":"6115","clientip":"192.168.68.1","domain":"logs.news,s
```

```
ite","host":"192.168.68.129","responsetime":"0.004","xff":"-
","page":"002","upstreamtime":"0.004","status":"200","ts":1619581726000}
```

（五）启动控制台消费者，查看消息

zookeeper localhost：2181：连接 ZooKeeper 的地址和端口号；

topic：kylin-news-log。

```
[root@ master ~]# kafka-console-consumer.sh --zookeeper localhost:2181 --topic kylin-
news-log
```

二、创建项目

创建新的项目，如图 4-50 所示。输入项目名称：news_site，并输入项目描述，点击“Submit”按钮提交项目。

New Project

Project Name

news_site

Project Description

news site

Project Config

+ Property

Close　Submit

图 4-50　新建项目

如图 4-51 所示，点击“Model”菜单，“Data Source”选项卡，点击“Add Streaming Table”（添加流式表）按钮创建流式表数据源。

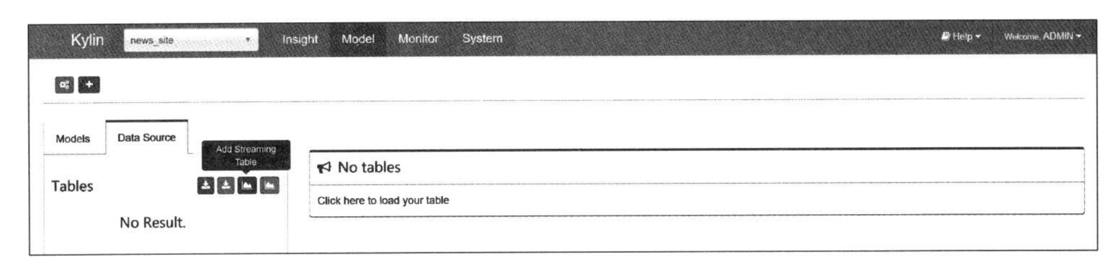

图 4-51　Model 的 Data Source 页面

查看 Streaming Table And Cluster Info（流式表和集群信息）。如图 4-52 所示，页面左侧输入 JSON 格式的数据样例，点击页面中间的“>>”按钮，解析数据格式。

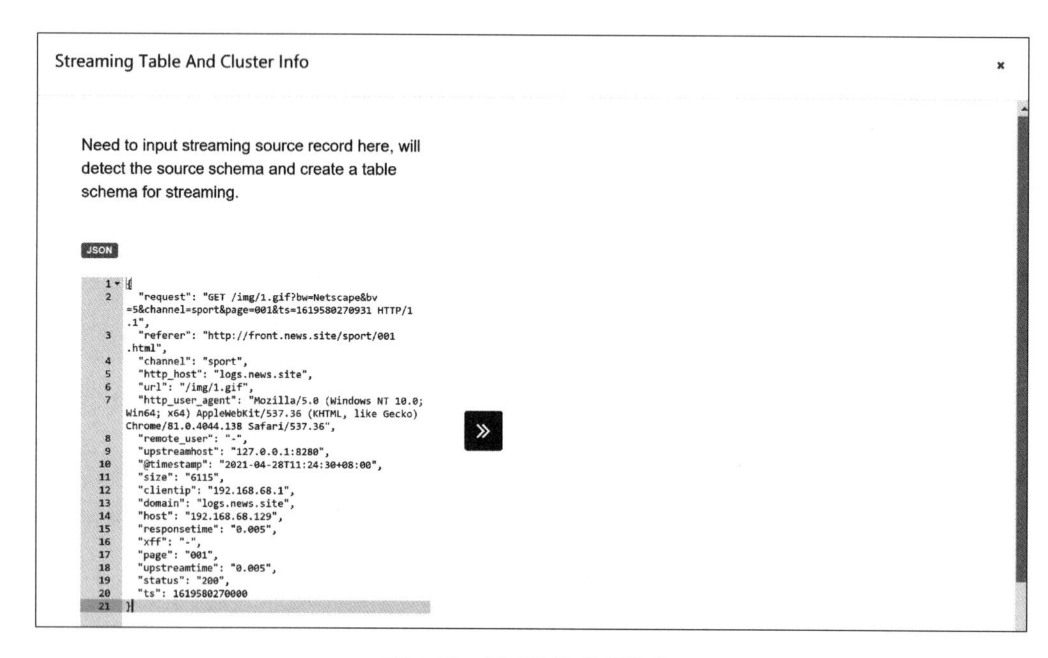

图 4-52　流式表和集群信息

```
{
  "request": "GET /img/1.gif? bw = Netscape&bv = 5&channel = music&page = 002&ts = 1619581726653 HTTP/1.1",
  "referer": "http://front.news.site/music/002.html",
  "channel": "music",
  "http_host": "logs.news.site",
  "url": "/img/1.gif",
  "http_user_agent": "Mozilla/5.0 (Windows NT 10.0; Win64; x64) AppleWebKit/537.36 (KHTML, like Gecko) Chrome/81.0.4044.138 Safari/537.36",
  "remote_user": "-",
  "upstreamhost": "127.0.0.1:8280",
  "@timestamp": "2021-04-28T11:48:46+08:00",
```

```
"size": "6115",
"clientip": "192.168.68.1",
"domain": "logs.news.site",
"host": "192.168.68.129",
"responsetime": "0.004",
"xff": "-",
"page": "002",
"upstreamtime": "0.004",
"status": "200",
"ts": 1619581726000
}
```

如图 4-53 所示，输入 Table Name（表名）：news_site_log，表名为 Kylin 中设置的虚拟表名，可以自定义表名。

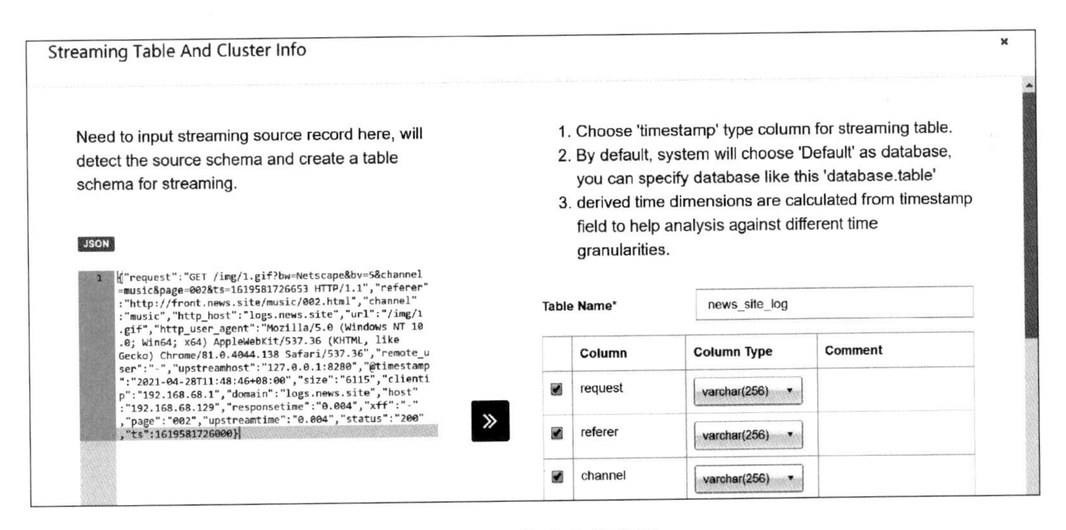

图 4-53　修改字段类型

根据需要对系统默认的数据格式进行修改，如图 4-54 所示。

对于部分字段的说明：

- size：网站数据流大小，单位为字节。使用 int 类型。

- responsetime：响应时间，类型为 float。
- upstreamtime：建立连接到接收完数据并关闭连接的时间，类型为 float。
- ts：时间戳的毫秒形式，类型为 timestamp。

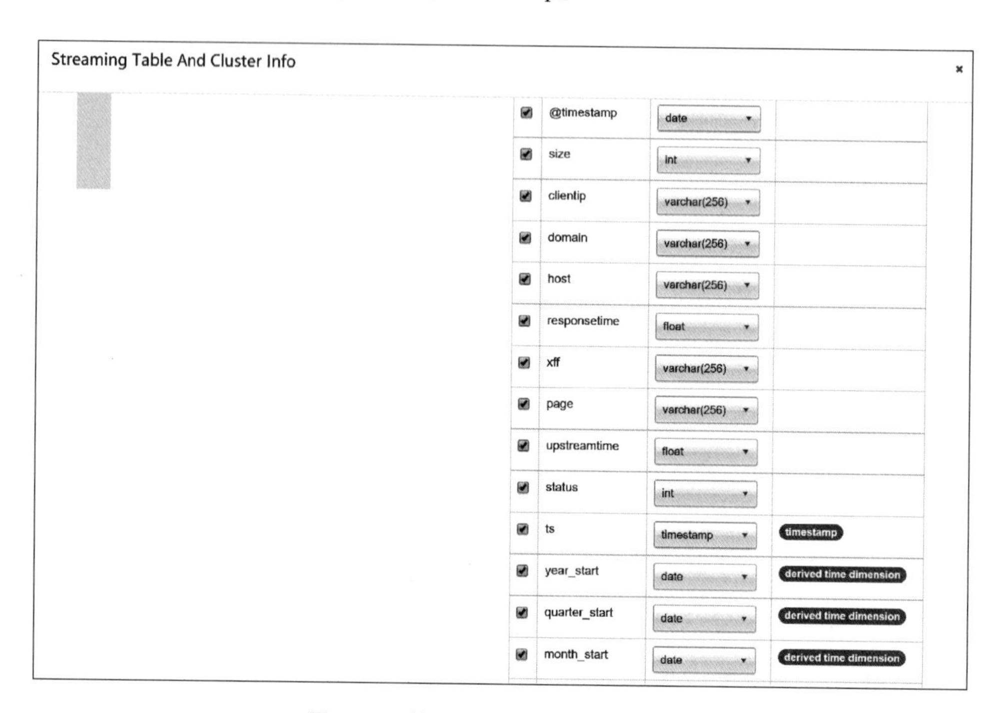

图 4-54　修改字段类型——数据格式

derived time dimension（导出时间维）：根据 ts 时间戳字段，导出时间维度。下面是对于其中时间维度字段的说明：

- year_start：导出时间戳的年。
- month_start：导出时间戳的月。
- day_start：导出时间戳的天。
- hour_start：导出时间戳的时。
- minute_start：导出时间戳的分。

如图 4-55 所示，点击“Next→”按钮进行下一步配置。

Kafka 设置，主题的相关配置如下。

- Topic（主题）：输入主题名称 kylin-news-site。

如图 4-56 所示，点击“+Broker”按钮添加 Kafka 的 Broker 信息。

Streaming Table And Cluster Info

	responsetime	float	
✔	xff	varchar(256)	
✔	page	varchar(256)	
✔	upstreamtime	float	
✔	status	int	
✔	ts	timestamp	timestamp
✔	year_start	date	derived time dimension
✔	quarter_start	date	derived time dimension
✔	month_start	date	derived time dimension
✔	week_start	date	derived time dimension
✔	day_start	date	derived time dimension
✔	hour_start	timestamp	derived time dimension
✔	minute_start	timestamp	derived time dimension

Next

图 4-55　修改字段类型——时间戳设置

Streaming Table And Cluster Info

Kafka Setting

Topic * kylin-news-log

Cluster-1

+ Broker

+ Cluster

图 4-56　Kafka 集群配置

输入 Kafka 的 Broker 信息。

- Host：连接其所在的主机，如果 Kylin 和 Kafka 在同一个节点，可以输入 localhost。

- Port：Kafka Broker 的端口号，一般默认为 9092。

如图 4-57 所示，点击“Save”按钮保存设置。

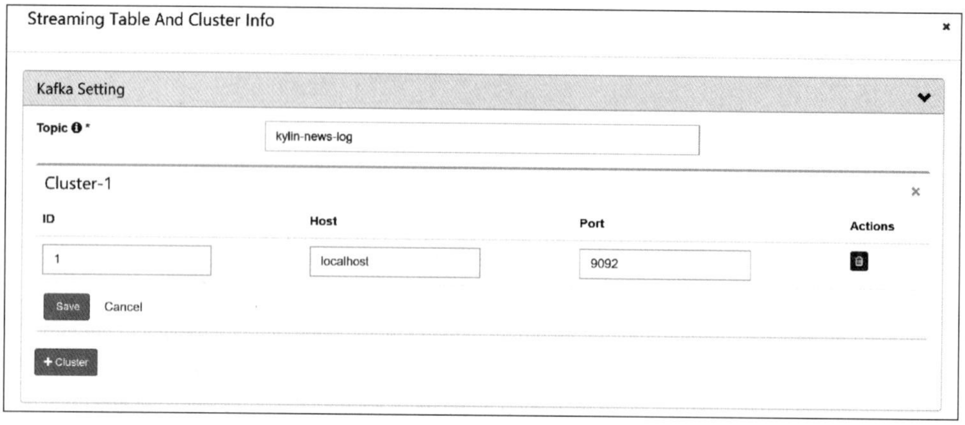

图 4-57　Kafka 配置

Kafka 消息解析器的设置，如图 4-58 所示。

- Parser Name：使用默认的 JSON 解析方式。
- Parser Timestamp Field：解析器的时间戳字段，选择 ts 字段。
- Parser Properties：tsColName=ts。

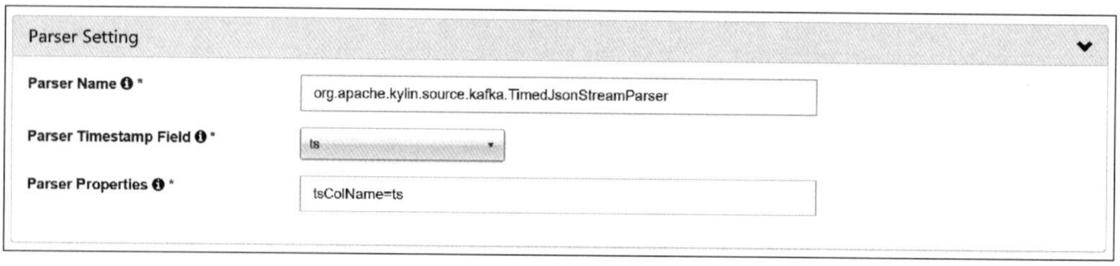

图 4-58　解析器设置

Data Source 设置成功后，返回列表页面，如图 4-59 所示。如果需要重新设置，可以点击页面右侧的“Unload Table”（卸载表）按钮，重新进行设置。

三、创建模型

在模型设计器的第一个页面，输入模型信息，如图 4-60 所示。

- Model Name：模型名称，news_site_model。
- Description：模型描述，输入简要的模型说明。

输入后点击“Next→”按钮，进入“Data Model”（数据模型）页面。

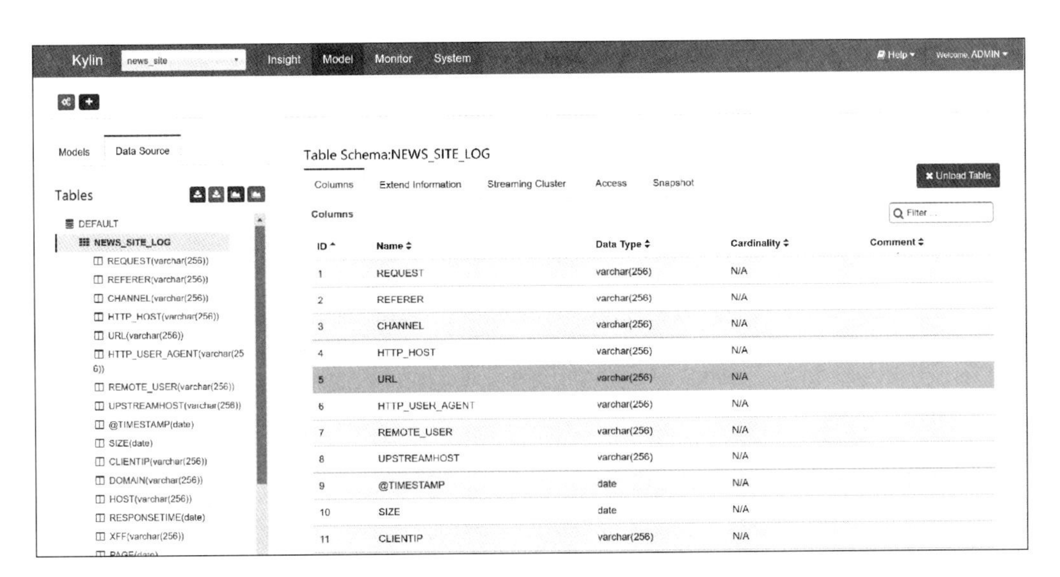

图 4-59　返回列表页面

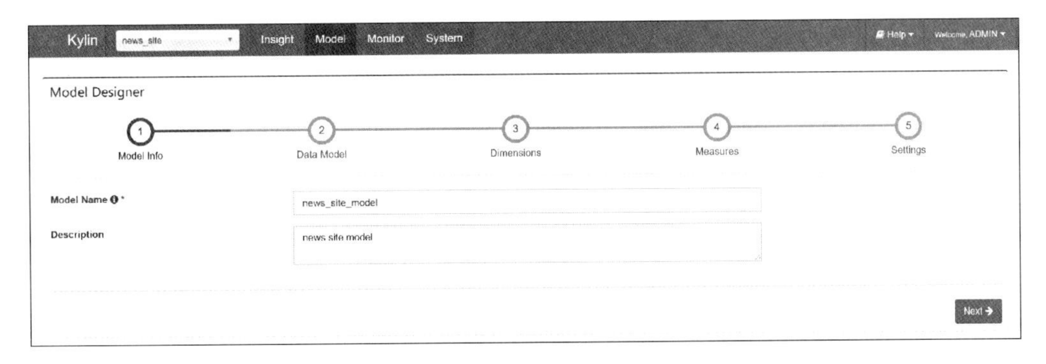

图 4-60　Model 信息

在“Data Model”页面，如图 4-61 所示，选择事实表。

- Fact Table：DEFAULT. NEWS_SITE_LOG。

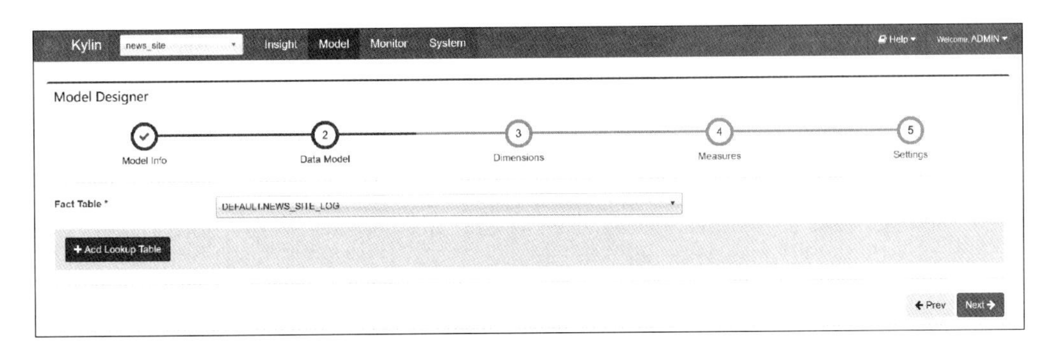

图 4-61　选择事实表

在“Demensions”（维度）页面，选择维度字段，如图 4-62 所示。维度字段一般是进行分组的字段（一般出现在 SQL 语句的 group by 中）。时间字段：YEAR_START、MONTH_START、DAY_START、MINUTE_START。其他字段：CHANNEL、PAGE、DOMAIN、HOST、STATUS。

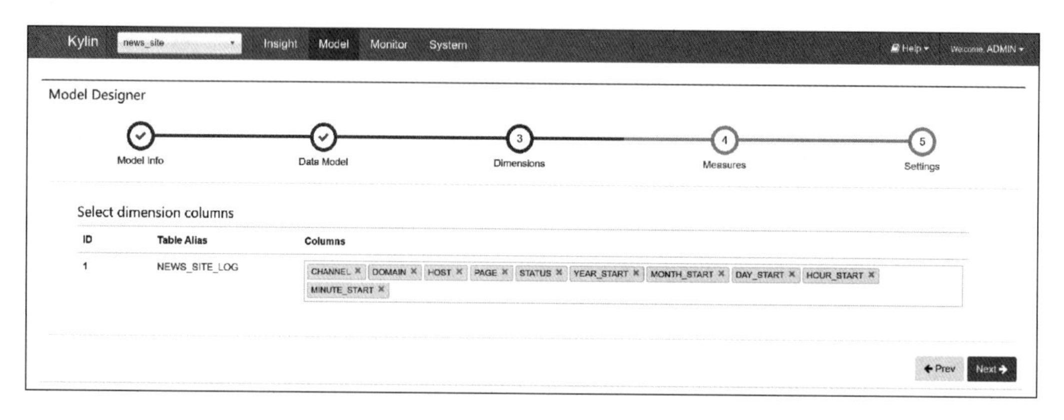

图 4-62　选择维度

如图 4-63 所示，在“Measures”（度量）页面选择度量的函数。

- SIZE：数据流量的字节形式。
- RESPONSETIME：响应时间，关注所有请求中响应时间最慢的请求。

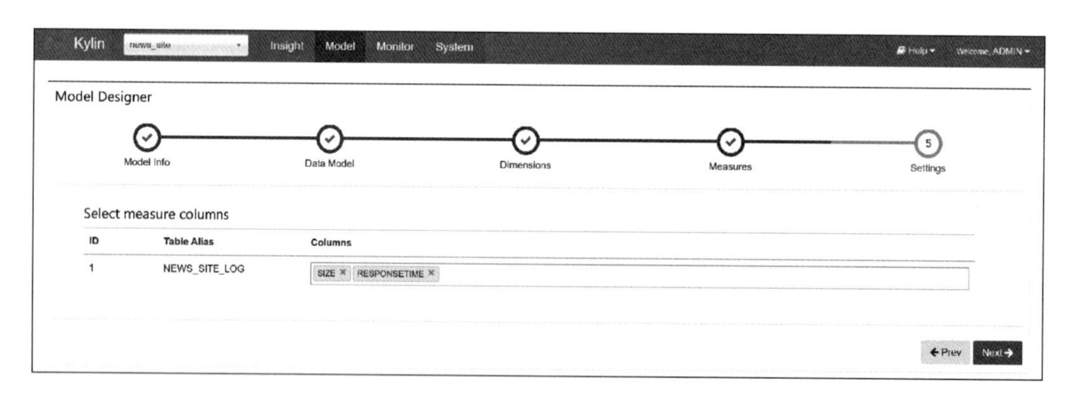

图 4-63　选择度量表

在 Settings（设置）页面，设置分区信息，如图 4-64 所示。分区日期列为：NEWS_SITE_LOG 表的 YEAR_START（年）、MONTH_START（月）、DAY_START（日）。点击“Save”按钮显示提示信息，确认配置。

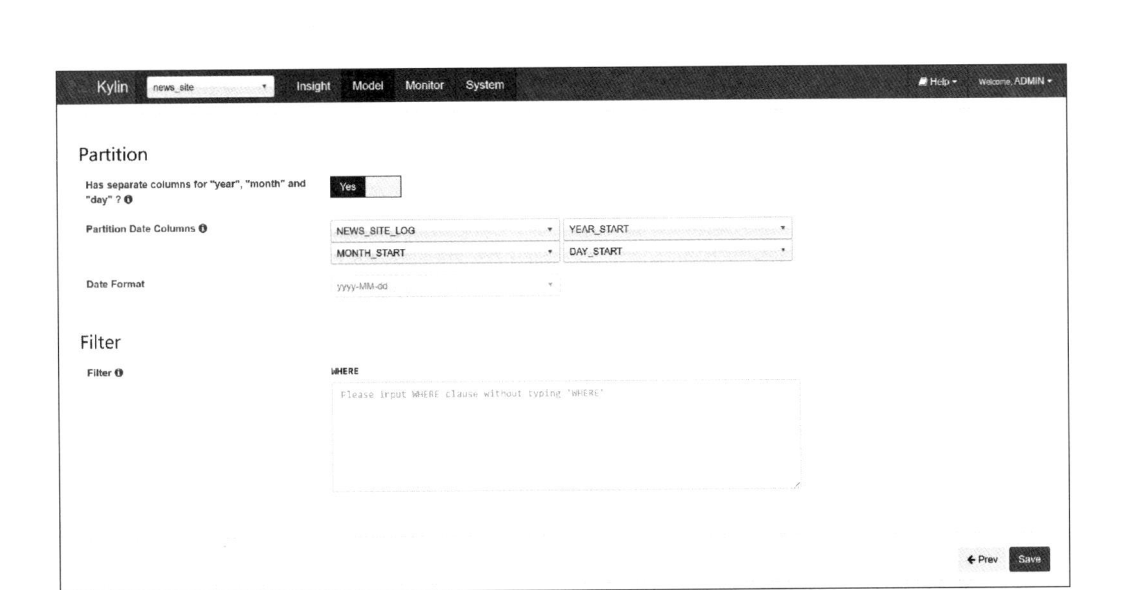

图 4-64　设置分区

四、创建 Cube

在 Cube Info（Cube 信息）页面创建 Cube 并设置其信息，如图 4-65 所示。

- Model Name：选择已经创建好的模型 news_site_model。
- Cube Name：输入 cube 的名称 news_site_cube。

点击“Next→”按钮进行下一步设置。

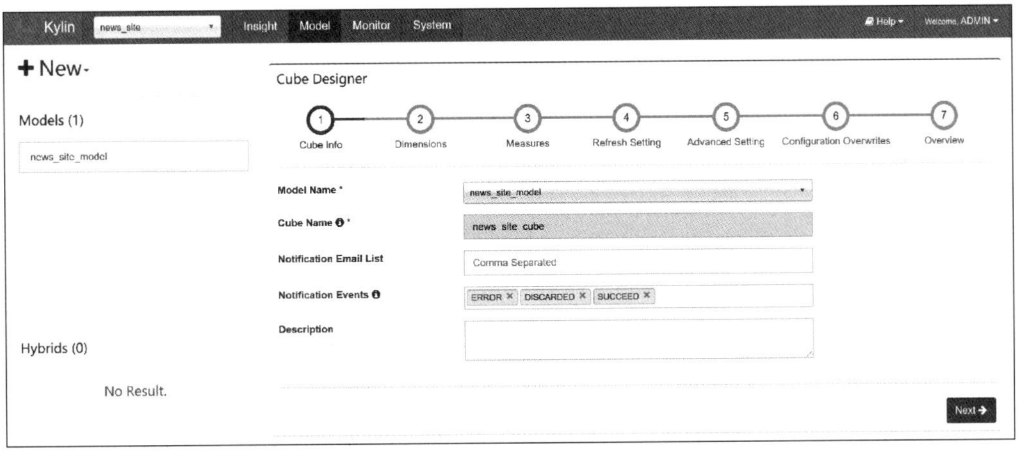

图 4-65　创建 Cube 页面

在 Dimensions（维度）页面添加维度，如图 4-66 所示。点击“Add Dimentions”（添加维度）按钮，打开选择维度的页面。

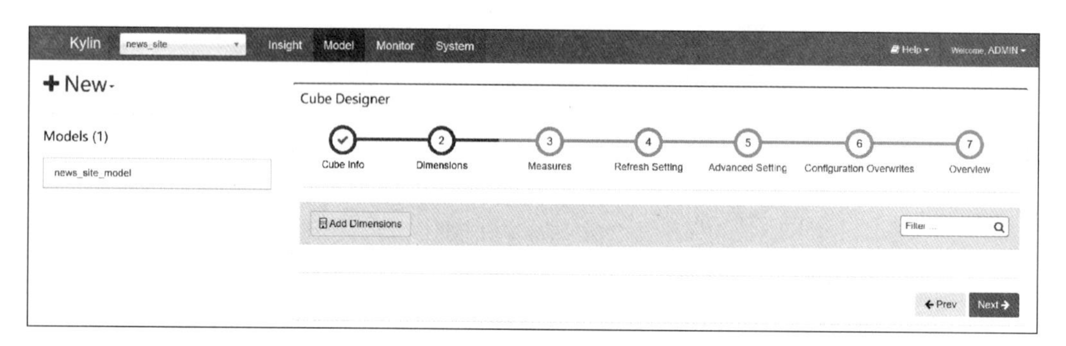

图 4-66　添加维度

如图 4-67 所示，根据需要选择事实表的维度字段，确认无误后，选择“OK”按钮确认。如果放弃修改，点击“Cancel”按钮取消当前设置。

Auto Generate Dimensions This is a helper for you to batch generate dimensions.
Visit derived column for more about derived column.

NEWS_SITE_LOG [FactTable]

Select All	Name	Columns
☑	CHANNEL	CHANNEL
☑	DOMAIN	DOMAIN
☑	HOST	HOST
☑	PAGE	PAGE
☑	STATUS	STATUS
☑	YEAR_START	YEAR_START
☑	MONTH_START	MONTH_START

Cancel　OK

图 4-67　选择事实表维度字段

如图 4-68 所示，在维度列表的列表页面，“Actions”列可以对维度进行修改或者删除。如果无须修改，直接点击“Next→”按钮进行下一步设置。

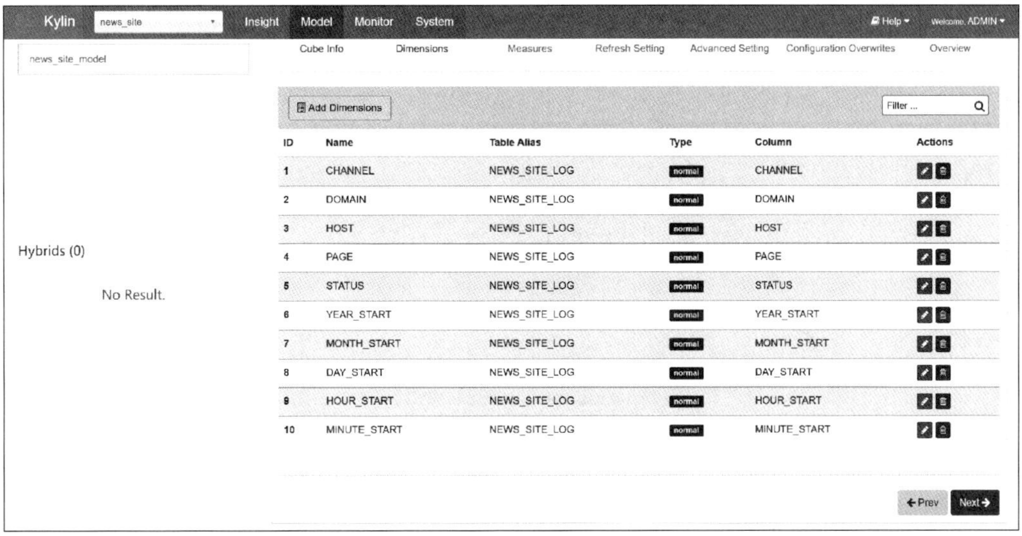

Kylin | news_site | Insight | Model | Monitor | System | Help | Welcome, ADMIN

news_site_model

Cube Info　Dimensions　Measures　Refresh Setting　Advanced Setting　Configuration Overwrites　Overview

Add Dimensions　Filter ...

ID	Name	Table Alias	Type	Column	Actions
1	CHANNEL	NEWS_SITE_LOG	normal	CHANNEL	
2	DOMAIN	NEWS_SITE_LOG	normal	DOMAIN	
3	HOST	NEWS_SITE_LOG	normal	HOST	
4	PAGE	NEWS_SITE_LOG	normal	PAGE	
5	STATUS	NEWS_SITE_LOG	normal	STATUS	
6	YEAR_START	NEWS_SITE_LOG	normal	YEAR_START	
7	MONTH_START	NEWS_SITE_LOG	normal	MONTH_START	
8	DAY_START	NEWS_SITE_LOG	normal	DAY_START	
9	HOUR_START	NEWS_SITE_LOG	normal	HOUR_START	
10	MINUTE_START	NEWS_SITE_LOG	normal	MINUTE_START	

Hybrids (0)

No Result.

Prev　Next

图 4-68　维度列表

如图 4-69 所示，设置度量页面，系统默认会有一个名称为_COUNT_的度量，统计事实表数量。添加新的度量，点击“+Measure”按钮，添加新的度量。

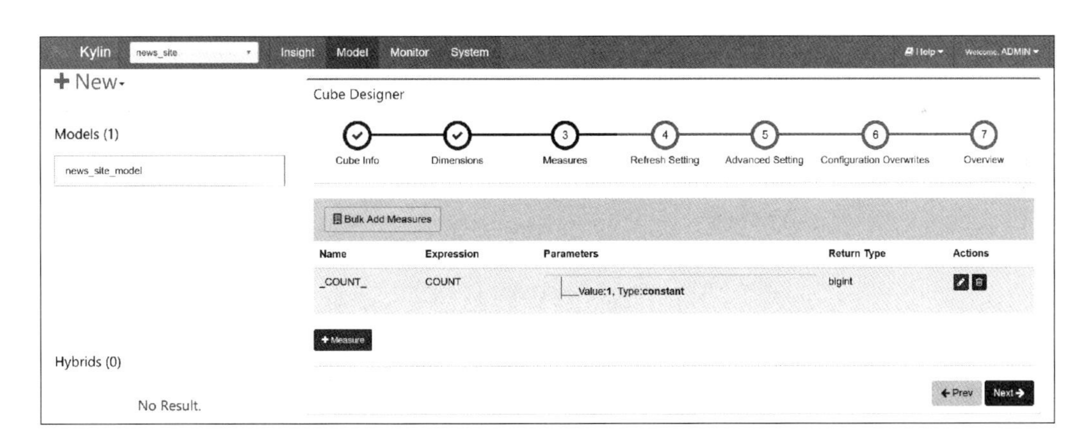

图 4-69　度量列表

如图 4-70、图 4-71 所示，编辑度量信息，对网站日志中的 size 字段进行汇总，对网络流量进行汇总以及计算网站数据流中最长的响应时间。

- Name：度量的名称 sum_size。
- Expression：支持的表达式有 SUM、COUNT、TOP_N、MAX 等，这里选择 SUM。

• Param Type：选择 column，按照列进行汇总。

• Param Value：选择列 NEWS_SITE_LOG. SIZE。

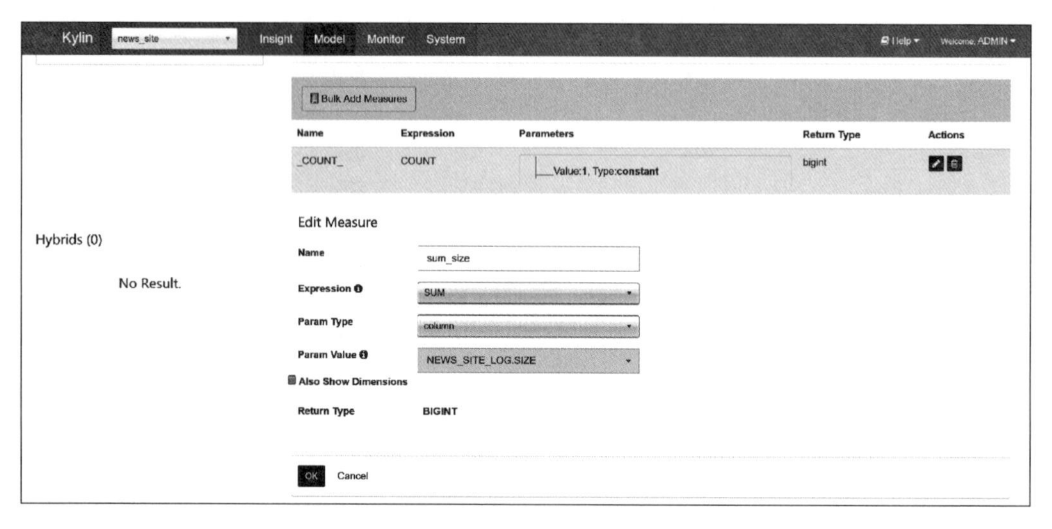

图 4-70　编辑度量信息

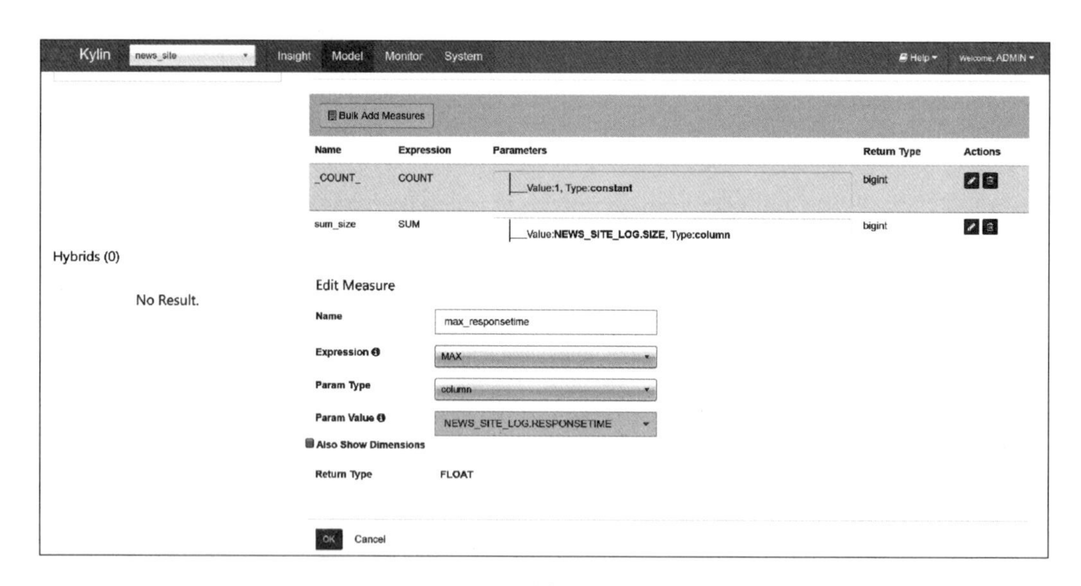

图 4-71　编辑度量页面

度量设置完成后，显示已经配置完成的度量列表，如图 4-72 所示。可以根据需要点击“Actions”列中的按钮编辑或删除度量的设置，确认无误后，点击“Next→”按钮进行下一步设置。

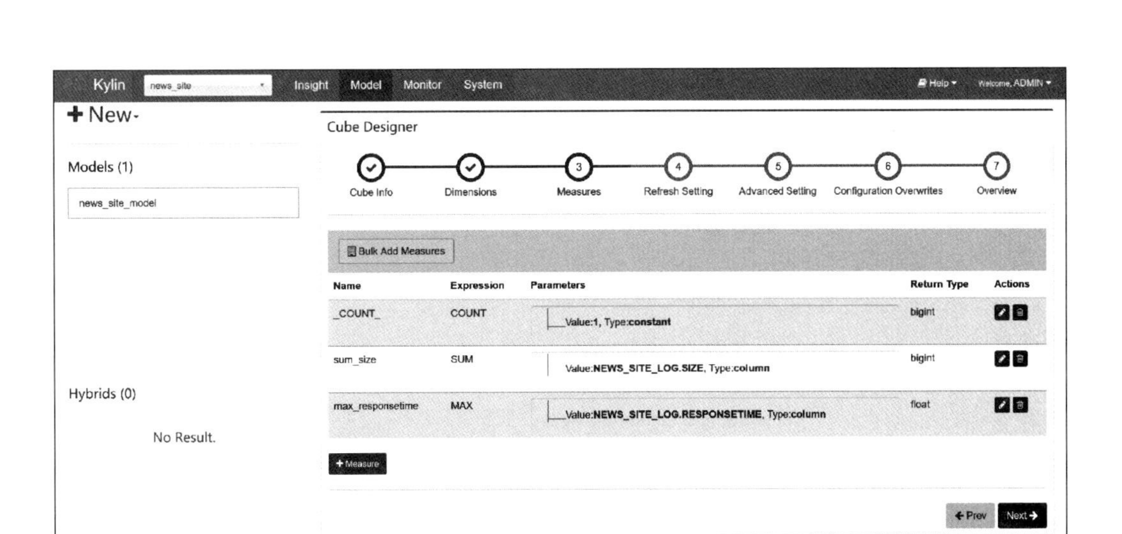

图 4-72　度量列表页面

Refresh Setting（刷新设置）。

• Auto Merge Thresholds：自动合并设置，默认设置为每 7 天进行一次小合并，每 28 天进行一次大合并。

如图 4-73 所示，设置完成后，点击“Next→”按钮进行下一步进入 Advanced Setting（高级设置）页面。

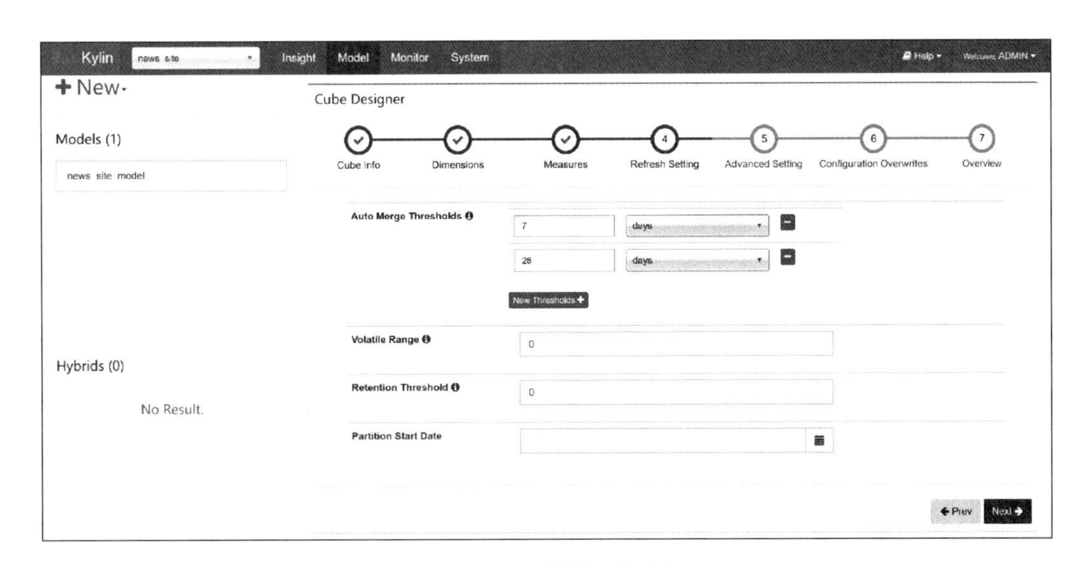

图 4-73　刷新设置页面

如图 4-74 所示，在 Advanced Setting（高级设置）页面，保持默认设置，直接点击“Next→”按钮进入下一步设置 Configuration Overwrites（配置重写）页面。

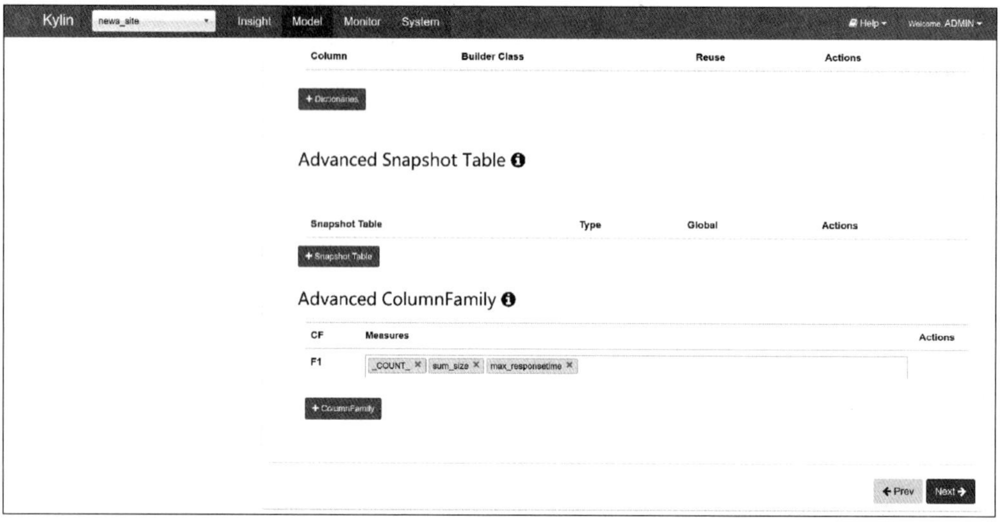

图 4-74　高级设置

如图 4-75 所示为 Configuration Ovewrites（配置重写）页面，对 Kylin 默认的配置进行修改。在进行优化操作时，可以修改默认的设置。这里保留默认设置，点击“Next→”按钮进入下一步 Overview 页面。

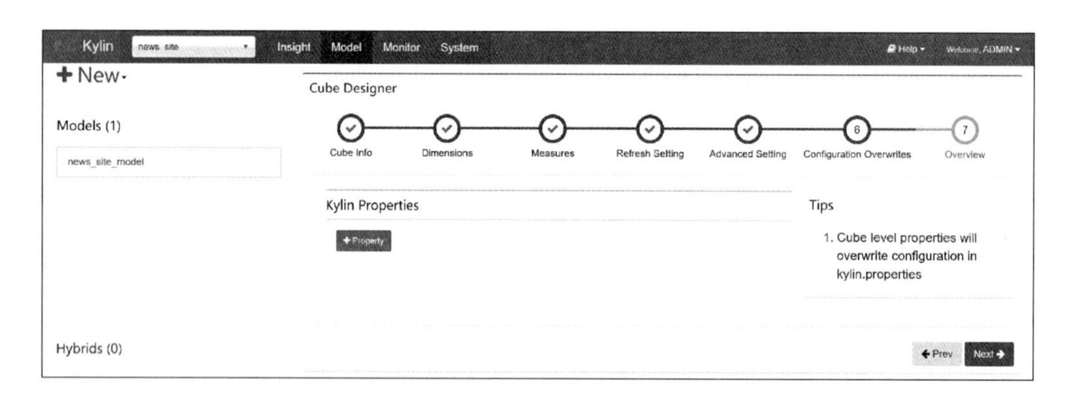

图 4-75　配置重写页面

进入 Overview 页面，如图 4-76 所示，验证没有问题后，点击“Save”按钮保存设置。如果需要修改，点击“Prev”按钮对以前的设置进行修改。

cube 保存成功后，返回 cube 的列表页面，如图 4-77 所示，根据需要在“Actions”列可以对 cube 进行编辑、删除、构建等操作。

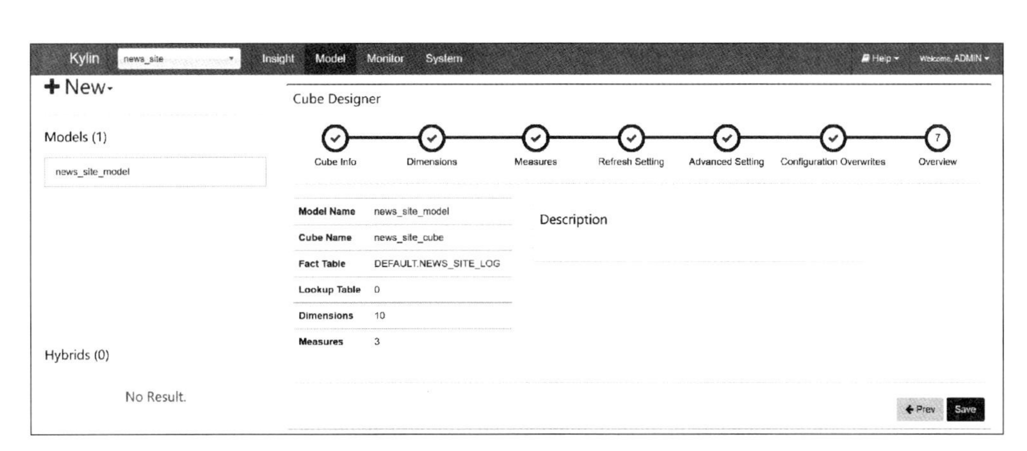

图 4-76　预览页面

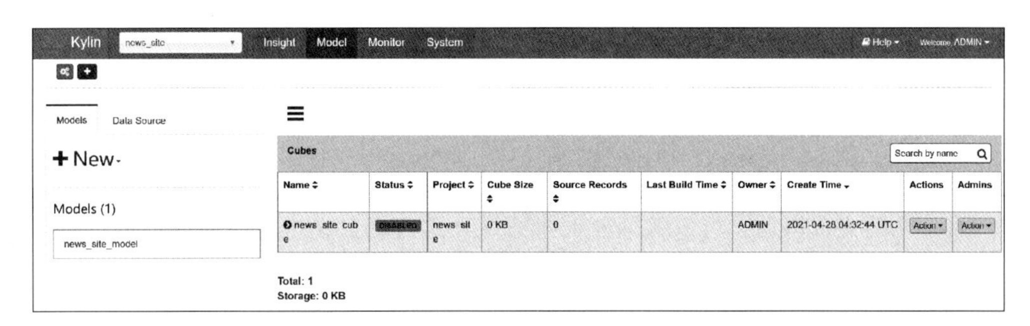

图 4-77　cube 列表页面

五、构建一个 Cube

cube 创建完成以后，在使用前需要进行 build 操作。如图 4-78 所示，在“Actions”列中，点击“Build”功能，对 cube 进行构建。

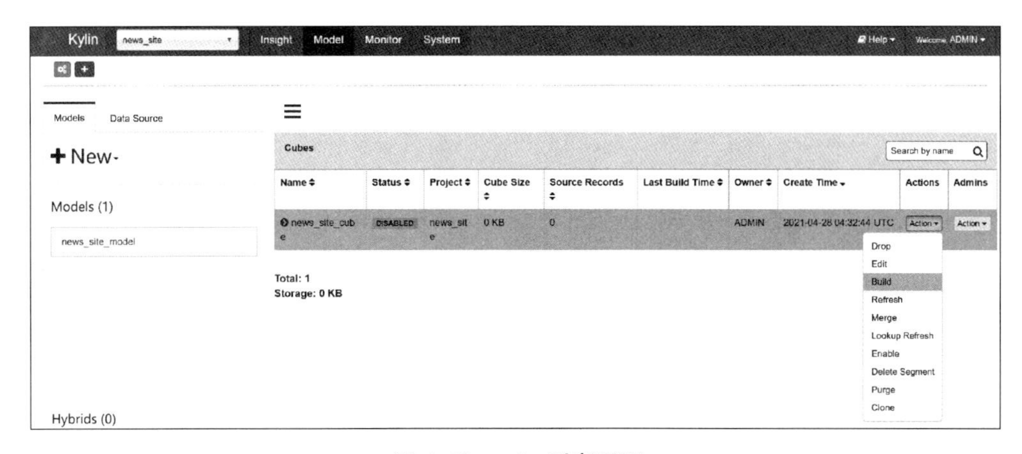

图 4-78　cube 列表页面

在 Cube 构建的过程中，可以点击“Monitor”（监视）菜单，默认显示 Jobs 选项卡的内容，点击 Job 列表右侧的“刷新”按钮，可以刷新当前 Job 的进度。如图 4-79 所示，当 Job 的 Progress 显示 100%的时候，构建的过程就完成了。

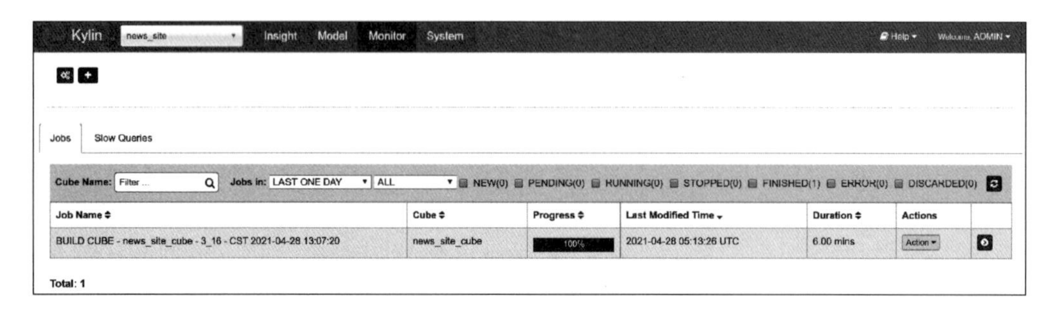

图 4-79　构建过程页面

六、执行查询

Cube 构建完成以后，可以编写 SQL 进行交互式查询，在主页面点击“Insight”菜单，在“New Query”中编写 SQL 语句并提交查询。在“New Query”中编写以下 SQL 语句，查询网站日志的总数量，结果如图 4-80 所示。

```
select count(*) as log_count from news_site_log;
```

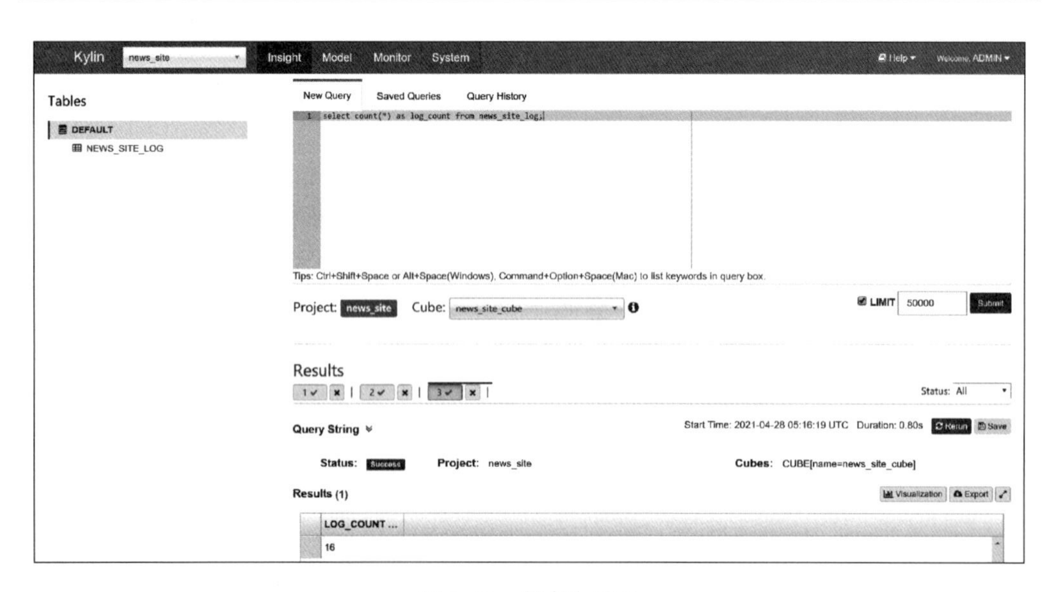

图 4-80　新查询页面

在“New Query”中编写以下SQL语句，统计每分钟每个频道的PV值，结果如图4-81所示。

```
SELECT year_start, month_start, day_start, hour_start, minute_start, channel, count(*) AS log_count FROM news_site_log GROUP BY year_start, month_start, day_start, hour_start, minute_start,channel;
```

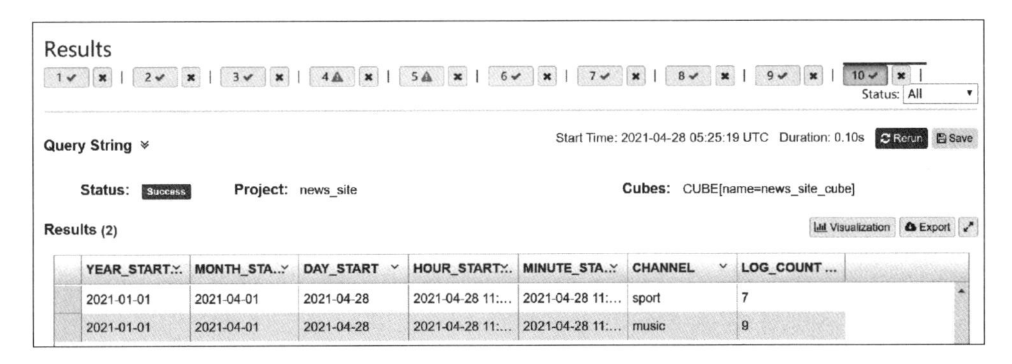

图4-81 查询结果页面

在“New Query”中编写以下SQL语句，统计每分钟每个页面的PV值，结果如图4-82所示。

```
SELECT year_start, month_start, day_start, hour_start, minute_start, channel, page, count(*) AS log_count FROM news_site_log GROUP BY year_start, month_start, day_start, hour_start,minute_start,channel,page;
```

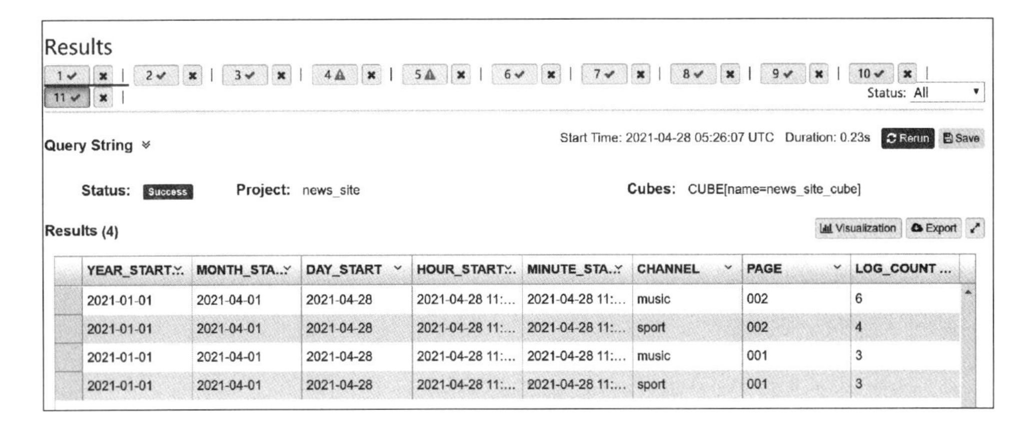

图4-82 查询结果页面

在“New Query”中编写以下 SQL 语句，统计每天的响应时间最长的时间，结果如图 4-83 所示。

```
SELECT year_start, month_start, day_start, max(responsetime) AS max_responsetime from news_site_log GROUP BY year_start, month_start, day_start;
```

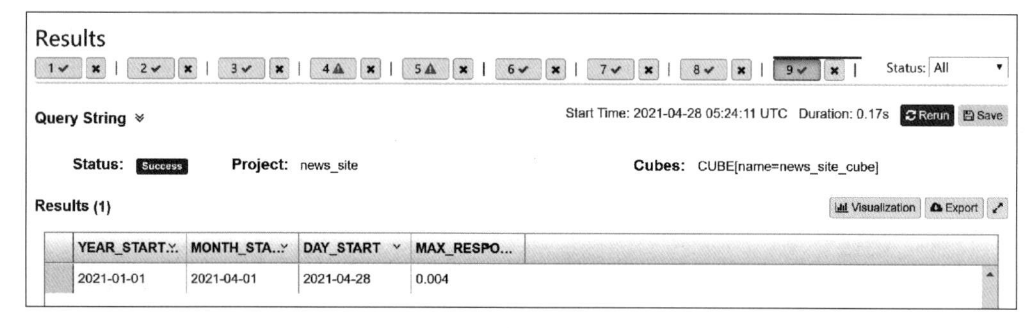

图 4-83　查询结果页面

在“New Query”中编写以下 SQL 语句，统计每分钟的网络请求流量（以字节表示），结果如图 4-84 所示。

```
SELECT year_start, month_start, day_start, hour_start, minute_start, sum(size) AS sum_size FROM news_site_log GROUP BY year_start, month_start, day_start, hour_start, minute_start;
```

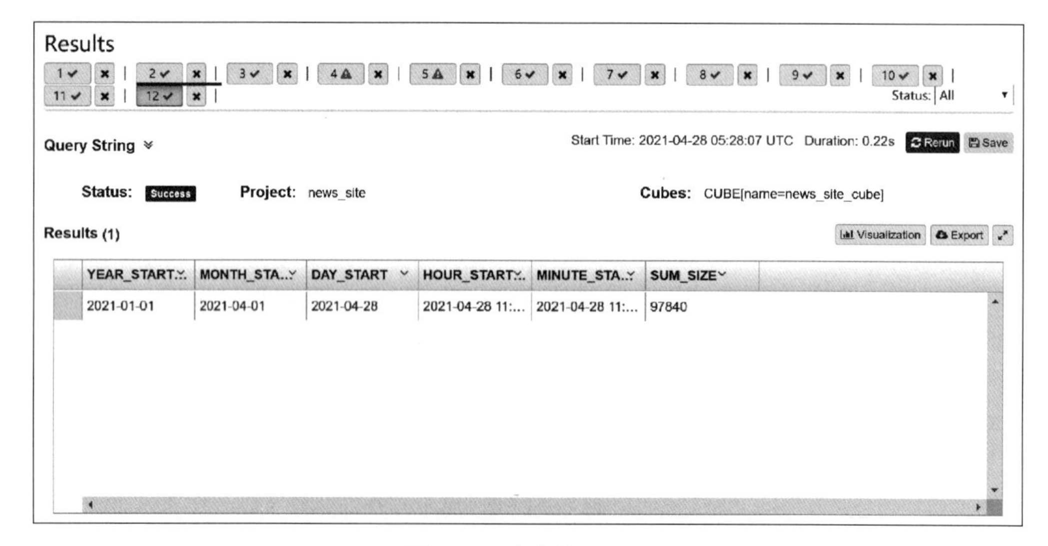

图 4-84　查询结果页面

第四节　Cube 优化

在构建 Cube 之前，Cube 的优化手段提供了更多与数据模型或查询样式相关的信息，用于构建出体积更小、查询速度更快的 Cube，Cube 的优化目的始终有两个：空间优化与查询时间优化。

在没有采取任何优化措施的情况下，Kylin 会对每一种维度的组合进行预计算，每种维度的组合的预计算结果被称为 Cuboid。在大数据复杂应用场景中，数据的维度往往非常多。假设数据表有 20 个维度，那么没有经过优化的 Cube 会生成 $2^{20}=1048576$ 个 Cuboid，事实表维度的增加导致了 Cuboid 的数量成指数集增长，这种现象称为“维度灾难”。包含大量 Cuboid 的 Cube 对构建引擎、存储引擎都产生了巨大的压力。因此，在构建维度数量较多的 Cube 时，尤其要注意 Cube 的剪枝优化，即减少 Cuboid 的生成。

一、衍生维度

衍生维度用于在有效维度内将维度表上的非主键维度排除掉，并使用维度表的主键（其实是事实表上相应的外键）来替代它们。Kylin 会在底层记录维度表主键与维度表其他维度之间的映射关系，以便在查询时能够动态地将维度表的主键“翻译”成这些非主键维度，并进行实时聚合。当然，如果从维度表主键到某个维度表维度所需要的聚合工作量非常大，则不建议使用衍生维度。在创建维度表的时候，可以通过选择“Derived（创建）”，创建衍生维度，如图 4-85 所示。

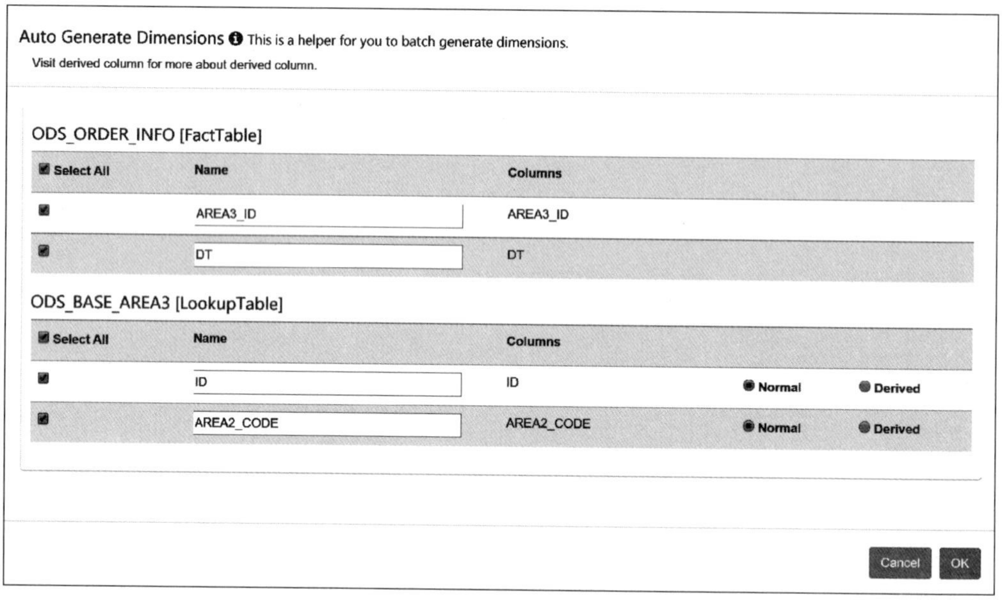

Auto Generate Dimensions This is a helper for you to batch generate dimensions.
Visit derived column for more about derived column.

ODS_ORDER_INFO [FactTable]

Select All	Name	Columns
■	AREA3_ID	AREA3_ID
■	DT	DT

ODS_BASE_AREA3 [LookupTable]

Select All	Name	Columns		
■	ID	ID	Normal	Derived
■	AREA2_CODE	AREA2_CODE	Normal	Derived

Cancel OK

图 4-85　衍生维度

二、使用聚合组

聚合组（Aggregation Group）假设了 Cube 的所有维度均可以根据业务需求划分成若干组，由于同一个组内的维度更可能同时被同一个查询用到，因此会表现出更加紧密的内在关联。每个分组的维度集合均是 Cube 所有维度的一个子集，不同的分组各自拥有一套维度集合，它们可能与其他分组有相同的维度，也可能没有相同的维度。

每个分组各自独立地根据自身的规则贡献出一批需要被物化的 Cuboid，所有分组贡献的 Cuboid 的并集就成了当前 Cube 中所有需要物化的 Cuboid 的集合。不同的分组有可能会贡献出相同的 Cuboid，构建引擎会察觉到这点，并且保证每一个 Cuboid 无论在多少个分组中出现，它都只会被物化一次。

对于每个分组内部的维度，用户可以使用以下三种方式定义：

（一）强制维度（Mandatory）

如果一个维度被定义为强制维度，那么这个分组产生的所有 Cuboid 中每一个 Cuboid 都会包含该维度。每个分组中都可以有 0 个、1 个或多个强制维度。如果根据这个分组的业务逻辑，则相关的查询一定会在过滤条件或分组条件中，因此可以在该分

组中把该维度设置为强制维度。

（二）层级维度（Hierarchy）

每个层级包含两个或更多个维度。假设一个层级中包含 D1，D2，…，Dn 这 n 个维度，那么在该分组产生的任何 Cuboid 中，这 n 个维度只会以（），（D1），（D1，D2）…（D1，D2，…，Dn）这 n+1 种形式中的一种出现。每个分组中可以有 0 个、1 个或多个层级，不同的层级之间不应当有共享的维度。如果根据这个分组的业务逻辑，则多个维度直接存在层级关系，因此可以在该分组中把这些维度设置为层级维度。

（三）联合维度（Joint）

每个联合中包含两个或更多个维度。如果某些列形成一个联合，那么在该分组产生的任何 Cuboid 中，这些联合维度要么一起出现，要么都不出现。每个分组中可以有 0 个或多个联合，但是不同的联合之间不应当有共享的维度（否则它们可以合并成一个联合）。如果根据这个分组的业务逻辑，多个维度在查询中总是同时出现，则可以在该分组中把这些维度设置为联合维度。

三、并发粒度优化

当 Segment 中某一个 Cuboid 的大小超出一定的阈值时，系统会将该 Cuboid 的数据分片到多个分区中，以实现 Cuboid 数据读取的并行化，从而优化 Cube 的查询速度。具体的实现方式如下：构建引擎根据 Segment 估计的大小，以及参数“kylin. hbase. region. cut”的设置决定 Segment 在存储引擎中总共需要几个分区来存储。如果存储引擎是 HBase，那么分区的数量就对应于 HBase 中的 Region 数量。kylin. hbase. region. cut 的默认值是 5. 0，单位是 GB，也就是说对于一个大小估计是 50GB 的 Segment，构建引擎会给它分配 10 个分区。用户还可以通过设置 kylin. hbase. region. count. min（默认为 1）和 kylin. hbase. region. count. max（默认为 500）两个配置，决定每个 Segment 最少或最多被划分成多少个分区。

四、行键（Row Keys）优化

Kylin 会把所有的维度按照顺序组合成一个完整的 Rowkey，并且按照这个 Rowkey

升序排列 Cuboid 中所有的行。设计良好的 Rowkey 将更有效地完成数据的查询过滤和定位，减少 IO 次数，提高查询速度。维度在 Rowkey 中的次序，对查询性能有显著的影响。Rowkey 的设计原则：被用作 where 过滤的维度放在前边，基数大的维度放在基数小的维度前边。

第五节　BI 集成

Kylin 提供了灵活的前端连接方式，包括 Rest API、JDBC 和 ODBC。用户可以根据需要使用已有的 BI 工具对 Kylin 进行查询，也可以开发定制的应用程序。下面分别介绍 REST API、JDBC 及 Zeppelin 的连接方式。

一、REST API

Kylin 查询请求对应的 URL 为 http://<hostname>:<port>/kylin/api/query，HTTP 的请求方式为 POST。以 JSON 格式提交数据。

- sql：查询的 SQL 语句，查询 news_site_log 表的记录数量。
- project：项目名称。

```
{
 "sql": "select count(*) from news_site_log",
 "project": "news_site"
}
```

```
curl -X POST --user ADMIN:KYLIN -H "Content-Type: application/json" -d '{ "sql":"SE-
LECT count(*) FROM news_site_log", "project":"news_site" }' http://localhost:7070/kylin/
api/query
```

在查询结果的 results 中可以查看 SQL 执行的结果。


```
{
  "columnMetas": [
    {
      "isNullable": 0,
      "displaySize": 19,
      "label": "EXPR#0",
      "name": "EXPR#0",
      "schemaName": null,
      "catelogName": null,
      "tableName": null,
      "precision": 19,
      "scale": 0,
      "columnType": -5,
      "columnTypeName": "BIGINT",
      "autoIncrement": false,
      "caseSensitive": true,
      "searchable": false,
      "currency": false,
      "signed": true,
      "writable": false,
      "definitelyWritable": false,
      "readOnly": true
```

```
    }
  ],
  "results": [
    [
      "16"
    ]
  ],
  "cube": "CUBE[name=news_site_cube]",
  "affectedRowCount": 0,
  "isException": false,
  "exceptionMessage": null,
  "duration": 102,
  "totalScanCount": 5,
  "totalScanBytes": 360,
  "hitExceptionCache": false,
  "storageCacheUsed": false,
  "traceUrl": null,
  "partial": false,
  "pushDown": false
}
```

二、JDBC 连接

Kylin 提供了标准的 ODBC 和 JDBC 编程接口，能够和传统 BI 工具进行很好的集成，使用标准的 JDBC 接口连接 Kylin 并对数据进行聚合分析大大简化了开发工程师的学习成本，JDBC 连接 Kylin 并执行 SQL 的操作如下所示。

```
//Kylin_JDBC 驱动
```

```
    String KYLIN_DRIVER = "org.apache.kylin.jdbc.Driver";
      //Kylin_URL
    String KYLIN_URL = "jdbc:kylin://master:7070/news_site";
    //Kylin 的用户名
    String KYLIN_USER = "ADMIN";
    //Kylin 的密码
    String KYLIN_PASSWD = "KYLIN";
    // SQL 语句
    String sql  = "SELECT year_start,month_start,day_start,hour_start,minute_start," +
              "channel,page,count(*) AS log_count FROM news_site_log " +
              "GROUP BY year_start, month_start, day_start, hour_start, minute_start,
channel,page";
        //添加驱动信息
        Class.forName(KYLIN_DRIVER);
        //获取连接
        Connection connection = DriverManager.getConnection(KYLIN_URL, KYLIN_USER,
KYLIN_PASSWD);
        //预编译 SQL
        PreparedStatement ps = connection.prepareStatement(sql);
        //执行查询
        ResultSet resultSet = ps.executeQuery();
```

输出 Kylin 的查询结果，遍历 ResultSet 中的数据，构造格式化的字符串，输出到控制台。

```
    // 打印输出结果
        System.out.println(" | 编号 | 年 | 月 | 日 | 时 | 分 | 频道 | 页面 | PV |");
        //序号
```

```
        int i=0;
        while (resultSet.next()) {
            i++;
            String year=resultSet.getString(1);
            String month=resultSet.getString(2);
            String day=resultSet.getString(3);
            String hour=resultSet.getString(4);
            String minute=resultSet.getString(5);
            String channel=resultSet.getString(6);
            String page=resultSet.getString(7);
            int logCount=resultSet.getInt(8);
    System.out.printf(" |%d |%s |%s |%s |%s |%s |%s |%s |%d |",i,year,month,day,hour,mi-
nute,channel,page,logCount);
            System.out.println();
```

```
    | 编号 | 年 | 月 | 日 | 时 | 分 | 频道 | 页面 | PV |
    | 1 | 2020-12-31 | 2021-03-31 | 2021-04-27 | 2021-04-28    03:00:00 | 2021-04-28
03:48:00 | music | 002 | 6 |
    | 2 | 2020-12-31 | 2021-03-31 | 2021-04-27 | 2021-04-28    03:00:00 | 2021-04-28
03:48:00 | sport | 002 | 4 |
    | 3 | 2020-12-31 | 2021-03-31 | 2021-04-27 | 2021-04-28    03:00:00 | 2021-04-28
03:48:00 | music | 001 | 3 |
    | 4 | 2020-12-31 | 2021-03-31 | 2021-04-27 | 2021-04-28    03:00:00 | 2021-04-28
03:48:00 | sport | 001 | 3 |
```

三、Zeppelin 可视化

Apache Zeppelin 是一个让交互式数据分析变得可行的基于网页的开源框架。Zeppelin 提供了数据分析、数据可视化等功能，是一个提供交互数据分析且基于 Web 的笔记本。

下面介绍如何通过 Zeppelin 连接 Kylin，并对分析结果进行可视化展示。

（一）启动 Zeppelin

切换到 zeppelin 安装目录的 bin 目录，执行 zeppelin-daemon. sh start 命令，启动 Zeppelin。

```
[root@ master ~]# cd /home/newland/soft/zeppelin
[root@ master zeppelin]# bin/zeppelin-daemon.sh start
```

在浏览器中访问 Zeppelin，Zeppelin 默认的端口号是 8080，输入网址 http://master:8080 打开 Zeppelin 主页面，如图 4-86 所示。

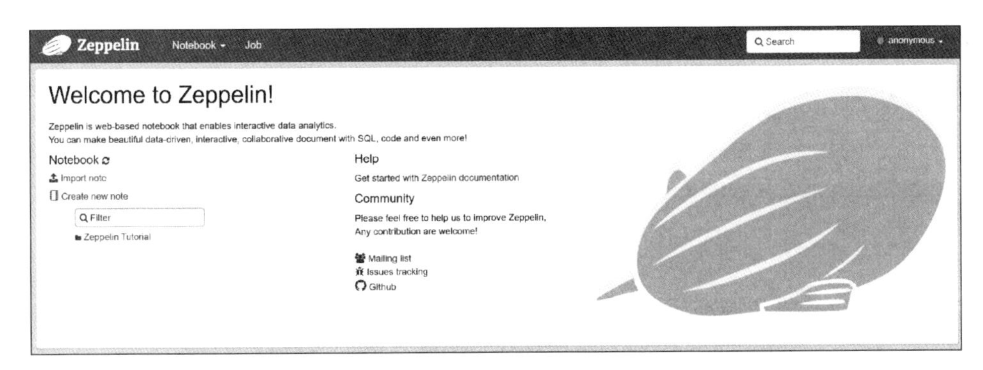

图 4-86　Zeppelin 主页

（二）配置 Kylin 插件

如图 4-87 所示，在主页点击头部右侧的 Interpreter 到该页面找到 Kylin 配置栏，填上配置信息。

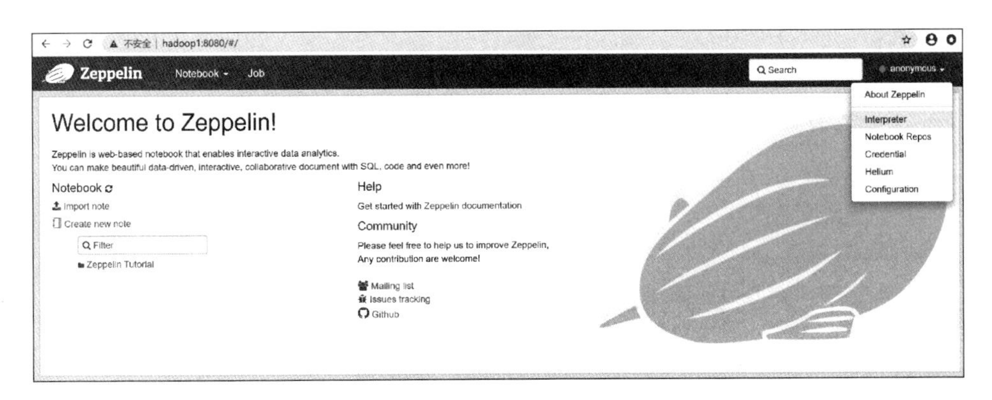

图 4-87　Zeppelin 查找插件

如图 4-88 所示，修改配置，修改完成，点击“Save”按钮保存配置。

The interpreter will be instantiated Globally in shared process
Connect to existing process
Set permission

Properties

name	value	action
kylin.api.password	*****	×
kylin.api.url	http://master:7070/kylin/api/query	×
kylin.api.user	ADMIN	×
kylin.query.ispartial	✔	×
kylin.query.limit	5000	×
kylin.query.offset	0	×
kylin.query.project	mall	×
		textarea +

Dependencies
These dependencies will be added to classpath when interpreter process starts.

artifact	exclude	action
groupId:artifactId:version or local file path	(Optional) comma separated groupId:artifactId list	+

Save Cancel

图 4-88　Zeppelin 编辑插件属性

配置完成，点击“OK”按钮确认，如图 4-89 所示。

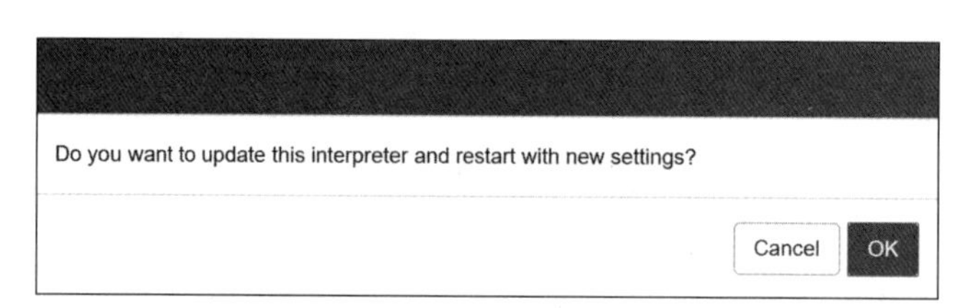

图 4-89　Zeppelin 配置提示信息

（三）创建新的 Note

点击“Notebook”→“+Create new note”创建新的 Note，如图 4-90 所示。

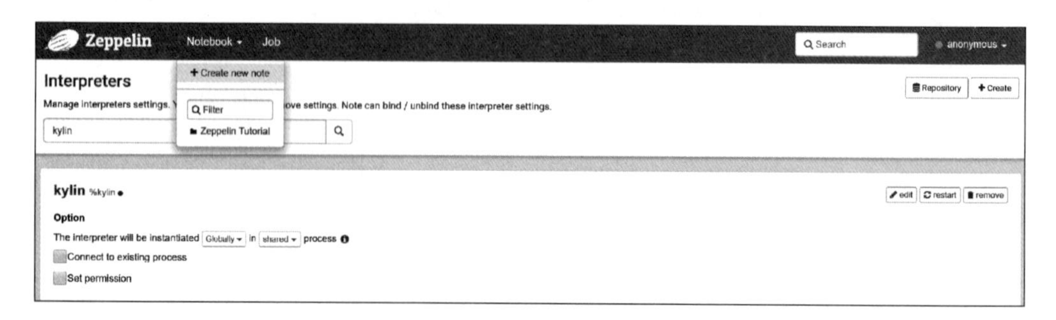

图 4-90　Zeppelin 创建新的 Note

(四) 编辑 Note

如图 4-91 所示，输入以下 Note 信息，输入完成后，点击“Create”按钮创建 Note。

- Note Name：Note（笔记）名称。
- Default Interpreter：默认的拦截器，选择 kylin。

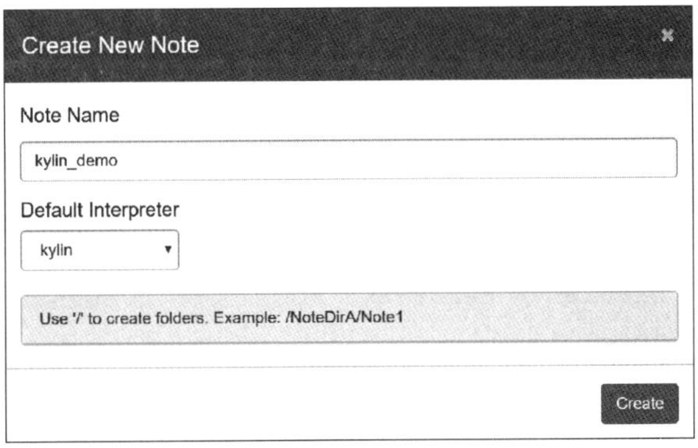

Create New Note
Note Name
kylin_demo
Default Interpreter
kylin
Use '/' to create folders. Example: /NoteDirA/Note1
Create

图 4-91　Zeppelin 编辑 Note

(五) Zeppelin SQL 查询

在笔记本中输入 SQL 语句，执行查询，查询结果会在笔记本中实时展示，如图 4-92 所示。

```
SELECT ods_base_area3.area2_code,sum(ods_order_info.total_amount) AS total_amount FROM ods_order_info LEFT JOIN ods_base_area3 ON ods_order_info.area3_id = ods_base_area3.id GROUP BY ods_base_area3.area2_code;
```

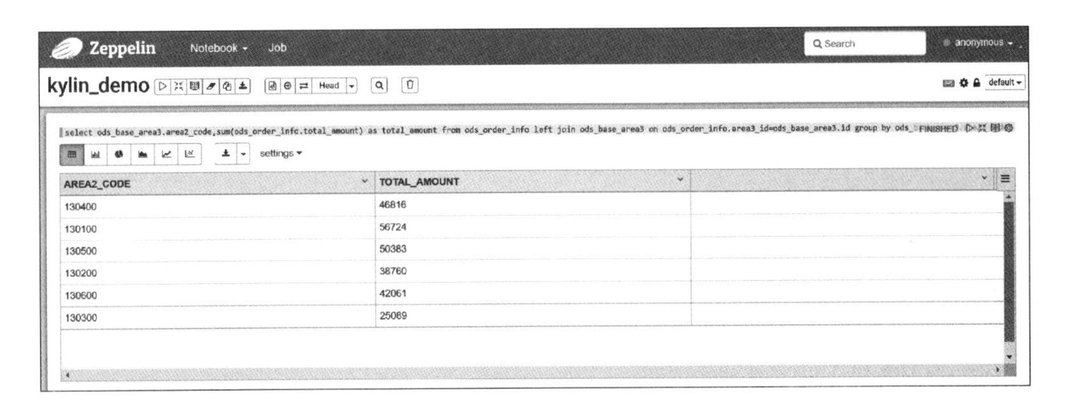

图 4-92　Zeppelin SQL 查询

（六）展示查询结果

在 Note 的查询结果页面，可以使用不同的图表展示查询结果，主要的图表有：柱形图（见图 4-93）、饼图（见图 4-94）、折线图（见图 4-95）等。

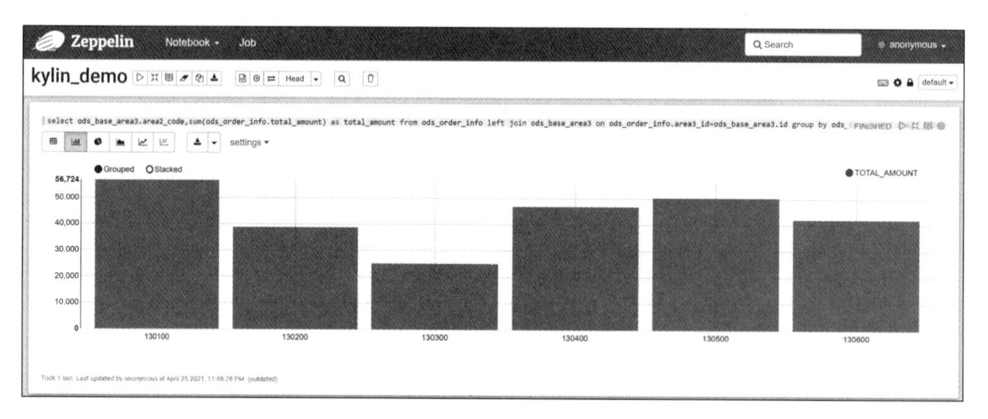

图 4-93 Zeppelin 柱形图

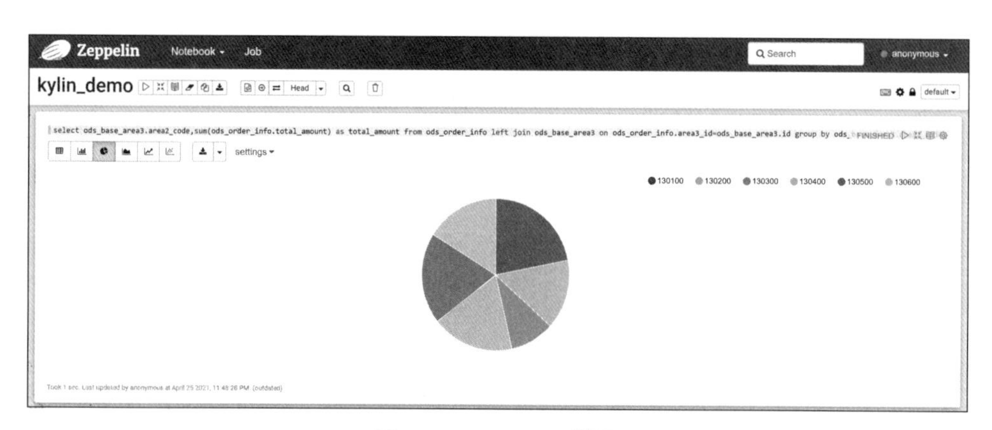

图 4-94 Zeppelin 饼图

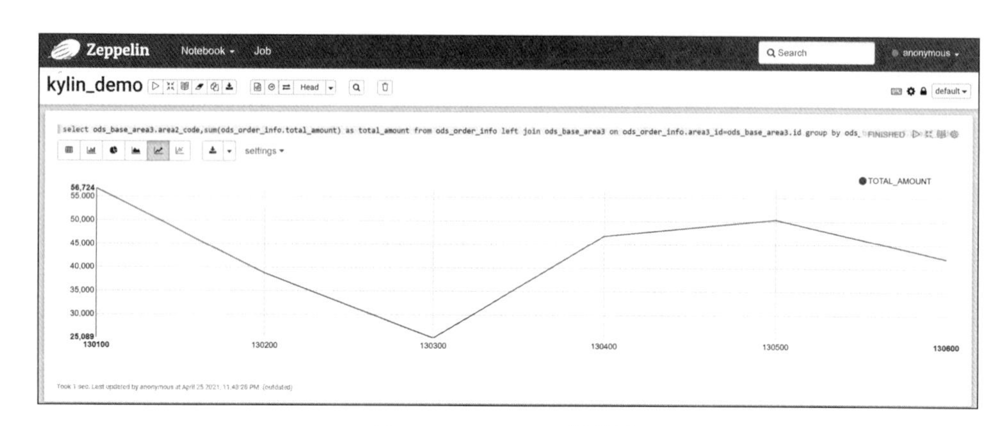

图 4-95 Zeppelin 折线图

思考题

1. 举例说明事实表和维度表的区别。
2. 简述 Kylin 的工作原理。
3. 以电商系统的订单表为例，说明 Cube 和 Cuboid 的关系。
4. 什么是聚合组，聚合组分为哪些类型？
5. 如何应用 HBase Rowkey 对 Kylin 进行优化？

第五章
数据检索

随着互联网的快速发展，网站可以提供的信息量远远超出了页面有限区域内显示的内容，用户的个性化查询需求激增，网站的数据检索功能成为每个网站必不可少的功能，用户可以通过交互式的查询，查找到自己需要的信息。试想如果没有数据检索功能，如何能够在新闻网站查找到自己感兴趣的新闻，如何在电商网站中找到自己心仪的商品呢？数据检索系统通过对各种格式的异构信息的索引、检索、分析及可视化，满足了用户个性化检索的需求。

在企业级数据检索项目中，ELK 框架是一个非常流行的框架。ELK 是三个开源项目的首字母缩写，分别是：ElasticSearch、Logstash 和 Kibana。ElasticSearch 是一个基于 Lucene 的分布式、支持高并发的全文搜索引擎，它提供了易于使用的 RESTful 接口，是流行的企业级搜索引擎。Logstash 是服务器端数据传输和处理的“管道”，它能够同时从多个数据源采集并转换数据，最后将数据发送到诸如 ElasticSearch 的数据库中。Kibana 对 ElasticSearch 的数据分析提供可视化的图表界面，通过简单的操作可以实现对 ElasticSearch 的文档进行汇总、分析和检索。

- **职业功能：** 数据检索。
- **工作内容：** 本项目通过 ELK 组件构建数据检索系统，使用 Logstash 采集系统日志数据，使用 ElasticSearch 创建索引并进行检索操作，查询结果使用 Kibana 进行数据展示，最终实现完整数据检索项目。

- **专业能力要求：**能根据业务需求对不同数据源的数据进行整合；能通过交互式查询需求，编写交互查询命令；能根据检索引擎创建索引并进行数据检索；能使用交互式查询平台制作报表及展示图表。
- **相关知识要求：**能够使用 Logstash 读取 Syslog 数据及 JSON 格式数据；能够使用 Logstash 读取 JSON 数据；能够使用 ElasticSearch 创建索引并配置映射信息；能够编写 RESTful 命令对索引进行数据写入或读取操作；能够使用 Kibana 对接数据采集、索引数据、编写索引查询语句；能使用 Kibana 生成可视化报表。

第一节　数据检索背景

一、基本需求

数据检索系统一般由信息采集、信息索引以及信息检索功能组成。信息采集的数据来源可能是通过网络爬虫采集的网站数据，也可能是网站在运营过程中积累的 Web 服务器日志。为了满足对海量的数据进行实时交互式查询的需求，需要将数据按照一定的规则进行编排，在信息检索系统中普遍使用“倒排索引”的结构来组织数据。“倒排索引”就是将词语及该词语在文档中存储位置的映射关系记录下来，每一条记录称为一个“倒排项”，多个“倒排项”组成“倒排表”并以文件的形式存储到文件系统中。“倒排表”文件构建的过程就是“信息索引”的过程。“信息索引”过程完成以后，用户通过输入关键词对信息系统进行查询，信息检索系统按照用户的需求检查索引，实时查找到用户需要的文档返回给用户。

数据检索是网站的最终用户关注的主要功能，如新闻类网站，用户关注如何通过站内的搜索引擎快速查找到自己感兴趣的内容。作为网站运营者，则更关注网站的运营指标，通过 Web 服务器的日志分析可以为商业决策提供依据，这就需要对日志进行聚合分析，如根据日志汇总每个小时网站各个频道的访问量。

本章内容主要实现两个基本需求：①基于 ElasticSearch 实现网站数据索引及检索功能；②基于 ELK 框架实现网站日志的收集、存储、索引、检索及可视化的过程。

二、基本术语

在信息检索项目中，经常使用到的一些专业术语，为了帮助大家更好地理解数据检索系统，下面对这些专业术语进行介绍。

- 文档（document）：索引与搜索的主要数据载体，包含一个或多个字段，存在将要写入的索引或将从索引搜索出来的数据。
- 字段（field）：文档的片段，包括字段的名称和内容两个部分。
- 词项（term）：搜索时的一个单位，代表文本中的一个词，索引的最小单位。
- 词条化（tokenization）：将字符序列拆分成一系列的子序列，可能会去除标点或特殊字符等操作。
- 词条（token）：词项在字段文本中的一次出现，包括词项的文本、开始和结束的偏移量及类型。
- 倒排索引：也称反向索引，用来存储在全文搜索下某个单词在一个文档或者一组文档中存储位置的映射，是文档检索系统中最常用的数据结构。
- 倒排记录表：记录出现过某个单词的所有文档的文档列表以及单词在文档中出现的位置信息，每条记录称为一个倒排项。
- 倒排文件：倒排记录表在磁盘中的物理存储文件称为倒排文件。

三、ELK 快速入门

ELK 框架的主要应用之一是日志分析，下面以 Linux 服务器的 syslog 日志的收集、检索及分析为例，说明 ELK 框架的基本应用。

（一）收集 syslog 日志

在 Unix 类操作系统中，syslog 日志消息可以记录在本地文件中，也可以通过网络发送到接收 syslog 的服务器。接收 syslog 的服务器可以对多个设备的 syslog 消息进行统一的存储，或者解析其中的内容做相应的处理。syslog 日志中包含产生日志的程序模块（Facility）、严重性（Severity）、时间、主机名或 IP、进程名、进程 ID 和正文。在 Unix

类操作系统上，能够按程序模块和严重性的组合来决定什么样的日志消息是否需要记录，记录到什么地方，是否需要发送到一个接收 syslog 的服务器等。

Logstash 数据传输和处理的过程通过配置文件进行定义，Logstash 传输管道有两个必需的部分，input（输入端）和 output（输出端），以及一个可选 filter（过滤器）。在输入端从数据源那里读取数据，根据实际需求，过滤器修改或删除数据，最后输出端将数据输出到 ElasticSearch 等数据库中。

1. 切换到 Logstash 安装目录

```
[root@master ~]# cd $LOGSTASH_HOME
```

2. 编辑配置文件，配置文件命名为 syslog-es. conf

input：设置 syslog 插件，端口号 port 设置为 514；

output：设置 elasticsearch 插件，数据会存储到 ElasticSearch 中。

```
[root@master logstash]# vi config/syslog-es.conf
input{
  syslog{
  type => "system-syslog"
  port => 514
  }
}

output{
  elasticsearch{
    hosts => ["master:9200"]
    index => "system-syslog-% {+YYYY.MM}"
  }

}
```

3. 执行 Logstash 安装目录的 bin 目录下的 Logstash 的命令，启动 Logstash 服务，-f 参数设置启动的配置文件 syslog-es. conf。启动 Logstash 之前需要启动 ElasticSearch 集群

```
[root@ master logstash]# bin/logstash -f config/syslog-es.conf
```

4. 从客户端（slave1 节点）向服务器（master 节点）发送 syslog 消息，编辑客户端的/etc/rsyslog. conf 文件，配置接收服务器节点的主机名和端口号

```
[root@ slave1 ~]# vim /etc/rsyslog.conf
# remote host is: name/ip:port, e.g. 192.168.0.1:514, port optional
#* .* @ @ remote-host:514
* .* @ @ master:514
# ### end of the forwarding rule ###
```

5. 配置完成后，执行 systemctl restart rsyslog 命令重新启动 rsyslog

```
[root@ slave1 ~]# systemctl restart rsyslog
```

6. 发送消息，使用 logger 命令从客户端（slave1 节点）向服务器（master 节点）发送 syslog 消息，logstash 会将日志消息封装为 JSON 格式发送到 ElasticSearch 中

```
[root@ slave1 ~]# logger "hello world"
{
    "@ timestamp" => 2021-05-08T01:22:49.000Z,
    "priority" => 13,
  "facility_label" => "user-level",
    "severity" => 5,
    "timestamp" => "May 8 09:22:49",
      "type" => "system-syslog",
    "logsource" => "slave1",
  "severity_label" => "Notice",
    "message" => "hello world\n",
```

```
        "@version" => "1",
        "facility" => 1,
          "host" => "192.168.68.130",
        "program" => "hadoop"
}
```

（二）Kibana 基本应用

syslog 日志通过 Logstash 收集到 ElasticSearch 集群中，可以通过 Kibana 对日志进行交互式检索及可视化分析。

1. 启动 Kibana：在浏览器中输入网址：http://master:5601，打开 Kibana 主页

2. 索引管理：点击主页导航栏左侧的“Management”菜单，打开索引管理页面，如图 5-1 所示

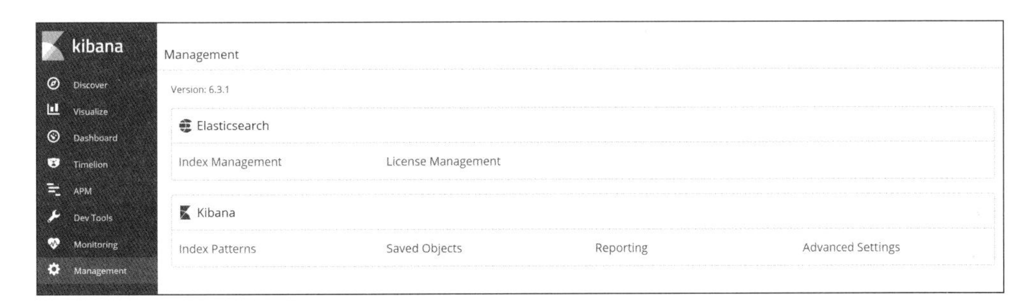

图 5-1　Kibana 的管理页面

3. 如图 5-2 所示，索引管理列表中的“system-syslog-2021.05”索引中就是通过 Logstash 收集的 syslog 日志

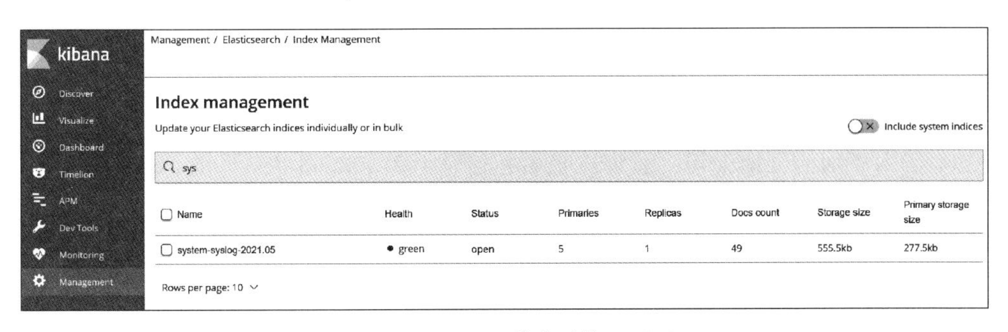

图 5-2　Kibana 的索引管理页面

4. 点击列表中的“system-syslog-2021. 05”打开索引管理的详情页面，Summary（汇总）显示了索引的基本信息，在右下角的“Manage”菜单，可以对当前索引进行关闭、刷新、删除等操作，如图 5-3 所示

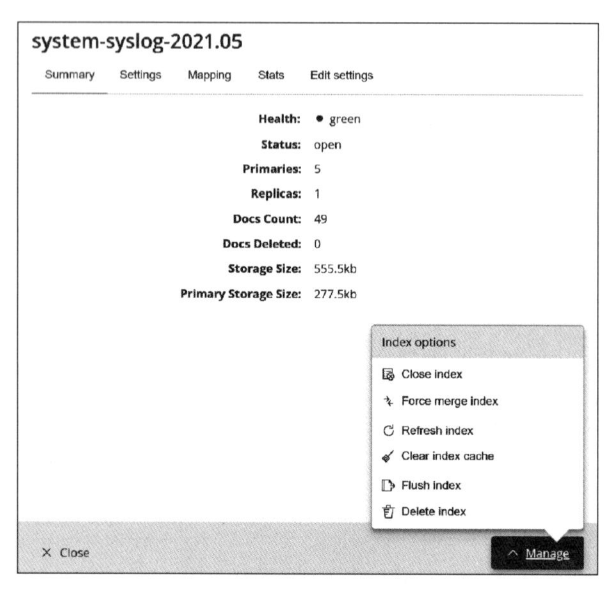

图 5-3　索引详情

5. 开发者工具如图 5-4 所示：点击导航栏左侧的“Dev Tools”菜单，打开开发者工具页面，对索引的数据进行检索，执行交互式查询

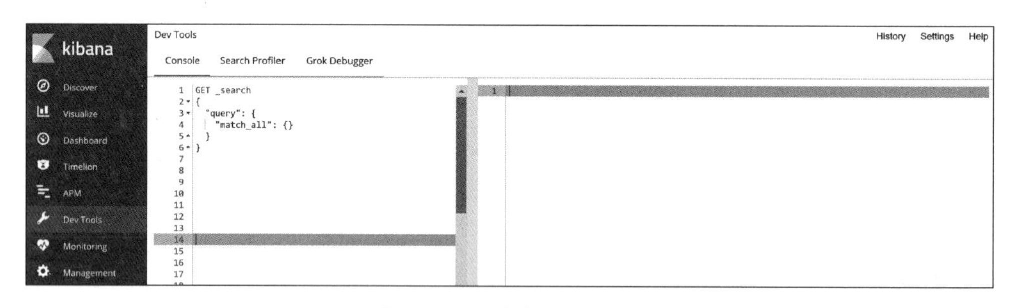

图 5-4　开发者工具页面

6. 输入下面的查询语句，查询主机名包含“192. 168. 68. 130”的 syslog 日志，从第 1 条记录开始显示 10 条记录

```
GET /system-syslog-2021.05/_search
{
```

```
"query":{
"term":{
  "host":"192.168.68.130"
  }
},
"from":0,
"size":10
}
```

7. 在查询的 REST 请求中，使用鼠标点击选中语句，会出现“执行”的小三角形按钮，点击这个按钮进行检索，检索的结果会实时显示在右侧的查询结果中，如图 5-5 所示

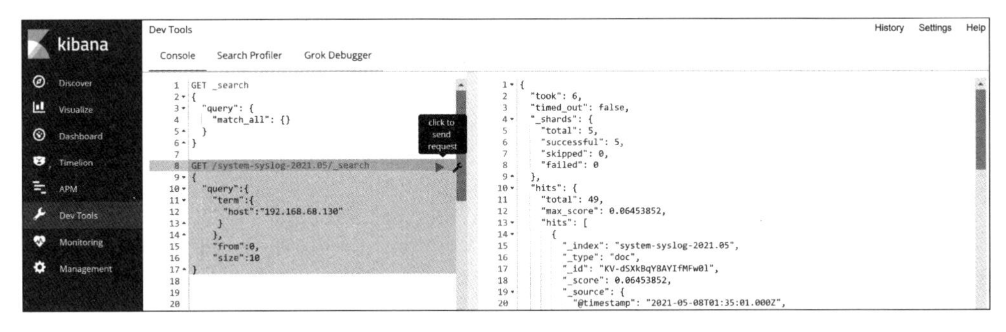

图 5-5　提交查询

第二节　Lucene 基础入门

ElasticSearch 是基于 Lucene 进行构建的，为了更好地理解 ElasticSearch 的原理，本

节介绍 Lunene 的基本原理及常用操作。

一、Lucene 简介

Lucene 是 Apache 软件基金会的开放源代码的全文检索引擎工具包，它不是一个完整的全文检索引擎，而是一个全文检索引擎的架构，提供了完整的查询引擎和索引引擎，部分文本分析引擎。Lucene 的目的是为软件开发人员提供一个简单易用的工具包，以方便在目标系统中实现全文检索的功能，或者是以此为基础建立起完整的全文检索引擎。

如图 5-6 所示，Lucene 全文检索的过程分为两个步骤：索引和检索。索引就是对各种数据源的数据进行整理，创建“倒排表”文件的过程。检索是根据创建的索引搜索数据并将搜索结果返回给用户的过程。

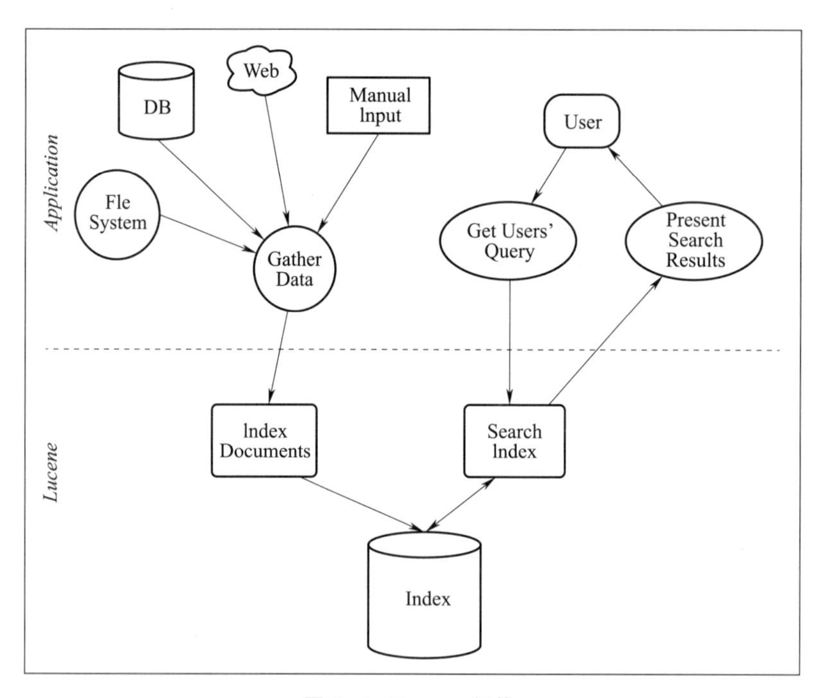

图 5-6　Lucene 架构

二、字段类型

文档是 Lucene 索引的基本单位，比文档更小的单位是字段，字段是文档的一部

分，每个字段由 3 部分组成：名称（name）、类型（type）和值（value）。字段的值一般为文本类型、二进制类型和数值类型。Lucene 中的字段类型主要有以下几种：

• TextField：TextField 会把该字段的内容索引并词条化，但是不保存词向量。例如，包含整篇文档内容的 body 字段，常常使用 TextField 类型进行索引。

• StringField：StringField 只会对该字段的内容索引，但是并不词条化，也不保存词向量。字符串的值会被索引为一个单独的词项。例如，文章的作者的字段名为“author”，内容为“韩寒”，用户在检索的时候往往希望使用作者的全称查询该作者的作品，“韩寒”这个词只索引不词条化是最合适的。

• IntPoint：IntPoint 适合索引值为 int 类型的字段。IntPoint 是为了快速过滤的，如果显示则需要另存一个字段。例如，文章的字数用字段“words”存储，根据文章字数进行过滤操作时可以直接通过 words 字段获取结果，但是要想展示文章字数，需要另外再存储一个字段。

• LongPoint：用法和 lntPoint 类似，区别在于 LongPoint 适合索引值为长整型 long 类型的字段。

• FloatPoint：用法和 IntPoint 类似，区别在于 FloatPoint 适合索引值为单精度浮点型 float 类型的字段。

• DoublePoint：用法和 IntPoint 类似，区别在于 DoublePoint 适合索引值为双精度浮点型 double 类型的字段。

• SortedDocValuesField：存储值为文本内容的 DocValues 字段，SortedDocValuesField 适合索引字段值为文本内容并且需要按值进行排序的字段。

• SortedSetDocValuesField：存储多值域的 DocValues 字段，SortedSetDocValuesField 适合索引字段值为文本内容并且需要按值进行分组、聚合等操作的字段。

• NumericDocValuesField：存储单个数值类型的 DocValues 字段，主要包括：int、long、float、double。

• SortedNumericDocValuesField：存储数值类型的有序数组列表 DocValues 字段。

• StoredField：StoredField 适合索引只需要保存字段值，不进行其他操作的字段。

为方便理解，表 5-1 中选取了几个有代表性的字段类型进行对比。

表 5-1　字段类型

字段类型	数据类型	是否分词	是否索引	是否存储	说明
StringField	字符串	否	是	是/否	不分词作为整体索引，是否存储由 Store. YES 或 Store. NO 决定
LongField	数值	是	是	是/否	分词并索引，是否存储由 Store. YES 或 Store. NO 决定
StoredField	多种类型	否	否	是	不分词、不索引，需要存储
TextField	文本类型	是	是	是/否	分词且索引，是否存储由 Store. YES 或 Store. NO 决定

三、Lucene 分词器

索引和查询都是以词项为基本单位，词项是词条化的结果。在 Lucene 中，分词主要依靠 Analyzer 类解析实现。Analyzer 类是一个抽象类，切分词的具体规则是由其子类实现的，所以对于不同的语言规则使用不同的分词器。Lucene 提供了多种内置的分词器，内置分词器对中文分词的支持不是很好，一般在开发中文检索系统时，使用扩展的中文分词器，IK 分词器是一个比较流行的中文分词器。

（一）内置分词器

• StopAnalyzer（停用词分词器）：StopAnalyzer 能过滤词汇中的特定字符串和词汇，并且完成大写转小写的功能。

• StandardAnalyzer（标准分词器）：StandardAnalyzer 根据空格和符号来完成分词，可以完成数字、字母及中文字符的分析处理，支持过滤词表，用来代替 StopAnalyzer 能够实现的过滤功能。标准分词器在处理中文字符的时候将每个字作为单独的词进行处理，不符合中文分词的实际情况，一般不用于中文分词。

• WhitespaceAnalyzer（空格分词）：WhitespaceAnalyzer 是使用空格作为间隔符的词汇分割分词器。处理词汇单元的时候，以空格字符作为分割符号。分词器不做词汇过滤，也不进行小写字符转换。实际中可以用来支持特定环境下的西文符号的处理。

• SimpleAnalyzer（简单分词）：SimpleAnalyzer 是具备基本西文字符词汇分析的分

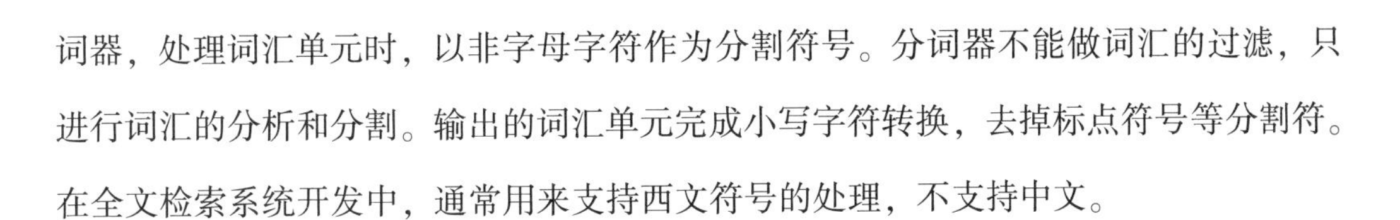

词器，处理词汇单元时，以非字母字符作为分割符号。分词器不能做词汇的过滤，只进行词汇的分析和分割。输出的词汇单元完成小写字符转换，去掉标点符号等分割符。在全文检索系统开发中，通常用来支持西文符号的处理，不支持中文。

• CJKAnalyzer（二分法分词）：内部调用 CJKTokenizer 分词器，对中文进行分词，同时使用 StopFilter 过滤器完成过滤功能，可以实现中文的多元切分和停用词过滤。

• KeywordAnalyzer（关键词分词）：把整个输入作为一个单独词汇单元，方便特殊类型的文本进行索引和检索。针对邮政编码、地址等文本信息使用关键词分词器建立索引项非常方便。

（二）IK 分词器

IK 分词器是一个对中文分词支持非常好的分词器，它优化的词典存储方式，占用更少的内存，同时支持用户自定义扩展词库，用户可以根据需要扩展词典。

（三）分词器测试

编写程序测试两个文档（中文文档和英文文档）的分词效果。对这两个文档分别使用标准分词器、停用词分词器和 IK 分词器进行分词，并对比不同分词器的分词效果。

• 中文文档：“我接到这世界节日的请柬，我的生命受了祝福。”

• 英文文档：“I have had my invitation to this world’ s festival, and thus my life has been blessed. ”

Analyzer 内部主要通过 TokenStream 实现。Tonkenizer 类和 TokenFilter 类是 TokenStream 的两个子类。Tokenizer 类处理单个字符组成的字符流，读取 Reader 对象中的数据，处理后转换成词汇单元。TokenFilter 完成文本过滤器的功能，但在使用过程中必须注意不同过滤器的使用顺序。使用分词器的时候，注意在创建索引的时候和在进行索引查询的时候要使用同样的分词器，否则可能会不能搜索出结果。

```
import org.apache.lucene.analysis.Analyzer;
import org.apache.lucene.analysis.TokenStream;
```

```
import org.apache.lucene.analysis.core.StopAnalyzer;
import org.apache.lucene.analysis.standard.StandardAnalyzer;
import org.apache.lucene.analysis.tokenattributes.CharTermAttribute;
import org.wltea.analyzer.lucene.IKAnalyzer;
import java.io.IOException;
import java.io.StringReader;

public class AnalyzerTest {

  public static void main(String[] args) throws IOException {
    //测试文档
    String[] docs = new String[]{
        "我接到这世界节日的请柬,我的生命受了祝福。",
        "I have had my invitation to this world's festival, and thus my life has been blessed."
    };
    System.out.println("--------------标准分词器--------------");
    for (String doc : docs) {
      analyze(doc, new StandardAnalyzer());
      System.out.println();
    }

    System.out.println("--------------停用词分词器--------------");
    for (String doc : docs) {
      analyze(doc, new StopAnalyzer());
      System.out.println();
    }
```

```
    System.out.println("----------------IK 分词器----------------");
    for (String doc : docs) {
      analyze(doc, new IKAnalyzer());
      System.out.println();
    }
  }

  /**
   * 分词
   * @param doc 文档
   * @param analyzer 分词器
   * @throws IOException IO 异常
   */
  public static void analyze(String doc, Analyzer analyzer) throws IOException {
    //创建 StringReader
    StringReader reader = new StringReader(doc);
    TokenStream toStream = analyzer.tokenStream(doc, reader);
    toStream.reset();
    CharTermAttribute teAttribute = toStream.getAttribute(CharTermAttribute. class);
    while (toStream.incrementToken()) {
      //输出分词结果
      System.out.print(teAttribute.toString() + " |");
    }
    analyzer.close();
  }
}
```

通过分词结果分析，在处理英文文档的时候，标准分词器、停用词分词器和 IK 分词器都会去掉停用词，停用词一般是文档中普遍存在且没有含义的词，如英文的“a”“the”“to”“this”等。对中文文档进行分词的时候，标准分词器将中文的“字”作为词进行划分，也就是一个“字”划分成一个词。停用词分词器按照标点符号进行划分。这两种分词器都不符合中文的使用习惯，而 IK 分词器的分词效果是最符合中文习惯的。标准分词器、停用词分词器和 IK 分词器的效果对比如图 5-7 所示。

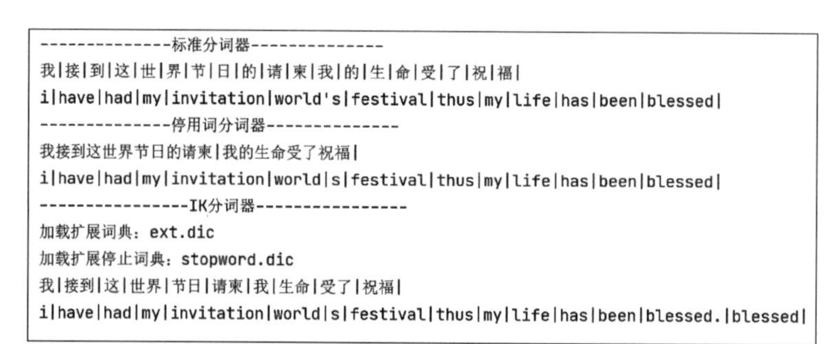

图 5-7　分词器效果示例

四、Lucene 案例分析

下面使用案例说明 Lucene 的使用方法，基本需求是根据文章的内容进行检索。在业务系统中对“文章”进行建模，可以使用 Java 创建“文章”（Article）类，类的属性设计见表 5-2，在 Lucene 中，“文章”数据以文档的形式进行存储，Lucene 文档字段的设计见表 5-3。

表 5-2　　Article 文章类设计

属性	类型	说明
id	long	ID，唯一标识
title	String	文章标题
content	String	文章内容
author	String	文章作者
pubtime	long	发表时间，时间戳使用毫秒表示
words	int	文章字数

表 5-3　　**Lucene 文档字段设计**

字段名称	字段类型	说明
id	LongPoint	ID，唯一标识，数值类型
id	StoredField	ID 在文档中存储
title	TextField	文章标题，进行分词、建立索引，文档中存储
content	TextField	文章内容，进行分词、建立索引，文档中存储
author	StringField	文章作者，不分词，建立索引，文档中存储
pubtime	StoredField	发表时间，不分词，不建立索引，在文档中存储
words	IntPoint	文章字数，整数类型
words	StoredField	文章字数，文档中存储

设计完成后，开发基于 Maven 的 Java 项目，使用 Lucene 的 API 实现文章的索引及检索的功能，主要步骤如下：

（一）创建 Maven 项目

在 Java 集成开发环境中创建项目，添加 Maven 项目的依赖包，包括 Lucene 相关的包，如 Lucene 的核心包、Lucene 的分词器等，因为项目使用 IK 分词器，所以同时添加 IK 分词器相关的依赖包。

```
<dependencies>
    <!--Lucene 的核心 -->
    <dependency>
      <groupId>org.apache.lucene</groupId>
      <artifactId>lucene-core</artifactId>
      <version>6.6.0</version>
    </dependency>
    <!--Lucene 的分词器 -->
    <dependency>
      <groupId>org.apache.lucene</groupId>
      <artifactId>lucene-analyzers-common</artifactId>
      <version>6.6.0</version>
```

```
</dependency>
<!--Lucene 查询解析器 -->
<dependency>
   <groupId>org.apache.lucene</groupId>
   <artifactId>lucene-queryparser</artifactId>
   <version>6.6.0</version>
</dependency>
<! --Lucene 各种查询方式 -->
<dependency>
   <groupId>org.apache.lucene</groupId>
   <artifactId>lucene-queries</artifactId>
   <version>6.6.0</version>
</dependency>
<!--Lucene 关键字高亮 -->
<dependency>
   <groupId>org.apache.lucene</groupId>
   <artifactId>lucene-highlighter</artifactId>
   <version>6.6.0</version>
</dependency>
<!--IK 分词器 -->
<dependency>
   <groupId>com.jianggujin</groupId>
   <artifactId>IKAnalyzer-lucene</artifactId>
   <version>5.0.0</version>
</dependency>
<!--junit 单元测试-->
```

```
    <dependency>
      <groupId>junit</groupId>
      <artifactId>junit</artifactId>
      <version>4.12</version>
    </dependency>
</dependencies>
```

（二）IK 分词器的配置

在 Maven 项目的 src/main/resources 文件夹下面添加 IKAnalyzer. cfg. xml 文件，配置扩展字典文件 ext. dic 和扩展停用词文件 stopword. dic。当有新的词汇出现时，可以添加到扩展字典 ext. dic 中，根据实际项目需求，一些敏感词在查询时需要过滤掉，这些词可以添加到停用词字典中。

```
<?xml version="1.0" encoding="UTF-8"?>
<!DOCTYPE properties SYSTEM "http://java.sun.com/dtd/properties.dtd">
<properties>
  <comment>IK Analyzer 扩展配置</comment>
  <!--配置扩展字典 -->
  <entry key="ext_dict">ext.dic;</entry>
  <!--配置扩展的停止词-->
  <entry key="ext_stopwords">stopword.dic;</entry>
</properties>
```

（三）开发 Java 代码

开发文章类 Artile，定义属性并实现 getter 和 setter 方法。

```
public class Article {
  //ID
  private long id;
  //标题
```

```
    private String title;
    //内容
    private String content;
    //作者
    private String author;
    //发布时间 ms
    private long pubtime;
    //字数
    private int words;

    public Article() {
    }

    public Article(Long id, String title, String content, String author,
            long pubtime, int words) {
        this.id = id;
        this.title = title;
        this.content = content;
        this.author = author;
        this.pubtime = pubtime;
        this.words = words;
    }

    @Override
    public String toString() {
        return "id : " + id + " , title : " + title + " , content : " + content + " , author : " +
author + " , pubtime: " + pubtime + " words:" + this.words;
    }
```

```
    //以下省略 getter 和 setter 方法
}
```

DocumentVo：对 Lucene 的检索结果进行扩展，将检索的文档 Document 和文档评分及高亮显示内容封装在一起。

```
import org.apache.lucene.document.Document;

/**
 * 封装查询结果
 */
public class DocumentVo {
    //文档
    private Document document;
    //评分
    private float score;
    //高亮内容
    private String highlighterContent;

    public DocumentVo(Document document, float score,String highlighterContent){

        this.document = document;
        this.score = score;
        this.highlighterContent = highlighterContent;
    }
    //以下省略 getter 和 setter 方法
}
```

开发 Converter 工具类，实现 Article 对象和 Lucene 的 Document 文档转换过程，对文章进行索引的时候，将 Article 对象转换为 Document，检索的时候，需要将检索结果的 Document 转换为 Article。

```
import org.apache.lucene.document.* ;

public class Converter {
  /**
   * 将 Article 转换为文档
   * @param article Article 对象
   * @return Document 文档
   */
  public static Document convertToDoc(Article article) {

    Document doc = new Document();
    //向文档中添加一个 long 类型的属性,建立索引
    doc.add(new LongPoint("id", article.getId()));
    //文档中存储
    doc.add(new StoredField("id", article.getId()));
    //设置一个文本类型,进行分词,建立索引,并在文档中存储
    doc.add(new TextField("title", article.getTitle(), Field.Store.YES));
    //设置一个文本类型,进行分词,建立索引,在文档中存储/No 代表不存储
    doc.add(new TextField("content", article.getContent(), Field.Store.YES));
    //StringField,不分词,建立索引,文档中存储
    doc.add(new StringField("author", article.getAuthor(), Field.Store.YES));
    //不分词,不建立索引,在文档中存储,
    doc.add(new StoredField("pubtime", article.getPubtime()));
    //整数类型
    doc.add(new IntPoint("words", article.getWords()));
    //文档中存储
```

```
        doc.add(new StoredField("words", article.getWords()));

        return doc;
    }

    /**
     * 将文档转换为 Article 对象
     * @param doc 文档
     * @return Article 对象
     */
    public static Article convertToArticle(Document doc) {
        long id = Long.parseLong(doc.get("id"));//ID
        String title = doc.get("title");//标题
        String content = doc.get("content");//内容
        String author = doc.get("author");//作者
        long pubtime = Long.parseLong(doc.get("pubtime"));//发布时间
        String words = doc.get("words");//字数
        int iWords = 0;
        if (null ! = words) {
            iWords = Integer.parseInt(doc.get("words"));
        }
        return new Article(id, title, content, author, pubtime, iWords);
    }
}
```

开发 LuceneUtil 工具类，对 Lucene 的常用操作进行封装，实现创建索引、更新索引、删除索引及文档检索等功能。

定义索引库的地址。

```
//定义索引库的路径
private static String INDEX_PATH = "C:/lucene_lib/index";
```

为了统一对分词器进行修改，创建获取分词器实例的方法。

```
/**
 * 创建分词器实例
 * @return 分词器实例
 */
public static Analyzer getAnalyzer() {
  //标准分词器
  //Analyzer analyzer = new StandardAnalyzer();
  //IK 分词器
  Analyzer analyzer = new IKAnalyzer(true);

  return analyzer;
}
```

创建索引，添加文档的 addDoc 方法说明：

方法的参数 Document 代表我们要索引的文档，Document 包含不同的 Field。方法具体实现：首先创建一个 IndexWriter 对象用来写索引文件，它有几个参数，第一个参数就是索引文件的存放路径，第二个参数为 IndexWriterConfig 对象，配置 IndexWriter 对象的初始化参数，Analyzer 是用来对文档进行词法分析和语言处理的对象。IndexWriter 实例创建完成后，调用函数 addDocument 将索引写到索引文件夹中。

```
/**
 * 创建索引
 *
 * @param document 文档
 * @throws IOException IO 异常
```

```
 */
public static void addDoc(Document document) throws IOException {

    FSDirectory fsDirectory = FSDirectory.open(Paths.get(INDEX_PATH));
    //创建分词器
    Analyzer analyzer = getAnalyzer();
    //写入索引的配置,设置了分词器
    IndexWriterConfig indexWriterConfig = new IndexWriterConfig(analyzer);
    //指定了写入数据目录和配置
    IndexWriter indexWriter = new IndexWriter(fsDirectory, indexWriterConfig);
    //通过 IndexWriter 写入
    indexWriter.addDocument(document);
    indexWriter.close();

}
```

检索的过程，首先创建 IndexSearcher 对象，这个对象实现数据检索的功能。检索的查询条件封装在 Query 对象中，根据不同的查询条件创建不同类型的 Query 对象，满足个性化的查询需求。调用 IndexSearcher 对象的 search 方法进行查询，查询结果封装成 DocumentVo 列表返回。

```
/**
 * 检索
 *
 * @param field    检索的字段
 * @param strQuery 检索的关键词
 * @param limit    限制多少条记录
 * @return 检索结果列表
 * @throws ParseException
```

```
    * @throws IOException
    */
    public static List<DocumentVo> search(String field, String strQuery, int limit) throws
ParseException, IOException {

        Analyzer analyzer = getAnalyzer();
        DirectoryReader directoryReader = DirectoryReader.open(FSDirectory.open (Paths.get
(INDEX_PATH)));
        //索引查询器
        IndexSearcher indexSearcher = new IndexSearcher(directoryReader);
        //创建一个查询条件解析器
        QueryParser parser = new QueryParser(field, analyzer);
        //对查询条件进行解析
        Query query = parser.parse(strQuery);
        //在索引中进行查找
        TopDocs topDocs = indexSearcher.search(query, limit);
        //获取到查找到的文文档 ID 和得分
        ScoreDoc[] scoreDocs = topDocs.scoreDocs;
        List<DocumentVo> docList = new ArrayList<DocumentVo>();
        for (ScoreDoc scoreDoc : scoreDocs) {
          //从索引中查询到文档的 ID，
          int doc = scoreDoc.doc;
          //在根据 ID 到文档中查找文档内容
          Document document = indexSearcher.doc(doc);
          docList.add(new DocumentVo(document, scoreDoc.score, null));
        }
        directoryReader.close();
```

```
        return docList;
    }
```

删除索引，delDoc 方法实现了传入文章的 ID 删除该文档，方法中调用 IndexWriter 的 deleteDocuments 方法删除符合查询条件的文档。

```
/**
  * 根据 ID 删除
  * @param id ID
  * @throws IOException IO 异常
  */
 public static void delDoc(long id) throws IOException {

    Analyzer analyzer = getAnalyzer();
    FSDirectory fsDirectory = FSDirectory.open(Paths.get(INDEX_PATH));
    IndexWriterConfig indexWriterConfig = new IndexWriterConfig(analyzer);
    IndexWriter indexWriter = new IndexWriter(fsDirectory, indexWriterConfig);
    //根据 ID 查询
    Query query = LongPoint.newExactQuery("id", id);
    //删除文档
    indexWriter.deleteDocuments(query);
    //提交
    indexWriter.commit();
    indexWriter.close();
 }
```

更新索引，updateDoc 方法实现了文档的更新，参数 document 为 Document 实例，也就是更新后的文档，参数 term 是一个 Term 对象，用于精确查找准备替换的 Document 实例。

```
/**
 * 更新索引
 *
 * @param document 文档
 * @param term Term 对象
 * @throws IOException IO 异常
 */
public static void updateDoc(Document document, Term term) throws IOException {

    Analyzer analyzer = getAnalyzer();
    FSDirectory fsDirectory = FSDirectory.open(Paths.get(INDEX_PATH));
    IndexWriterConfig indexWriterConfig = new IndexWriterConfig(analyzer);
    IndexWriter indexWriter = new IndexWriter(fsDirectory, indexWriterConfig);
    //更新文档
    indexWriter.updateDocument(term, document);
    //提交
    indexWriter.commit();
    indexWriter.close();
}
```

（四）运行测试用例

LuceneUtil 工具类开发完成以后，编写测试用例进行测试。主要测试的内容包括：添加文档、更新文档、文档检索。

添加文档，向索引库中添加文档，为了简化操作，通过循环添加 5 个文档，文本类型的字段内容使用序号进行区分，整数类型的字段使用连续的数字表示，如第 2 个文档中文章的标题字段为“Hadoop 应用指南 2”，字数为“1 002”。

```
@Test
public void testAddDoc() throws IOException {
```

```
    for (int i=1; i <= 5; i++) {
        System.out.println("第" + i + " 正在创建索引!");
        Article article = new Article();
        article.setId(i);
        article.setAuthor("作者" + i);
        article.setTitle("Hadoop 应用指南" + i);
        article.setContent("Hadoop 是一个由 Apache 基金会所开发的分布式系统基础
架构" + i);
        article.setWords(1000 + i);
        article.setPubtime(System.currentTimeMillis());
        Document doc = Converter.convertToDoc(article);
        LuceneUtil.addDoc(doc);
    }
}
```

更新文档，对文档库中 ID 为 2 的文档进行更新，如标题字段更新为“MySQL 应用指南”，字数为“3 000”。

```
@Test
public void testUpdateDoc() throws IOException {
    Article article = new Article();
    article.setId(2L);
    article.setAuthor("作者 2(修改)");
    article.setTitle("MySQL 应用指南");
    article.setContent("MySQL 是最流行的关系型数据库管理系统");
    article.setPubtime(System.currentTimeMillis());
    article.setWords(3000);

    Document doc = Converter.convertToDoc(article);
```

```
    LuceneUtil.updateDoc(doc, new Term("author", "作者 2"));
}
```

QueryParser 查询解析器，设置字段应用的分词器，使用 IK 分词器对文章标题进行分词，用户输入“Hadoop 指南”进行查询，首先对“Hadoop 指南”进行分词，分为“Hadoop”和“指南”，然后再使用这两个词进行检索，因为索引库中的 5 个文档都包含“指南”，所以都被查询出来。

```
@Test
public void testSearch1() throws IOException, ParseException {
    //解析标题
    QueryParser parser = new QueryParser("title", LuceneUtil.getAnalyzer());
    // 查询语句
    Query query = parser.parse("Hadoop 指南");
    List<DocumentVo> docList = LuceneUtil.search(query, 5);
    for (DocumentVo doc : docList) {
        Article article = Converter.convertToArticle(doc.getDocument());
        System.out.println( "id:"+article.getId()+" title:"+article.getTitle());
    }
}
```

查询结果为：

```
id:1 title:Hadoop 应用指南 1
id:3 title:Hadoop 应用指南 3
id:4 title:Hadoop 应用指南 4
id:5 title:Hadoop 应用指南 5
id:2 title:MySQL 应用指南
```

WildcardQuery 通配符查询，检索文档的 content（内容）字段包含“分布式”的

文档，通配符“ * ”代表匹配一个或多个字符。

```
@Test
public void testSearch2() throws IOException {

    Term term = new Term("content", "分布式* ");
    Query wildcardQuery = new WildcardQuery(term);
    List<DocumentVo> docList = LuceneUtil.search(wildcardQuery,5);
    for (DocumentVo doc : docList) {
      Article article = Converter.convertToArticle(doc.getDocument());
      System.out.println( "id:"+article.getId()+" content:"+article.getContent());
    }
  }
```

查询结果为：

```
id:1 content:Hadoop 是一个由 Apache 基金会所开发的分布式系统基础架构 1
id:3 content:Hadoop 是一个由 Apache 基金会所开发的分布式系统基础架构 3
id:4 content:Hadoop 是一个由 Apache 基金会所开发的分布式系统基础架构 4
id:5 content:Hadoop 是一个由 Apache 基金会所开发的分布式系统基础架构 5
```

TermQuery：“词项查询”，查询指定字段包含指定词项的文档。查询 author（作者）字段为“作者 3”的文档。

```
@Test
public void testSearch3() throws IOException {

    Term term = new Term("author", "作者 3");
    Query termQuery = new TermQuery(term);
    List<DocumentVo> docList = LuceneUtil.search(termQuery,5);
    for (DocumentVo doc : docList) {
      Article article = Converter.convertToArticle(doc.getDocument());
```

```
            System.out.println( "id:"+article.getId()+" author:"+article.getAuthor()+" title:"+
article.getTitle());
        }
    }
```

查询结果为：

```
id:3 author:作者 3 title:Hadoop 应用指南 3
```

FuzzyQuery：模糊查询，它识别两个相近的词语，即使部分单词输入错误也能推测出正确的词语，如由于拼写错误输入了“Hadop”进行查询，模糊查询仍然搜索到了包含“Hadoop”的结果。

```
@Test
public void testSearch4() throws IOException {

    Term term = new Term("title", "Hadop");
    FuzzyQuery fuzzyQuery = new FuzzyQuery(term);
    List<DocumentVo> docList = LuceneUtil.search(fuzzyQuery, 5);
    for (DocumentVo doc : docList) {
        Article article = Converter.convertToArticle(doc.getDocument());
        System.out.println( "id:"+article.getId()+" title:"+article.getTitle());
    }
}
```

查询结果为：

```
id:1 title:Hadoop 应用指南 1
id:3 title:Hadoop 应用指南 3
id:4 title:Hadoop 应用指南 4
id:5 title:Hadoop 应用指南 5
```

RangeQuery：查找满足一定范围的文档，例如查找文章字数在 1 004 ~ 3 000 字的文档。

```
@Test
public void testSearch5() throws IOException {

Query rangeQuery = IntPoint.newRangeQuery("words",1004,3000);
List<DocumentVo> docList = LuceneUtil.search(rangeQuery, 5);
for (DocumentVo doc : docList) {
    Article article = Converter.convertToArticle(doc.getDocument());
    System.out.println( "id:"+article.getId()+" title:"+article.getTitle()+" words:"+article.
getWords());
    }
}
```

查询结果为：

```
id:4 title:Hadoop 应用指南 4 words:1004
id:5 title:Hadoop 应用指南 5 words:1005
id:2 title:MySQL 应用指南 words:3000
```

BooleanQuery 是查询条件的组合，本身是一个布尔子句的容器，可以添加多个查询。如查询的文档满足：①文章字数在 1 004 ~ 3 000 字之间；②文章内容包含“分布式”。BooleanQuery 可以构造出满足这两个条件的查询。

```
@Test
public void testSearch6() throws IOException{

Query query1 = IntPoint.newRangeQuery("words",1004,3000);
Query query2 = new WildcardQuery(new Term("content", "分布式*"));
BooleanClause bc1 = new BooleanClause(query1, BooleanClause.Occur.MUST);
```

```
    BooleanClause bc2 = new BooleanClause(query2, BooleanClause.Occur.MUST);
    BooleanQuery boolQuery = new BooleanQuery.Builder().add(bc1).add(bc2).build();

    List<DocumentVo> docList = LuceneUtil.search(boolQuery,5);
    for (DocumentVo doc : docList) {
        Article article = Converter.convertToArticle(doc.getDocument());
        System.out.println( "id:"+article.getId()+" content:"+article.getTitle()+" words:"+arti-
cle. getWords());
        }
    }
```

查询结果为：

```
id:4 content:Hadoop 应用指南 4 words:1004
id:5 content:Hadoop 应用指南 5 words:1005
```

删除文档，根据 ID 删除文档，删除 ID 为 5 的文档。

```
@Test
    public void testDelDoc() throws IOException {
        //删除 ID 为 5 的索引
        LuceneUtil.delDoc(5L);
    }
```

删除后再次执行 testSearch1 测试用例，发现 ID 为 5 的文档已经删除了。

```
id:1 title:Hadoop 应用指南 1
id:3 title:Hadoop 应用指南 3
id:4 title:Hadoop 应用指南 4
id:2 title:MySQL 应用指南
```

第三节 ElasticSearch 应用

一、ElasticSearch 基本术语

为了更好地理解 ElasticSearch 架构，本节首先对 ElasticSearch 的基本术语进行介绍，主要包括 ElasticSearch 集群、节点、索引、类型、文档、分片等。

• 集群：一个或多个安装 ElasticSearch 的服务器节点组织在一起就是集群，集群以分片的形式共同存储数据，并一起提供索引和检索功能。一个集群是由一个唯一的名字标识，称为 cluster name（集群名称），默认是“elasticsearch”。具有相同集群名称的节点才会组成一个集群，集群名称可以在安装目录的 config 目录下的配置文件 elasticsearch. yml 中指定。例如下面配置的集群名称为“es”。

```
# ----------------------------------Cluster --------------------------------
#
# Use a descriptive name for your cluster:
#
cluster.name: es
#
```

• 节点：一个节点是集群中的一个服务器，作为集群的一部分存储数据，参与集群的索引和检索功能。一个节点可以通过配置集群名称的方式来加入一个指定的集群。

默认情况下集群名称为“elasticsearch”，如果在网络中启动了若干个节点，各节点能够相互发现彼此并自动地加入到集群中。同一集群中的各个节点具有不同的节点名称，节点名称可以在安装目录的 config 目录下的配置文件 elasticsearch. yml 中指定。例如，下面配置的节点名称为“node-1”。

```
# ----------------------------------Node ------------------------------
#
# Use a descriptive name for the node:
#
node.name: node-1
#
```

• 索引（Index）：一个索引就是包含相同字段的文档的集合，索引的数据结构是倒排索引。一个索引由一个名字来标识（必须全部是小写字母的），对这个索引中的文档进行索引、搜索、更新和删除的时候，都要使用索引的名称。

• 类型（Type）：在一个索引中，可以定义一种或多种类型。一个类型是索引的一个逻辑上的分类或分区，其语义完全由用户来定。通常，会为具有一组共同字段的文档定义一个类型。

• 文档（Document）：一个文档是一个可被索引的基本数据单元，文档使用 JSON 格式。

• 分片：当索引的容量超出了单个节点的硬件限制的时候，需要将索引划分成多份，每一份索引称为一个“分片”。当创建索引的时候，可以指定分片的数量，每个分片本质上也是一个功能完善并且独立的“索引”，这个“索引”可以被放置到集群中的任何节点上。

二、ElasticSearch REST API

ElasticSearch 使用 REST API 发送数据和其他请求并获取响应结果，因此可以使用任何发送 HTTP 请求的客户端与 ElasticSearch 进行交互，为方便测试，一般使用 Kibana

的控制台向 ElasticSearch 发送请求。使用 ElasticSearch API 可以实现添加文档、搜索文档等操作。

添加单个文档：提交索引请求将单个日志条目添加到 logs-my_app-default 索引中。由于 logs-my_app-default 不存在，请求会使用内置 logs-＊-＊索引模板自动创建它。

```
POST logs-my_app-default/_doc
{
  "@timestamp": "2099-05-06T16:21:15.000Z",
  "event": {
  "original": "192.0.2.42 --[06/May/2099:16:21:15 +0000] \"GET /images/bg.jpg HTTP/
1.0\" 200 24736"
  }
}
```

响应结果包括文档生成的元数据。_index 为文档的索引，ElasticSearch 会自动生成支持索引的名称，_id 为文档的唯一标识。

```
{
  "_index": ".ds-logs-my_app-default-2099-05-06-000001",
  "_type": "_doc",
  "_id": "gl5MJXMBMk1dGnErnBW8",
  "_version": 1,
  "result": "created",
  "_shards": {
    "total": 2,
    "successful": 1,
    "failed": 0
  },
```

```
  "_seq_no": 0,
  "_primary_term": 1
}
```

添加多个文档：使用_bulk 端点在一个请求中添加多个文档。批量数据必须是换行符分隔的 JSON（NDJSON），每行必须以换行符（\n）结尾，包括最后一行。

```
PUT logs-my_app-default/_bulk
{ "create": { } }
{ "@timestamp": "2099-05-07T16:24:32.000Z", "event": { "original": "192.0.2.242 --
[07/May/2020:16:24:32 -0500] \"GET /images/hm_nbg.jpg HTTP/1.0\" 304 0" } }
{ "create": { } }
{ "@timestamp": "2099-05-08T16:25:42.000Z", "event": { "original": "192.0.2.255 --
[08/May/2099:16:25:42 +0000] \"GET /favicon.ico HTTP/1.0\" 200 3638" } }
```

搜索数据编辑：索引文档可用于近实时的搜索，搜索匹配所有日志条目 logs-my_app-default 并按@timestamp 降序对它们进行排序。

```
GET logs-my_app-default/_search
{
  "query": {
    "match_all": { }
  },
  "sort": [
    {
      "@timestamp": "desc"
    }
  ]
}
```

默认情况下，hits 响应的部分最多包含与搜索匹配的前 10 个文档。每个_source 节点包含索引期间提交的原始 JSON 对象。

```
{
 "took": 2,
 "timed_out": false,
 "_shards": {
  "total": 1,
  "successful": 1,
  "skipped": 0,
  "failed": 0
 },
 "hits": {
  "total": {
   "value": 3,
   "relation": "eq"
  },
  "max_score": null,
  "hits": [
   {
    "_index": ".ds-logs-my_app-default-2099-05-06-000001",
    "_type": "_doc",
    "_id": "PdjWongB9KPnaVm2IyaL",
    "_score": null,
    "_source": {
     "@timestamp": "2099-05-08T16:25:42.000Z",
     "event": {
```

```
            "original": "192.0.2.255 --[08/May/2099:16:25:42 +0000] \"GET /favicon.ico HT-
TP/1.0\" 200 3638"
          }
        },
        "sort": [
          4081940742000
        ]
      },
      ...
    ]
  }
}
```

获取特定字段：_source 对于大型文档，解析整个文件需要占用很大的空间，可以将_source 参数设置为 false，将其从响应结果中排除。也可以使用 fields 参数来检索需要的字段。

```
GET logs-my_app-default/_search
{
  "query": {
    "match_all": { }
  },
  "fields": [
    "@timestamp"
  ],
  "_source": false,
  "sort": [
    {
```

```
      "@timestamp": "desc"
    }
  ]
}
```

响应结果中已经排除了_source 相关的内容，同时只显示@ timestamp 字段的内容。

```
{
  ...
  "hits": {
    ...
    "hits": [
      {
        "_index": ".ds-logs-my_app-default-2099-05-06-000001",
        "_type": "_doc",
        "_id": "PdjWongB9KPnaVm2IyaL",
        "_score": null,
        "fields": {
          "@timestamp": [
            "2099-05-08T16:25:42.000Z"
          ]
        },
        "sort": [
          4081940742000
        ]
      },
      ...
    ]
```

```
  }
}
```

按照日期范围搜索：要搜索特定时间或 IP 地址范围，可以使用 range 查询。

```
GET logs-my_app-default/_search
{
  "query": {
    "range": {
      "@timestamp": {
        "gte": "2099-05-05",
        "lt": "2099-05-08"
      }
    }
  },
  "fields": [
    "@timestamp"
  ],
  "_source": false,
  "sort": [
    {
      "@timestamp": "desc"
    }
  ]
}
```

从非结构化内容中提取字段：可以在搜索期间从非结构化内容（如日志消息）中提取运行时字段。使用以下搜索从中提取 source. ip 运行时字段 event. original，要将其包含在响应中，可以添加 source. ip 到 fields 参数中，使用 bool 查询可以组合多个查询，

以下搜索结合了两个 range 查询：一个为@ timestamp，另一个为 source. ip。

```
GET logs-my_app-default/_search
{
  "runtime_mappings": {
    "source.ip": {
      "type": "ip",
      "script": """
        String sourceip = grok('% {IPORHOST:sourceip} .*').extract(doc[ "event.original" ].
value)?.sourceip;
        if (sourceip != null) emit(sourceip);
      """
    }
  },
  "query": {
    "bool": {
      "filter": [
        {
          "range": {
            "@timestamp": {
              "gte": "2099-05-05",
              "lt": "2099-05-08"
            }
          }
        },
        {
          "range": {
```

```
          "source.ip": {
            "gte": "192.0.2.0",
            "lte": "192.0.2.240"
          }
        }
      }
    ]
  }
},
"fields": [
  "@timestamp",
  "source.ip"
],
"_source": false,
"sort": [
  {
    "@timestamp": "desc"
  }
]
}
```

汇总数据：使用聚合将数据汇总为指标、统计数据或其他分析。以下搜索使用聚合来计算 average_response_sizeusinghttp. response. body. bytes 运行时字段。

```
GET logs-my_app-default/_search
{
  "runtime_mappings": {
    "http.response.body.bytes": {
```

```
        "type": "long",
        "script": """
         String bytes = grok('% {COMMONAPACHELOG}').extract(doc[ "event.original" ].val-
ue)?.bytes;
         if (bytes ! = null) emit(Integer.parseInt(bytes));
        """
      }
    },
    "aggs": {
     "average_response_size":{
      "avg": {
       "field": "http.response.body.bytes"
      }
     }
    },
    "query": {
     "bool": {
      "filter": [
       {
        "range": {
         "@ timestamp": {
          "gte": "2099-05-05",
          "lt": "2099-05-08"
         }
        }
       }
```

```
      ]
    }
  },
  "fields": [
    "@timestamp",
    "http.response.body.bytes"
  ],
  "_source": false,
  "sort": [
    {
      "@timestamp": "desc"
    }
  ]
}
```

响应的 aggregations 对象包含了聚合的结果。

```
{
  ...
  "aggregations" : {
    "average_response_size" : {
      "value" : 12368.0
    }
  }
}
```

三、ElasticSearch Mapping

Mapping（映射）：用来定义文档以及其所包含的字段如何被存储和索引，可以在

Mapping 中定义字段的数据类型、分词器等属性。如果在创建索引的时候没有预先定义映射，那么 ElasticSearch 可以通过提交的数据的类型进行自动推断，创建默认的 Mapping，Mapping 中的字段类型一旦设定后，禁止修改，以提高运行效率。

Mapping 的基本数据类型分为以下几类：

- 字符串：text、keyword；
- 整数：byte、short、integer、long；
- 浮点数：float、double；
- 布尔型：boolean；
- 日期：date。

字符串型的数据在进行索引的时候，可以作为 text 或者 keyword 类型。字符串设置为 text 类型后，字符串会被分词器分成词项，text 类型字段不用于排序，很少用于聚合。keyword 类型适用于索引结构化的字段，如 e-mail、标签、手机号码等，通常用于过滤、排序、聚合。类型为 keyword 的字段只能通过精确值搜索到，不会被分词。

JSON 中没有日期类型，所以 JSON 中的字符串符合以下格式的时候，ElasticSearch 可以将字符串设置为日期类型。

- 格式化日期字串（yyyy-MM-dd 格式）如“2021-05-09”；
- 代表 milliseconds-since-the-epoch 的长整型；
- 代表 seconds-since-the-epoch 的整型。

下面以一个具体的实例来说明映射的基本应用。在 Kibana 的 Dev Tools 中输入请求：

```
PUT mall/order_info/1
{
 "id":1,
 "code": "20210509001",
 "total_amount":1000.00,
 "pubtime":"2020-05-09"
}
```

在 Kibana 中执行的结果：

```
{
 "mall": {
  "mappings": {
   "order_info": {
    "properties": {
     "code": {
      "type": "text",
      "fields": {
       "keyword": {
        "type": "keyword",
        "ignore_above": 256
       }
      }
     },
     "id": {
      "type": "long"
     },
     "pubtime": {
      "type": "date"
     },
     "total_amount": {
      "type": "float"
     }
    }
   }
```

```
      }
    }
  }
```

通过结果可以发现，在没有预先设置映射类型的情况下，ElasticSearch 做了数据类型的自动推断，如 pubtime 的内容为日期类型的字符串，类型推断为 date，total_amout 为浮点类型，类型推断为 float，code 为字符串类型，类型推断为 text 和 keyword 的多域类型，多域类型不属于基本类型，而是多个基本类型的组合，多域类型允许对同一个值映射为多个基本类型。

基本的自动推断的规则见表 5-4。

表 5-4　　　　自动推断规则

JSON 类型	字段类型	说明
布尔型	boolean	{"isSubmit":true}
整数	long	{"count":100}
浮点数	double	{"price":109.05}
日期型字符串	date	{"pubtime":"2021-05-09"}
字符串	multi_field	{"name":"张三"}

四、ElasticSearch 分词器

ElasticSearch 以 Lucene 搜索引擎为核心进行构建，因此 ElasticSearch 支持的内置分词器和 Lucene 是一致的，主要包括标准分词器、简单分词器、停用词分词器等，可以参考本章第二节的 Lucene 的分词器的内容。

ElasticSearch 的内置分词器对中文分词的结果不符合中文的使用习惯，为了创建中文检索系统，需要在 ElasticSearch 中安装中文分词插件，如 IK 分词器。

在输入中文进行检索的应用场景中，用户除使用汉字输入之外，还习惯使用拼音的方式进行检索，因为拼音输入相对比较简单，输入拼音的全称或者简称，能够搜索出和这个拼音相对应的中文相关的内容，如用户在搜索引擎中输入“dashuju”，系统推断出用户希望搜索的是包含“大数据”相关的内容，如图 5-8 所示。在 Elastic-

Search 中安装拼音插件可以实现这个功能。

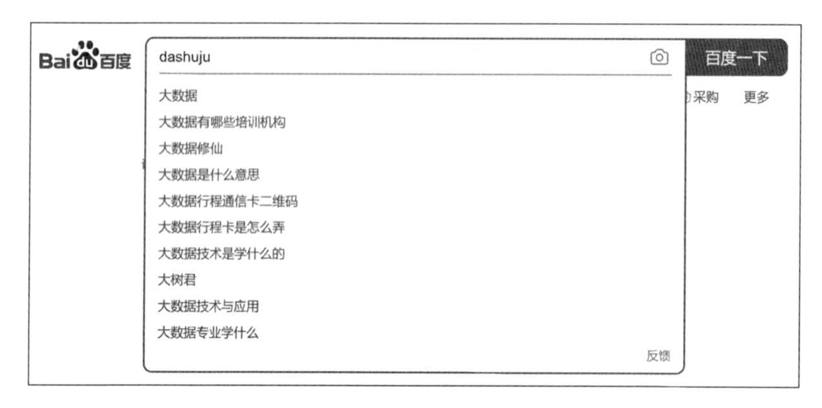

图 5-8　拼音搜索

下面介绍常用的插件 IK 分词器插件和拼音分词器插件的应用。

（一）安装 IK 分词器插件

从 github 上下载 IK 分词器插件，将 IK 分词器插件的安装包解压后上传到 Elastic-Search 安装目录的 plugins 目录下。

如图 5-9 所示，下载地址：https://github.com/medcl/elasticsearch-analysis-ik/releases。

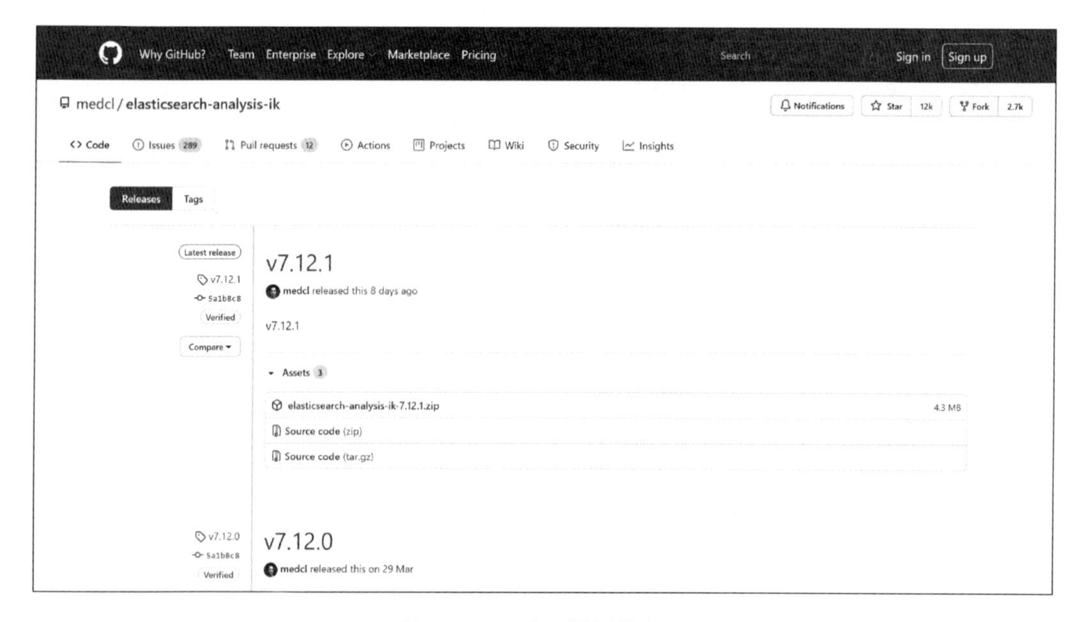

图 5-9　IK 分词器插件主页

（二）安装拼音分词器插件

从 github 上下载拼音分词器插件，将拼音分词器插件的安装包解压后上传到 ElasticSearch 安装目录的 plugins 目录下。

如图 5-10 所示，下载地址：https://github.com/medcl/elasticsearch-analysis-pinyin/releases。

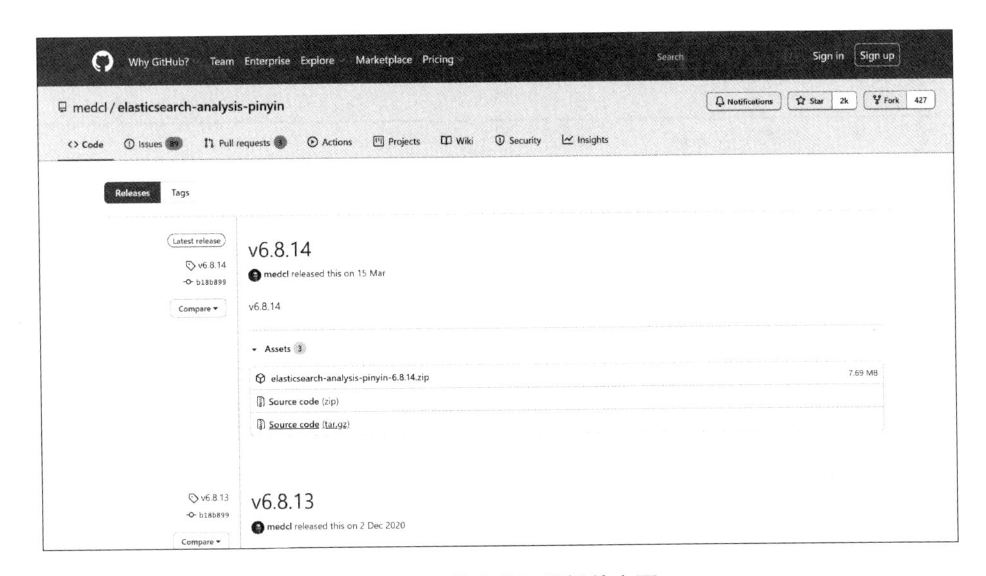

图 5-10 拼音分词器插件主页

（三）IK 分词器插件测试

IK 分词器插件包含两种类型的分词器，分别为 ik_smart 和 ik_max_word，两种分词器的主要区别是：

- ik_max_word：会将文本做最细粒度的拆分，穷尽各种可能的组合，例如，“我爱北京天安门”会被分词为“我”“爱”“北京”“天安门”“天安”“门”。
- ik_smart：会将文本做最粗粒度的拆分，例如“我爱北京天安门”会被分词为“我”“爱”“北京”“天安门”。

在 Kibana 的 Dev Tools 中测试 IK 分词器插件，提交_analyze 请求。analyzer：使用 ik_smart 分词器，text：测试的文档“我爱北京天安门”。

```
POST _analyze
```

```
{
 "analyzer": "ik_smart",
 "text":"我爱北京天安门"

}
```

文档“我爱北京天安门”使用“ik_smart”分词器测试的结果，返回的 tokens 数组包含了最粗粒度的词语。

```
{
 "tokens": [
  {
   "token": "我",
   "start_offset": 0,
   "end_offset": 1,
   "type": "CN_CHAR",
   "position": 0
  },
  {
   "token": "爱",
   "start_offset": 1,
   "end_offset": 2,
   "type": "CN_CHAR",
   "position": 1
  },
  {
   "token": "北京",
   "start_offset": 2,
```

```
      "end_offset": 4,
      "type": "CN_WORD",
      "position": 2
    },
    {
      "token": "天安门",
      "start_offset": 4,
      "end_offset": 7,
      "type": "CN_WORD",
      "position": 3
    }
  ]
}
```

修改 analyzer，使用 ik_max_word 分词器，text：测试的文档“我爱北京天安门”不变，重新提交请求。

```
POST _analyze
{
  "analyzer": "ik_max_word",
  "text":"我爱北京天安门"
}
```

文档“我爱北京天安门”使用“ik_max_word”分词器测试的结果，返回的 tokens 数组包含了最细粒度的词语。

```
{
  "tokens": [
    {
```

```
    "token": "我",
    "start_offset": 0,
    "end_offset": 1,
    "type": "CN_CHAR",
    "position": 0
  },
  {
    "token": "爱",
    "start_offset": 1,
    "end_offset": 2,
    "type": "CN_CHAR",
    "position": 1
  },
  {
    "token": "北京",
    "start_offset": 2,
    "end_offset": 4,
    "type": "CN_WORD",
    "position": 2
  },
  {
    "token": "天安门",
    "start_offset": 4,
    "end_offset": 7,
    "type": "CN_WORD",
    "position": 3
```

```
  },
  {
   "token": "天安",
   "start_offset": 4,
   "end_offset": 6,
   "type": "CN_WORD",
   "position": 4
  },
  {
   "token": "门",
   "start_offset": 6,
   "end_offset": 7,
   "type": "CN_CHAR",
   "position": 5
  }
 ]
}
```

(四) 拼音分词器插件测试

在 Kibana 的 Dev Tools 中测试拼音分词器插件，pinyin 分词器插件官方提供的案例，可以参考以下网站链接：https://github. com/medcl/elasticsearch-analysis-pinyin。

创建名称为 medcl 的索引，索引中设置自定义的分词器，分词器的名称为：pinyin_analyzer。

```
PUT /medcl/
{
  "settings" : {
    "analysis" : {
```

```
          "analyzer" : {
            "pinyin_analyzer" : {
              "tokenizer" : "my_pinyin"
              }
            },
            "tokenizer" : {
              "my_pinyin" : {
                "type" : "pinyin",
                "keep_separate_first_letter" : false,
                "keep_full_pinyin" : true,
                "keep_original" : true,
                "limit_first_letter_length" : 16,
                "lowercase" : true,
                "remove_duplicated_term" : true
              }
            }
          }
      }
  }
```

使用拼音分词器进行测试，analyzer：使用 pinyin_analyzer 分词器，text：测试的文档“大数据”。

```
GET /medcl/_analyze
{
  "text": ["大数据"],
  "analyzer": "pinyin_analyzer"
}
```

使用拼音分词器的测试结果，文档“大数据”解析为“大数据”“da”“shu”“ju”“dsj”（拼音的首字母组合）。

```
{
 "tokens": [
  {
   "token": "da",
   "start_offset": 0,
   "end_offset": 0,
   "type": "word",
   "position": 0
  },
  {
   "token": "大数据",
   "start_offset": 0,
   "end_offset": 0,
   "type": "word",
   "position": 0
  },
  {
   "token": "dsj",
   "start_offset": 0,
   "end_offset": 0,
   "type": "word",
   "position": 0
  },
  {
```

```
      "token": "shu",
      "start_offset": 0,
      "end_offset": 0,
      "type": "word",
      "position": 1
    },
    {
      "token": "ju",
      "start_offset": 0,
      "end_offset": 0,
      "type": "word",
      "position": 2
    }
  ]
}
```

五、ElasticSearch 案例分析

信息检索是 ElasticSearch 常用的应用场景，本节以图书信息检索为例，说明如何使用 ElasticSearch 创建索引，并对图书信息进行各种类型的检索。

图书文档包含的字段主要有：name（图书的名称）、code（书籍的编号）、书author（图书的作者）、content（图书的简介）和 pubtime（发布时间）。需要精确检索的字段设计为 keyword 类型，如图书编号。用户在查找图书的时候，只有输入完整的编号，才可以查询到结果。不需要精确输入条件就可以检索到的字段设计为 text 类型，如图书的名称和简介，分词器使用支持中文分词的 IK 分析器（ik_max_word 或 ik_smart）。日期类型的字段设计为 date 类型，如发布时间。具体内容见表 5-5。

表 5-5　　图书文档的字段设计

字段	类型	是否存储	分词器	说明
id	keyword	true		ID
name	text	true	ik_max_word	书籍名称
code	keyword	true		书籍编号
author	text	true		作者
content	text	true	ik_max_word	简介
pubtime	date	true		发布时间

（一）创建索引和类型

启动 Elasticsearch 集群。启动 Kibana，在 Kibana 中输入创建索引的命令，索引的名称为 book_search。

```
PUT book_search
```

创建类型，设置映射（Mapping），映射名称为 book。properties 属性设置字段的类型（type）、是否存储（store）、解析器（analyzer）等属性。

```
PUT book_search/book/_mapping
{
  "properties": {
   "author": {
     "type": "keyword",
     "store": true
  },
  "code": {
    "type": "keyword",
    "store": true
  },
  "content": {
    "type": "text",
```

```
      "store": true,
      "analyzer": "ik_max_word"
    },
    "id": {
      "type": "keyword"
    },
    "name": {
      "type": "text",
      "store": true,
      "analyzer": "ik_max_word"
    },
    "pubtime": {
      "type": "date",
      "store": true
    }
  }
}
```

（二）准备数据

向索引中提交文档。以 ID 为 1 的文档提交为例，在 Kibana 中提交如下信息。

```
POST book_search/book/1
{
 "id":1,
 "name": "鸟哥的 Linux 私房菜",
 "code": "9787115472588",
 "author" : "鸟哥",
 "content" : "本书是知名度颇高的 Linux 入门书《鸟哥的 Linux 私房菜基础学习篇》
```

```
的新版,全面而详细地介绍了 Linux 操作系统",
    "pubtime":"2018-10-01"
  }
```

返回结果中主要包含了以下信息：

- _index：索引的名称，book_search；
- _type：类型的名称，book；
- _id：文档唯一标识；
- _version：文档的版本号；
- result：结果类型，created 代表新创建的文档；
- _shards：数据分片信息，包括总分片数量、成功和失败的分片数量。

```
{
  "_index": "book_search",
  "_type": "book",
  "_id": "1",
  "_version": 1,
  "result": "created",
  "_shards": {
    "total": 2,
    "successful": 2,
    "failed": 0
  },
  "_seq_no": 0,
  "_primary_term": 1
}
```

按照表 5-6 提供的数据创建文档提交到 book_search 索引中，作为后续检索的数据来源。

表 5-6　　测试数据

id	name	code	author	content	pubtime
1	鸟哥的 Linux 私房菜	9787115472588	鸟哥	本书是知名度颇高的 Linux 入门书《鸟哥的 Linux 私房菜基础学习篇》的新版，全面而详细地介绍了 Linux 操作系统	2018-10-01
2	高性能 MySQL 第 3 版	9787121198854	Baron Schwartz	《高性能 MySQL（第 3 版）》是 MySQL 领域的经典之作，拥有广泛的影响力。第 3 版更新了大量的内容，不但涵盖了 MySQL5.5 版本的新特性，也讲述了关于固态盘、高可扩展性设计和云计算环境下的数据库相关的新内容，原有的基准测试和性能优化部分也做了大量的扩展和补充	2013-04-01
3	数学之美	12646983	吴军	这是一本备受推崇的经典科普作品，被众多机构推荐为数学学科的敲门砖，是信息领域大学生的必读好书	2020-05-01
4	MySQL 必知必会	9787115191120	Ben Forta	书中从介绍简单的数据检索开始，逐步深入一些复杂的内容，包括联结的使用、子查询、正则表达式和基于全文本的搜索、存储过程、游标、触发器、表约束等。通过重点突出的章节，条理清晰、系统而扼要地讲述了读者应该掌握的知识，使他们不经意间立刻功力大增	2020-02-01
5	MySQL 8 Cookbook	9787121350108	Karthik Appigatla	《MySQL 8 Cookbook（中文版）》基于 MySQL 8.0，以基础知识为入手点，以讲解技术特性为目标，以案例作为理论的补充，详细介绍了 MySQL 的方方面面，提供了超过 150 个高性能数据库查询与管理技巧，是 MySQL 入门者和管理者的必读之作	2018-11-01

（三）数据检索

根据 ID 查询，下面例子查询了 ID 为 1 的图书信息。

```
GET book_search/book/1
```

检索返回结果主要包含了以下信息：①_index：索引的名称，book_search；②_type：类型的名称，book；③_id：文档的唯一标识；④_version：文档的版本号；⑤_source：以 JSON 格式展示了查找到的图书信息。

```
{
  "_index": "book_search",
  "_type": "book",
  "_id": "1",
  "_version": 1,
  "found": true,
  "_source": {
    "id": 1,
    "name": "鸟哥的 Linux 私房菜",
    "code": "9787115472588",
    "author": "鸟哥",
    "content": "本书是知名度颇高的 Linux 入门书《鸟哥的 Linux 私房菜基础学习篇》
的新版,全面而详细地介绍了 Linux 操作系统",
    "pubtime": "2018-10-01"
  }
}
```

布尔查询：可以组合多个查询条件。must 属性代表必须出现的查询条件，should 代表多个可能出现的查询条件，多个条件之间是“或”的关系，有部分条件满足的时候即可，部分满足的条件的数量通过属性 minimum_should_match 控制。

下面的检索的图书名称包含“鸟哥”以及图书简介中包含“Linux”或者“入门”的图书。

```
GET /book_search/_search
{
```

```
  "query":{
   "bool":{
   "minimum_should_match":1,
   "must":[
    {"match":{"name":"鸟哥"}}
   ],
   "should":[
    {"match":{"content":"Linux"}},
    {"match":{"content":"入门"}}
   ]
   }
  }
}
```

为更好地表示查询结果，后面的检索请求以数据列表的形式显示结果，上述条件的查询查找到了“鸟哥的 Linux 私房菜”这部图书，见表 5-7。

表 5-7　　检索结果

id	name	code	author	content	pubtime
1	鸟哥的 Linux 私房菜	9787115472588	鸟哥	本书是知名度颇高的 Linux 入门书《鸟哥的 Linux 私房菜基础学习篇》的新版，全面而详细地介绍了 Linux 操作系统	2018-10-01

match 查询：会对输入的内容进行分词。使用分词后的词项进行查询。“数学美”会通过分词器拆分成“数学”和“美”。查询结果为图书名称中包含“数学”或“美”的图书。

```
GET /book_search/_search
{
 "query":{
```

```
    "match":{
      "name":"数学美"
    }
  }
}
```

“数学之美”这本图书符合查询的要求，被检索出来，见表5-8。

表5-8　　检索结果

id	name	code	author	content	pubtime
3	数学之美	12646983	吴军	这是一本备受推崇的经典科普作品，被众多机构推荐为数学学科的敲门砖，是信息领域大学生的必读好书	2020-05-01

term查询：会对查询输入的内容进行精确匹配，不会进行分词。为了对比和match的区别，依然使用“数学美”进行检索。

```
GET /book_search/_search
{
  "query":{
    "term":{
      "name":"数学美"
    }
  }
}
```

因为图书名称中不包含查询条件“数学美”的图书，所以查询结果为空。返回的主要内容有：

_shards：检索的分片信息，total表示一共检索了5个分片，successful表示检索成功的分片有5个。

hits：检索命中的文档，total表示检索命中的文档数量，因为没有查找到相应的文档，此处为0。

```
{
  "took": 2,
  "timed_out": false,
  "_shards": {
    "total": 5,
    "successful": 5,
    "skipped": 0,
    "failed": 0
  },
  "hits": {
    "total": 0,
    "max_score": null,
    "hits": []
  }
}
```

term 查询：查询作者为“吴军”的图书，作者的名称不会进行分词，会按照作者名称进行精确查找。

```
GET /book_search/_search
{
 "query":{
  "term":{
  "author" : "吴军"
  }
 }
}
```

图书的作者“吴军”编写的图书为“数学之美”，相关图书的信息被检索出来，见表 5-9。

表 5-9　　　　　　　　　　　　检索结果

id	name	code	author	content	pubtime
3	数学之美	12646983	吴军	这是一本备受推崇的经典科普作品，被众多机构推荐为数学学科的敲门砖，是信息领域大学生的必读好书	2020-05-01

multi_match（多字段匹配）查询：在检索数据的时候，有时候需要从多个字段中进行查找，这个时候就要用到多字段匹配查询。在图书的名称和图书的简介中查找包含“MySQL”的图书。

```
GET /book_search/_search
{
 "query":{
   "multi_match":{
   "query":"MySQL",
   "fields":["name","content"]
  }
 }
}
```

“高性能 MySQL 第 3 版”“MySQL 必知必会”和“MySQL 8 Cookbook”符合查询的要求，被检索出来，见表 5-10。

表 5-10　　　　　　　　　　　　检索结果

id	name	code	author	content	pubtime
2	高性能 MySQL 第 3 版	9787121198854	Baron Schwartz	《高性能 MySQL（第 3 版）》是 MySQL 领域的经典之作，拥有广泛的影响力。第 3 版更新了大量的内容，不但涵盖了 MySQL5. 5 版本的新特性，也讲述了关于固态盘、高可扩展性设计和云计算环境下的数据库相关的新内容，原有的基准测试和性能优化部分也做了大量的扩展和补充	2013-04-01

续表

id	name	code	author	content	pubtime
4	MySQL 必知必会	9787115191120	Ben Forta	书中从介绍简单的数据检索开始，逐步深入一些复杂的内容，包括联结的使用、子查询、正则表达式和基于全文本的搜索、存储过程、游标、触发器、表约束等。通过重点突出的章节，条理清晰、系统而扼要地讲述了读者应该掌握的知识，使他们不经意间立刻功力大增	2020-02-01
5	MySQL 8 Cookbook	9787121350108	Karthik Appigatla	《MySQL 8 Cookbook（中文版）》基于 MySQL 8.0，以基础知识为入手点，以讲解技术特性为目标，以案例作为理论的补充，详细介绍了 MySQL 的方方面面，提供了超过 150 个高性能数据库查询与管理技巧，是 MySQL 入门者和管理者的必读之作	2018-11-01

terms 查询：组合多个 term 查询，查询图书作者为鸟哥或者吴军的图书信息。

```
GET /book_search/_search
{
 "query":{
  "terms":{
   "author":["鸟哥","吴军"]
  }
 }
}
```

“鸟哥的 Linux 私房菜”“数学之美”符合查询的要求，被检索出来，见表 5-11。

表 5-11　　　　　　　　　　　　　　**检索结果**

id	name	code	author	content	pubtime
1	鸟哥的 Linux 私房菜	9787115472588	鸟哥	本书是知名度颇高的 Linux 入门书《鸟哥的 Linux 私房菜基础学习篇》的新版，全面而详细地介绍了 Linux 操作系统	2018-10-01
3	数学之美	12646983	吴军	这是一本备受推崇的经典科普作品，被众多机构推荐为数学学科的敲门砖，是信息领域大学生的必读好书	2020-05-01

range 查询：对某个字段的值按照一定的范围进行查询。例如，按照图书的发布日期进行查询，日期范围为 2018 年 1 月 1 日至 2019 年 1 月 1 日（不包含 2018 年 1 月 1 日）。

```
GET /book_search/_search
{
 "query":{
    "range":{
      "pubtime":{
        "gt":"2018-01-01",
        "lte":"2019-01-01",
        "format":"yyyy-MM-dd"
      }
    }
  }
}
```

“鸟哥的 Linux 私房菜”“MySQL 8 Cookbook”的发布时间分别为 2018-10-01 和 2018-11-01，符合查询的要求，被检索出来，见表 5-12。

表 5-12 检索结果

id	name	code	author	content	pubtime
1	鸟哥的 Linux 私房菜	9787115472588	鸟哥	本书是知名度颇高的 Linux 入门书《鸟哥的 Linux 私房菜基础学习篇》的新版，全面而详细地介绍了 Linux 操作系统	2018-10-01
5	MySQL 8 Cookbook	9787121350108	Karthik Appigatla	《MySQL 8 Cookbook（中文版）》基于 MySQL 8.0，以基础知识为入手点，以讲解技术特性为目标，以案例作为理论的补充，详细介绍了 MySQL 的方方面面，提供了超过 150 个高性能数据库查询与管理技巧，是 MySQL 入门者和管理者的必读之作	2018-11-01

sort 查询结果排序：对查询结果按照某个字段的升序或者降序进行排序。例如，查找图书名称包含“MySQL”的图书，同时查询结果按照发布时间的降序排列。

```
GET /book_search/_search
{
 "query":{
  "match":{
   "name":"MySQL"
  }
 },
 "sort":{
  "pubtime":{"order":"desc"}
 }
}
```

“高性能 MySQL 第 3 版”“MySQL 必知必会”和“MySQL 8 Cookbook”符合查询的要求，被检索出来，同时查询结果按照发布日期的降序进行排序，见表 5-13。

表 5-13 **检索结果**

id	name	code	author	content	pubtime
4	MySQL 必知必会	9787115191120	Ben Forta	书中从介绍简单的数据检索开始，逐步深入一些复杂的内容，包括联结的使用、子查询、正则表达式和基于全文本的搜索、存储过程、游标、触发器、表约束等。通过重点突出的章节，条理清晰、系统而扼要地讲述了读者应该掌握的知识，使他们不经意间立刻功力大增	2020-02-01
5	MySQL 8 Cookbook	9787121350108	Karthik Appigatla	《MySQL 8 Cookbook（中文版）》基于 MySQL 8.0，以基础知识为入手点，以讲解技术特性为目标，以案例作为理论的补充，详细介绍了 MySQL 的方方面面，提供了超过 150 个高性能数据库查询与管理技巧，是 MySQL 入门者和管理者的必读之作	2018-11-01
2	高性能 MySQL 第 3 版	9787121198854	Baron Schwartz	《高性能 MySQL（第 3 版）》是 MySQL 领域的经典之作，拥有广泛的影响力。第 3 版更新了大量的内容，不但涵盖了 MySQL5.5 版本的新特性，也讲述了关于固态盘、高可扩展性设计和云计算环境下的数据库相关的新内容，原有的基准测试和性能优化部分也做了大量的扩展和补充	2013-04-01

分页查询：针对海量数据的查询只显示一部分的结果。可以通过设置分页查询的方式显示结果。from：开始记录的索引，第一条记录的索引为 0。size：显示多少条记录。例如，从第 2 条记录开始，显示 1 条记录。

```
GET /book_search/_search
{
 "query":{
  "match":{
   "name":"MySQL"
```

```
    }
  },
  "sort":{
    "pubtime":{"order":"desc"}
  },
  "from": 1,
  "size": 1
}
```

“MySQL 8 Cookbook”符合查询的要求，被检索出来，见表5-14。

表5-14　检索结果

id	name	code	author	content	pubtime
5	MySQL 8 Cookbook	9787121350108	Karthik Appigatla	《MySQL 8 Cookbook（中文版）》基于MySQL 8.0，以基础知识为入手点，以讲解技术特性为目标，以案例作为理论的补充，详细介绍了MySQL的方方面面，提供了超过150个高性能数据库查询与管理技巧，是MySQL入门者和管理者的必读之作	2018-11-01

第四节　ELK日志分析

ELK框架常用的应用场景是对网站日志进行聚合分析，网站日志存储在Web服务

器上，在 Web 服务器集群的各个节点上部署并运行 Logstash 收集网络日志，网络日志过滤并存储到 ElasticSearch 集群中，通过 Kibana 连接 ElasticSearch 集群，通过简单的配置就可以使用图表的方式展示分析结果。

本节内容实现日志检索的基本需求，根据网站日志的主机名进行聚合分析并使用图表显示分析结果。

一、日志格式

本节案例的数据采用第三章“实时数据分析”中使用到的 Nginx 访问日志，数据为 JSON 格式，日志的格式说明可以参考第三章日志格式说明，以下为日志格式的示例。

```
{
  "@timestamp": "2021-05-09T15:33:50+08:00",
  "host": "192.168.68.128",
  "clientip": "192.168.68.1",
  "remote_user": "-",
  "request": "GET /img/1.gif?os=win10&bw=chrome HTTP/1.1",
  "http_user_agent": "Mozilla/5.0 (Windows NT 10.0; Win64; x64) AppleWebKit/537.36 (KHTML, like Gecko) Chrome/81.0.4044.138 Safari/537.36",
  "size": "14742",
  "responsetime": "0.025",
  "upstreamtime": "0.025",
  "upstreamhost": "127.0.0.1:8380",
  "http_host": "logs.news.site",
  "url": "/img/1.gif",
  "domain": "logs.news.site",
  "xff": "-",
  "referer": "http://localhost:8280/",
```

```
  "status": "200"
 }
```

二、日志收集

本部分内容使用 ELK 作为数据聚合分析的处理框架，所以网站日志最终会输出到 ElasticSearch 中。Logstash 提供了 200 多个插件。用户可以根据实际内容需求选择不同的输入、过滤器和输出插件，进行组合快速构建数据传输通道。日志收集的具体过程如下：

编写日志收集的配置文件，实现从 Web 服务器的日志目录收集网站日志并传输到 ElasticSearch 中。

• input 选择的是 file（文件）插件，path 属性被设置为网站访问日志的路径，start_position 属性设置读取网站日志的位置，从日志的开始位置读取。

• filter 设置了 json 插件，将网站日志赋值给“message”属性。

• output 设置了 ElasticSearch 插件，codec 编码形式设置为 json，hosts 设置 ElasticSearch 集群的主机名和端口号。index 设置索引的名称，在海量的数据分析中，需要将不同时间生成的日志创建不同的索引库，以方便数据检索。索引名称支持日期格式，将不同日期生成的日志存储到不同的索引中。

```
input {
 file {
  path => "/usr/local/nginx/logs/nginx-access.log"
  start_position => "beginning"
 }
}
filter {
 json {
  source => "message"
 }
```

```
}
output {
  elasticsearch {
    codec => "json"
    hosts => ["master:9200"]
    index => "nginx_accesslog_% {+YYYY-MM-dd}.log"
  }
}
```

接下来切换到 Logstash 安装目录，执行 bin 目录下的 Logstash 命令启动日志收集，命令的-f 选项指定了配置文件。

```
[root@ master logstash]# bin/logstash -f config/accesslog.conf
```

启动 Kibana，点击左侧菜单栏“Management”，显示“Index management”页面，可以查看到两个新创建的索引，nginx_accesslog_2021-05-08. log 和 nginx_accesslog_2021-05-09. log。索引的创建是根据日志的时间进行划分，将相同日期的日志存储到同一个索引中，如图 5-11 所示。

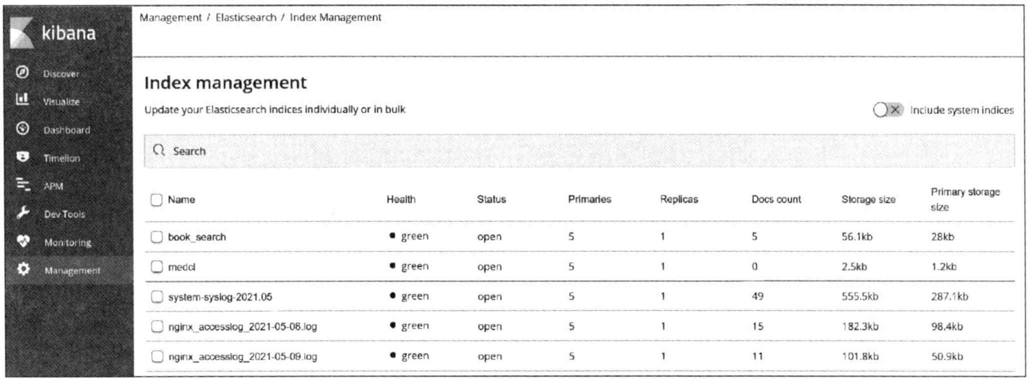
kibana
Discover
Visualize
Dashboard
Timelion
APM
Dev Tools
Monitoring
Management
Management / Elasticsearch / Index Management
Index management
Update your Elasticsearch indices individually or in bulk
Include system indices
Search
Name
Health
Status
Primaries
Replicas
Docs count
Storage size
Primary storage size
book_search green open 5 1 5 56.1kb 28kb
medcl green open 5 1 0 2.5kb 1.2kb
system-syslog-2021.05 green open 5 1 49 555.5kb 287.1kb
nginx_accesslog_2021-05-08.log green open 5 1 15 182.3kb 98.4kb
nginx_accesslog_2021-05-09.log green open 5 1 11 101.8kb 50.9kb

图 5-11　索引管理页面

想要继续查看索引的 Summary（汇总）、Settings（设置）、Mapping（映射）等信息可以点击“nginx_accesslog_2021-05-08. log”，如图 5-12 所示。

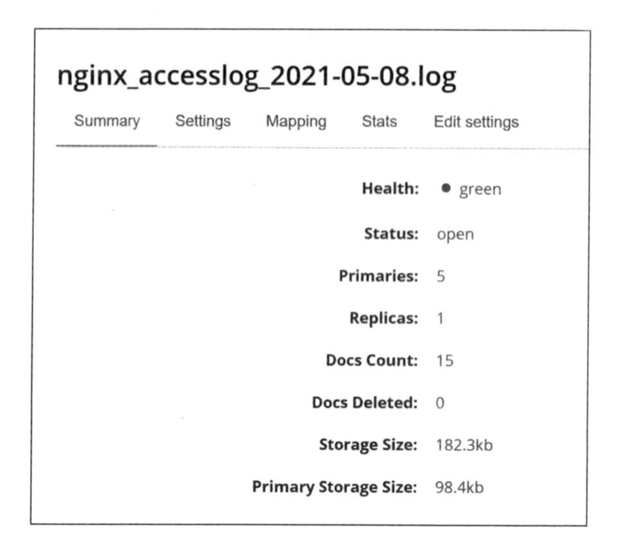

图 5-12　索引详情

三、数据检索

将日志收集到 ElasticSearch 中以后，根据需求，可以在 Kibana 中编写 REST 请求检索数据。本节内容的需求是根据主机名 host 进行聚合分析，host 的类型为 text，默认情况下 ElasticSearch 禁止使用 text 类型进行聚合，这时可以执行 PUT 请求取消禁用。

```
PUT /nginx_accesslog_2021-05-09.log/_mapping/doc
{
 "properties": {
  "host": {
   "type": "text",
   "fielddata": true
  }
 }
}
```

执行数据检索，aggs 元素说明使用聚合分析，filed 设置为 host，根据主机名进行聚合。

```
GET /nginx_accesslog_2021-05-09.log/_search
{
  "size" : 0,
  "aggs" : {
    "host_count" : {
      "terms" : {
        "field" : "host"
      }
    }
  }
}
```

聚合分析的结果可以通过以下命令来查看。buckets 元素以数组的形式展示了分析结果。key 代表聚合的维度，此处为主机名，doc_count 为聚合的文档的数量。

```
{
  "took": 2,
  "timed_out": false,
  "_shards": {
    "total": 5,
    "successful": 5,
    "skipped": 0,
    "failed": 0
  },
  "hits": {
    "total": 11,
    "max_score": 0,
    "hits": []
```

```
  },
  "aggregations": {
   "host_count": {
    "doc_count_error_upper_bound": 0,
    "sum_other_doc_count": 0,
    "buckets": [
     {
      "key": "192.168.68.129",
      "doc_count": 7
     },
     {
      "key": "192.168.68.127",
      "doc_count": 2
     },
     {
      "key": "192.168.68.128",
      "doc_count": 2
     }
    ]
   }
  }
}
```


四、可视化

Kibana 提供了常用的图表展示功能以及各种维度的查询和分析工具，使用图形化的界面展示 ElasticSearch 中文档的聚合结果的主要操作步骤如下：

（一）创建 Index Patterns（索引模式）

通过使用正则表达式的方式查找索引，根据需要选择需要分析的多个索引库，对其中的数据进行统一分析。

首先点击“Management”菜单，再点击“kibana”下面的“Index Patterns”链接，打开索引模式管理页面，最后点击“Create Index Pattern”按钮创建信息索引模式，如图 5-13 所示。

图 5-13　Kibana 管理页面

创建索引模式需要两步，第一步设置 Index Pattern，输入“nginx_accesslog *”，选择 nginx_accesslog 名称开头的索引。点击“>Next step”按钮，进行下一步配置，如图 5-14 所示。

图 5-14　创建索引模式第一步

创建索引模式的第二步，选择时间过滤字段，本内容的索引已经按照日期进行划分，不需要根据时间进行过滤，选择“I don’t want to the Time Filter”选项，点击“Create index pattern”按钮完成设置，如图 5-15 所示。

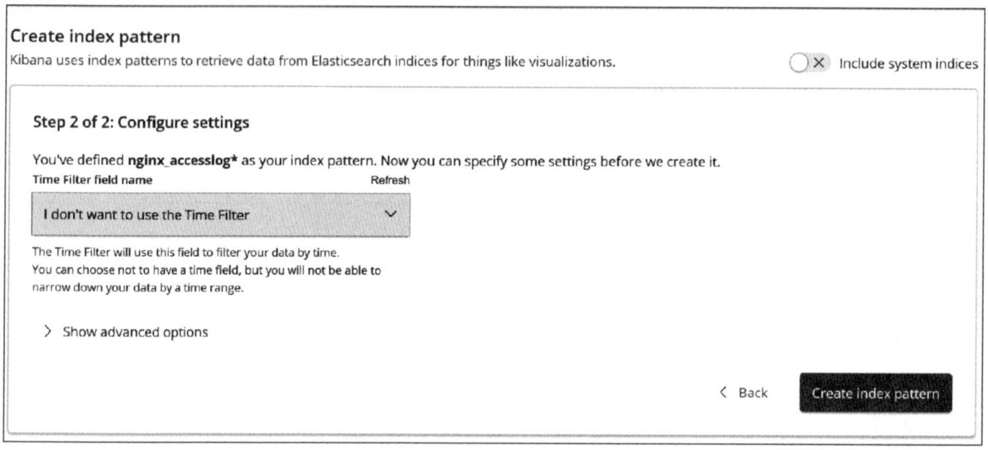

Create index pattern
Kibana uses index patterns to retrieve data from Elasticsearch indices for things like visualizations.
Include system indices

Step 2 of 2: Configure settings
You've defined **nginx_accesslog*** as your index pattern. Now you can specify some settings before we create it.
Time Filter field name　Refresh
I don't want to use the Time Filter
The Time Filter will use this field to filter your data by time.
You can choose not to have a time field, but you will not be able to narrow down your data by a time range.
Show advanced options
Back　Create index pattern

图 5-15　创建索引模式第二步

索引模式创建完成以后会返回到索引模式的主页面，该页面显示了所有字段的名称、类型、格式等信息，如图 5-16 所示。

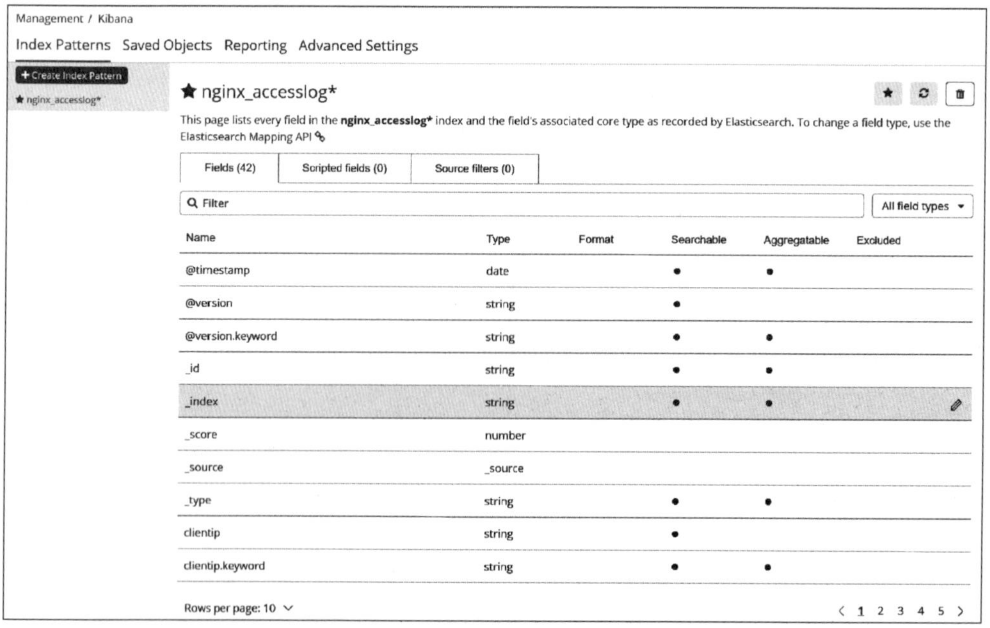

Management / Kibana
Index Patterns　Saved Objects　Reporting　Advanced Settings
+ Create Index Pattern
★ nginx_accesslog*

★ nginx_accesslog*
This page lists every field in the **nginx_accesslog*** index and the field's associated core type as recorded by Elasticsearch. To change a field type, use the Elasticsearch Mapping API
Fields (42)　Scripted fields (0)　Source filters (0)
Filter　All field types

Name	Type	Format	Searchable	Aggregatable	Excluded
@timestamp	date		•	•	
@version	string		•		
@version.keyword	string		•	•	
_id	string		•	•	
_index	string		•	•	
_score	number				
_source	_source				
_type	string		•	•	
clientip	string		•		
clientip.keyword	string		•	•	

Rows per page: 10　〈 1 2 3 4 5 〉

图 5-16　索引模式主页面

（二）Discover（探索）

点击左侧导航栏的“Discover”菜单，对数据进行查看，默认显示出所有字段的数据，如图 5-17 所示。

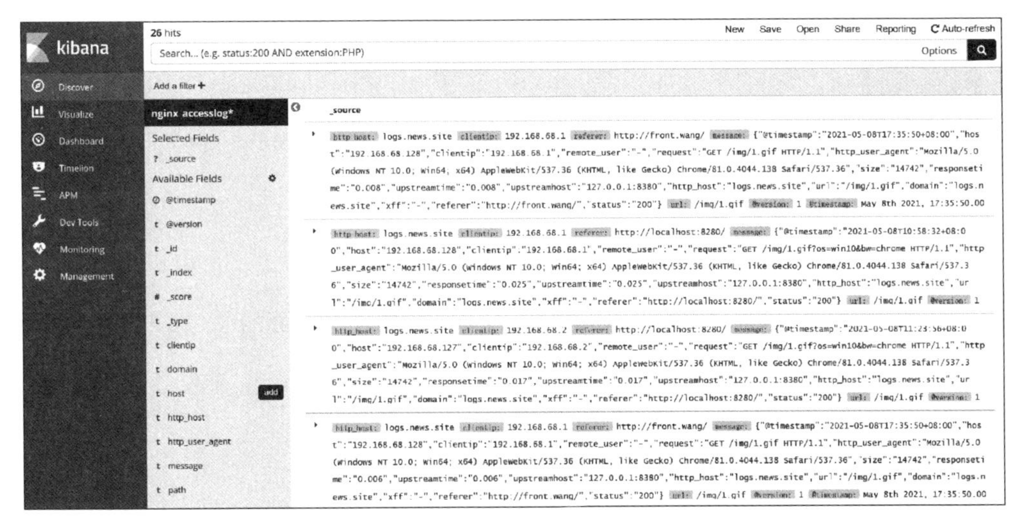

图 5-17　探索主页面

为方便数据查看，可以选择指定的字段过滤数据显示。如显示 host 字段的数据，点击 host 字段的“add”按钮，只查看 host 字段的数据，如图 5-18 所示。

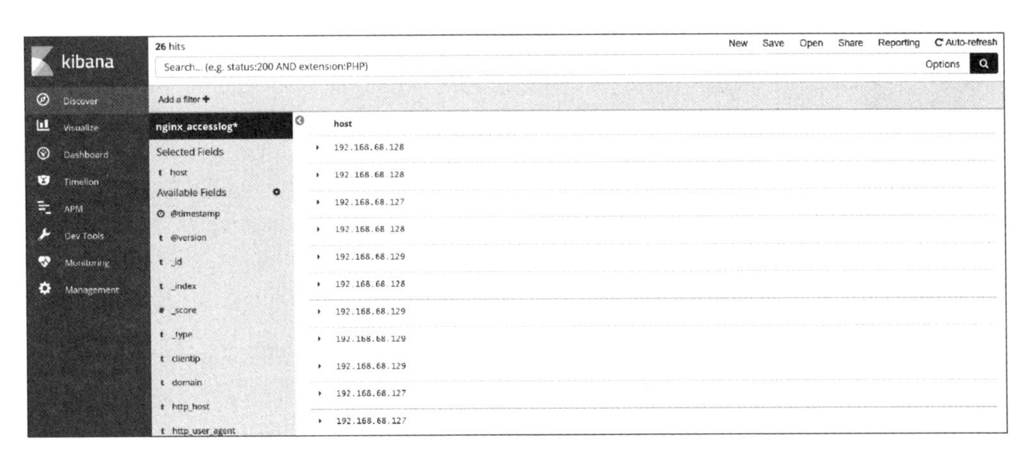

图 5-18　过滤字段显示

（三）Visualize（可视化）

点击左侧导航栏的 Visualize 菜单，创建可视化的图表展示数据分析结果。点击

“Create a visualization”打开新页面，选择可视化的图表类型，如图 5-19 所示。

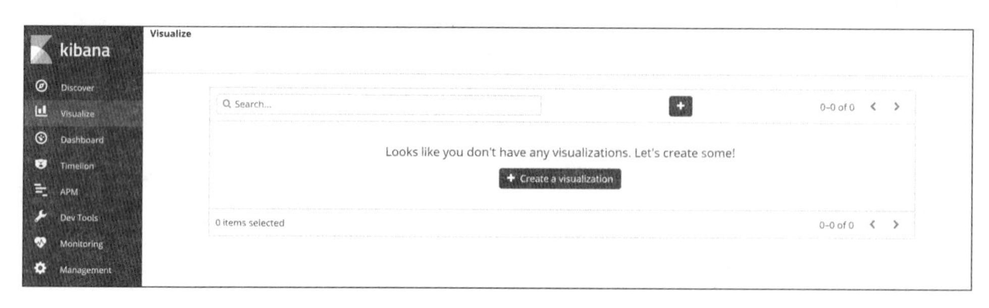

图 5-19　可视化页面

“选择可视化类型”页面提供了多种图表和报表的展示形式。这里以折线图为例说明可视化的具体过程。点击“Basic Charts”（基本图表）下面的“Line”（折线图），配置折线图显示方式，如图 5-20 所示。

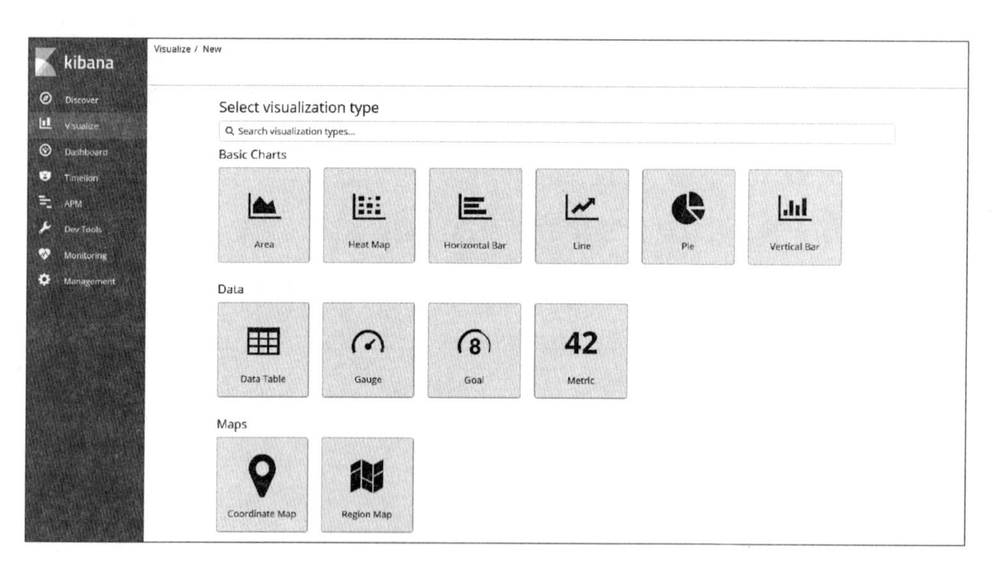

图 5-20　选择图表类型

选择索引模式：点击“From a New Search，Select Index”下面的“nginx_accesslog *”，对该索引模式中包含的索引数据进行可视化，如图 5-21 所示。

折线图配置：配置折线图中 X 轴和 Y 轴显示的指标，Y 轴默认显示数量聚合的结果，不需要修改。点击“Buckets”下的“X-Axis”配置 X 轴显示的指标，如图 5-22 所示。

X 轴的聚合方式选择“Terms”，采用精确匹配的方式进行聚合，如图 5-23 所示。

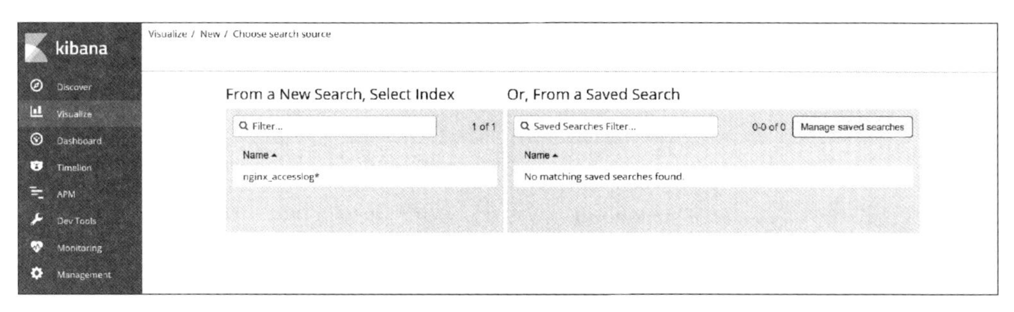

图 5-21 选择索引模式

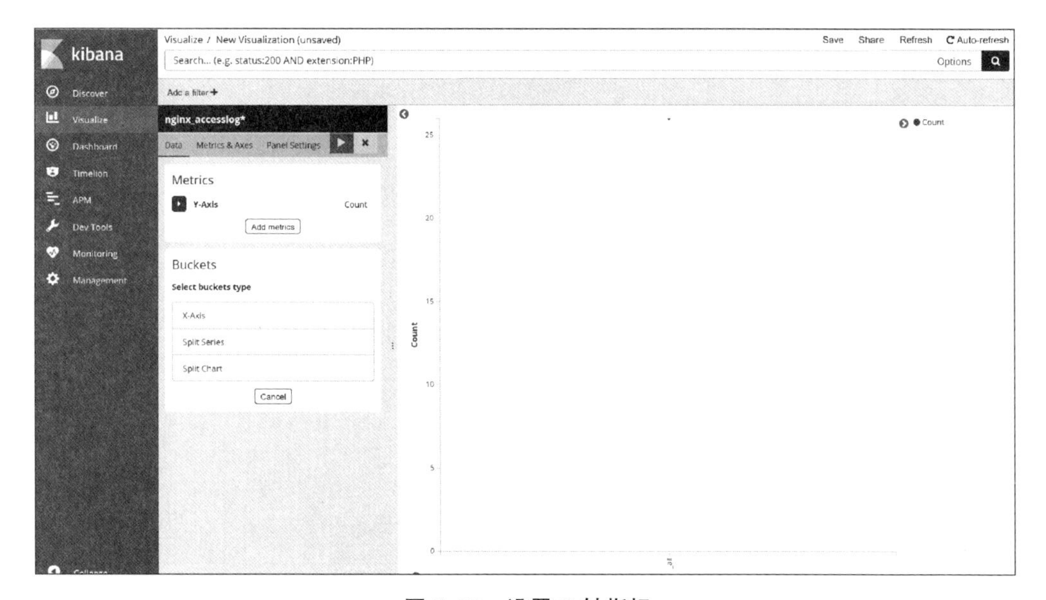

图 5-22 设置 X 轴指标

图 5-23 选择聚合方式

如图 5-24 所示，配置 X 轴的聚合方式。

Field：字段选择 host. keyword 按照 host 主机名字段进行聚合；

Order By：聚合指标，选择 metric：Count，按照数据进行聚合；

Order：排序方式，选择 Ascending（升序）或者 Descending（倒序）；

Size：显示聚合结果的数量，当聚合结果的数量比较多的时候，可以只显示部分聚合结果。

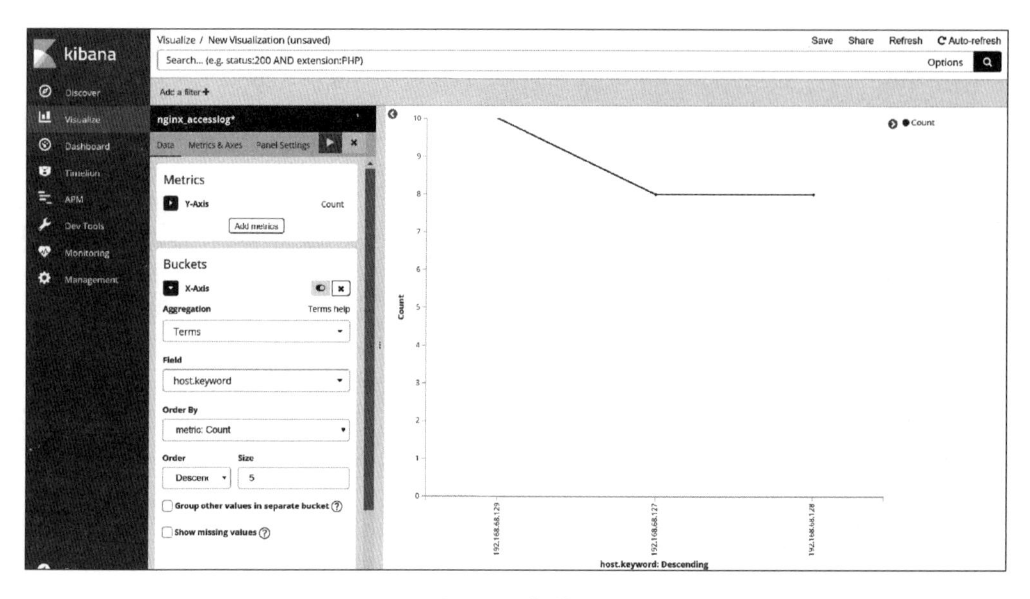

图 5-24　折线图

思考题

1. 简述如何使用 ELK 框架进行网站日志的收集、检索及可视化？

2. Lucene 常用的分词器有哪些，分别介绍一下各自的特点。

3. ElasticSearch 文档中的字符串类型的字段可以设置为 keyword 类型或者 text 类型，两者的区别是什么？

4. 简述 ElasticSearch 中集群和节点的概念，两者的关系是什么？

5. Kibana 中常用的图表类型有哪些？

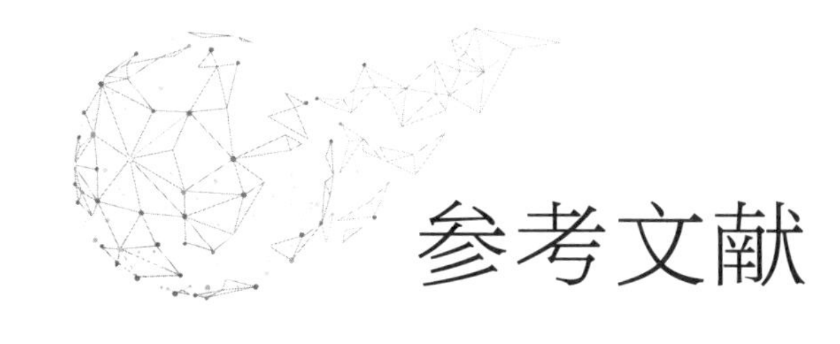

参考文献

[1] Holden Karau，Andy Konwinski，Patrick Wendell，等 . Spark 快速大数据分析［M］. 北京：人民邮电出版社，2015.

[2] Sandy Ryza，Uri Laserson，Sean Owen，等 . Spark 高级数据分析［M］. 3 版 . 北京：人民邮电出版社，2018.

[3] Hari Shreedhara. Flume：构建高可用、可扩展的海量日志采集系统［M］. 北京：电子工业出版社，2015.

[4] 胡夕 . Apache Kafka 实战［M］. 北京：电子工业出版社，2018.

[5] 牟大恩 . Kafka 入门与实践［M］. 北京：人民邮电出版社，2017.

[6] 朱忠华 . 深入理解 Kafka：核心设计与实践原理［M］. 北京：电子工业出版社，2019.

[7] Apache Kylin 核心团队 . Apache Kylin 权威指南［M］. 北京：机械工业出版社，2017.

[8] 姚攀 . 从 Lucene 到 Elasticsearch：全文检索实战［M］. 北京：清华大学出版社，2017.

[9] 波哈维·荻西特 . 深入理解 Elasticsearch［M］. 原书 3 版 . 北京：机械工业出版社，2019.

后记

大数据时代的到来，让大数据技术受到了越来越多的关注。“大数据”三个字不仅代表字面意义上的大量非结构化和半结构化的数据，更是一种崭新的视角，即用数据化思维和先进的数据处理技术探索海量数据之间的关系，将事物的本质以数据的视角呈现在人们眼前。

随着数字经济在全球加速推进以及5G、人工智能、物联网等相关技术的快速发展，数据已成为影响全球竞争的关键战略性资源。我国对大数据产业的发展尤为重视，2013年至2020年，国家相关部委发布了25份与大数据相关的文件，鼓励大数据产业发展，大数据逐渐成为各级政府关注的热点。

大数据产业之所以被各级政府所重视，是因为它是以数据及数据所蕴含的信息价值为核心生产要素，通过数据技术、数据产品、数据服务等形式，使数据与信息价值在各行业经济活动中得到充分释放的赋能型产业，适合与各种行业融合，作为各种基础产业的助推器。大数据已不再仅仅是一种理论或视角，而是深入到每一个需要数据、利用数据的场景中去发挥价值、挖掘价值的实用工具。

我国的大数据产业正处于蓬勃发展的阶段，需要大量的专业人才为产业提供支撑。以《人力资源社会保障部办公厅　市场监管总局办公厅　统计局办公室关于发布人工智能工程技术人员等职业信息的通知》（人社厅发〔2019〕48号）为依据，在充分考虑科技进步、社会经济发展和产业结构变化对大数据工程技术人员专业要求的基础上，以客观反映大数据技术发展水平及其对从业人员的专业能力要求为目标，根据《大数据工程技术人员国家职业技术技能标准（2021年版）》（以下简称《标准》）对大数据工程技术人员职业功能、工作内容、专业能力要求和相关知识要求的描述，人力资源社会保障部专业技术人员管理司指导工业和信息化部教育与考试中心，组织有关专家开展了大数据工程技术人员培训教程（以下简称教程）的编写工作，用于全国专业技术人员新职业培训。

大数据工程技术人员是从事大数据采集、清洗、分析、治理、挖掘等技术研究，并加以利用、管理、维护和服务的工程技术人员。其共分为三个专业技术等级，分别为初级、中级、高级。其中，初级、中级分为三个职业方向：大数据处理、大数据分析、大数据管理；高级不分职业方向。

与此相对应，大数据工程技术人员培训教程也分为初级、中级、高级培训教程，分别对应其专业能力考核要求。另外，还有一本《大数据工程技术人员——大数据基础技术》，对应其理论知识考核要求。初级、中级培训中，分别有三本教程对应初级、中级的大数据处理、大数据分析、大数据管理三个职业方向，高级教程不分职业方向，只有一本。

在使用本系列教程开展培训时，应当结合培训目标与受众人员的实际水平和专业方向，选用合适的教程。在大数据工程技术人员培训中，《大数据工程技术人员——大数据基础技术》是初级、中级、高级工程技术人员都需要掌握的；初级、中级大数据工程技术人员培训中，可以根据培训目标与受众人员实际，选用大数据处理、大数据分析、大数据管理三个职业方向培训教程的一至三种。培训考核合格后，获得相应证书。

大数据工程技术人员初级培训教程包含《大数据工程技术人员——大数据基础技术》《大数据工程技术人员（初级）——大数据处理与应用》《大数据工程技术人员（初级）——大数据分析与挖掘》《大数据工程技术人员（初级）——大数据管理》，共4本。《大数据工程技术人员——大数据基础技术》一书内容涵盖从事本职业（初级、中级、高级，不论职业方向）人员所需具备的基础知识和基本技能，是开展新职业技术技能培训的必备用书。《大数据工程技术人员（初级）——大数据处理与应用》一书内容对应《标准》中大数据初级工程技术人员大数据处理职业方向应该具备的专业能力要求，《大数据工程技术人员（初级）——大数据分析与挖掘》一书内容对应《标准》中大数据初级工程技术人员大数据分析职业方向应该具备的专业能力要求；《大数据工程技术人员（初级）——大数据管理》一书内容对应《标准》中大数据初级工程技术人员大数据管理职业方向应该具备的专业能力要求。

本教程读者为大学专科学历（或高等职业学校毕业）以上，具有较强的学习能力、计算能力、表达能力及分析、推理和判断能力，参加全国专业技术人员新职业培训的人员。

大数据工程技术人员需按照《标准》的职业要求参加有关课程培训，完成规定学时，取得学时证明。初级 128 标准学时，中级 128 标准学时，高级 160 标准学时。

本教程编写过程中，得到了人力资源社会保障部、工业和信息化部相关部门的正确领导，得到了一些大学、科研院所、企业的专家学者的大力帮助和指导，同时参考了多方面的文献，吸收了许多专家学者的研究成果，在此表示由衷感谢。

由于编者水平、经验与时间所限，本书的不足与疏漏之处在所难免，恳请广大读者批评与指正。

本书编委会